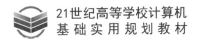

普通高等教育"十一五"国家级规划教材　　　21世纪高等学校计算机
基础实用规划教材

Access数据库应用技术（第4版）

◎ 崔洪芳 主编　李凌春 包琼 邱月 邹琼 陈婕 副主编

U0201213

清华大学出版社

北京

内 容 简 介

Access 关系数据库管理系统是 Microsoft 公司 Office 办公自动化软件的一个组成部分,是较受人们欢迎的数据库管理软件之一。

本书以 Access 2010 关系数据库管理系统为蓝本,系统地介绍了 Access 2010 数据库的基本概念、主要功能和使用方法,数据库及表的基本操作,数据查询、窗体设计、报表制作、数据库的安全管理,宏的创建和使用,模块和 VBA 编程等内容。本书根据全国计算机等级考试计算机二级考试 Access 数据库程序设计考试大纲的要求编写,内容由浅入深、通俗易懂、图文并茂、实用性强。本书还配有辅助教材《Access 数据库应用技术实验教程》(第 4 版)。

本书可作为高等院校相关专业的教学用书,也可作为计算机等级考试培训教材。

本书封面贴有清华大学出版社防伪标签,无标签者不得销售。
版权所有,侵权必究。举报: 010-62782989, beiqinquan@tup.tsinghua.edu.cn。

图书在版编目(CIP)数据

Access 数据库应用技术/崔洪芳主编. —4 版. —北京: 清华大学出版社,2020.4(2022.1重印)
21 世纪高等学校计算机基础实用规划教材
ISBN 978-7-302-54822-5

Ⅰ. ①A… Ⅱ. ①崔… Ⅲ. ①关系数据库系统—高等学校—教材 Ⅳ. ①TP311.138

中国版本图书馆 CIP 数据核字(2020)第 006127 号

责任编辑:黄 芝
封面设计:刘 键
责任校对:时翠兰
责任印制:沈 露

出版发行:清华大学出版社
    网　　　址:http://www.tup.com.cn, http://www.wqbook.com
    地　　　址:北京清华大学学研大厦 A 座　　　邮　　编:100084
    社 总 机:010-62770175　　　　　　　　　邮　　购:010-83470235
    投稿与读者服务:010-62776969, c-service@tup.tsinghua.edu.cn
    质量反馈:010-62772015, zhiliang@tup.tsinghua.edu.cn
    课件下载:http://www.tup.com.cn,010-83470236
印 装 者:三河市铭诚印务有限公司
经　　销:全国新华书店
开　　本:185mm×260mm　　　印　张:23.75　　　字　数:574 千字
版　　次:2010 年 9 月第 1 版　2020 年 7 月第 4 版　　印　次:2022 年 1 月第 5 次印刷
印　　数:6001～8000
定　　价:59.50 元

产品编号:084925-01

出版说明

随着我国改革开放的进一步深化,高等教育也得到了快速发展,各地高校紧密结合地方经济建设发展需要,科学运用市场调节机制,加大了使用信息科学等现代科学技术提升、改造传统学科专业的投入力度,通过教育改革合理调整和配置了教育资源,优化了传统学科专业,积极为地方经济建设输送人才,为我国经济社会的快速、健康和可持续发展以及高等教育自身的改革发展做出了巨大贡献。但是,高等教育质量还需要进一步提高以适应经济社会发展的需要,不少高校的专业设置和结构不尽合理,教师队伍整体素质亟待提高,人才培养模式、教学内容和方法需要进一步转变,学生的实践能力和创新精神亟待加强。

教育部一直十分重视高等教育质量工作。2007年1月,教育部下发了《关于实施高等学校本科教学质量与教学改革工程的意见》,计划实施“高等学校本科教学质量与教学改革工程(简称‘质量工程’)”,通过专业结构调整、课程教材建设、实践教学改革、教学团队建设等多项内容,进一步深化高等学校教学改革,提高人才培养的能力和水平,更好地满足经济社会发展对高素质人才的需要。在贯彻和落实教育部“质量工程”的过程中,各地高校发挥师资力量强、办学经验丰富、教学资源充裕等优势,对其特色专业及特色课程(群)加以规划、整理和总结,更新教学内容、改革课程体系,建设了一大批内容新、体系新、方法新、手段新的特色课程。在此基础上,经教育部相关教学指导委员会专家的指导和建议,清华大学出版社在多个领域精选各高校的特色课程,分别规划出版系列教材,以配合“质量工程”的实施,满足各高校教学质量和教学改革的需要。

本系列教材立足于计算机公共课程领域,以公共基础课为主、专业基础课为辅,横向满足高校多层次教学的需要。在规划过程中体现了如下一些基本原则和特点。

(1) 面向多层次、多学科专业,强调计算机在各专业中的应用。教材内容坚持基本理论适度,反映各层次对基本理论和原理的需求,同时加强实践和应用环节。

(2) 反映教学需要,促进教学发展。教材要适应多样化的教学需要,正确把握教学内容和课程体系的改革方向,在选择教材内容和编写体系时注意体现素质教育、创新能力与实践能力的培养,为学生的知识、能力、素质协调发展创造条件。

(3) 实施精品战略,突出重点,保证质量。规划教材把重点放在公共基础课和专业基础课的教材建设上;特别注意选择并安排一部分原来基础比较好的优秀教材或讲义修订再版,逐步形成精品教材;提倡并鼓励编写体现教学质量和教学改革成果的教材。

(4) 主张一纲多本,合理配套。基础课和专业基础课教材配套,同一门课程可以有针对不同层次、面向不同专业的多本具有各自内容特点的教材。处理好教材统一性与多样化,基本教材与辅助教材、教学参考书,文字教材与软件教材的关系,实现教材系列资源配套。

（5）依靠专家，择优选用。在制定教材规划时依靠各课程专家在调查研究本课程教材建设现状的基础上提出规划选题。在落实主编人选时，要引入竞争机制，通过申报、评审确定主题。书稿完成后要认真实行审稿程序，确保出书质量。

繁荣教材出版事业，提高教材质量的关键是教师。建立一支高水平教材编写梯队才能保证教材的编写质量和建设力度，希望有志于教材建设的教师能够加入到我们的编写队伍中来。

21 世纪高等学校计算机基础实用规划教材

联系人：魏江江 weijj@tup. tsinghua. edu. cn

前　言

  Access 2010 关系数据库管理系统是 Microsoft 公司 Office 2010 办公自动化软件的一个组成部分，是基于 Windows 平台的关系数据库管理系统。它界面友好、操作简单、功能全面、使用方便，不仅具有众多数据库管理软件所具有的功能，同时还进一步增强了网络功能，使用户可以通过 Internet 共享 Access 2010 数据库中的数据。Access 2010 自发布以来，已逐步成为桌面数据库领域的佼佼者，深受广大用户的欢迎。

  Access 2010 的最大特点是易用。用户可以在较短时间内掌握如何使用 Access 进行开发的方法，并使用它的向导功能方便、快捷、简单地设计出一个数据库系统。使用导入、导出和链接数据的功能，可以方便地实现 Access 数据文件和 Word、Excel、文本文件及其他支持 OLE 的数据文件之间的相互转换，实现数据共享，从而大大地提高工作效率。Access 还可以使用宏和 Visual Basic for Application 编写出具有强大功能的数据库应用程序，适用于一般用户，特别是非计算机专业人员进行数据库管理。

  本书根据全国计算机等级考试二级考试 Access 数据库程序设计考试大纲的要求编写，以 Access 2010 为基础，由浅入深、循序渐进地详细讲解了 Access 2010 数据库管理系统的各项功能和操作的基本应用。内容通俗易懂、图文并茂、实用性强。本书还配有辅助教材《Access 数据库应用技术实验教程》(第 4 版)。

  本书共 9 章，第 1 章主要介绍数据库基础理论方面的知识和 Access 数据库系统的特点；第 2 章主要介绍 Access 数据库的基本操作，包括数据表的创建、表的使用和操作及表间的关系和创建等；第 3 章主要介绍各种查询的创建以及查询的使用和操作等；第 4 章主要介绍窗体的组成、窗体的创建、窗体属性、窗体中控件的使用和属性以及窗体的使用等；第 5 章主要介绍报表的组成、报表的创建、各类格式不同的报表属性、报表中常用控件的使用和属性以及如何使用报表等；第 6 章主要介绍数据库的安全管理；第 7 章主要介绍了宏的基本概念、宏的创建以及宏的运行等；第 8 章主要介绍 VBA 语言的语法特点及 VBA 的数据库编程方法；第 9 章以一个小型图书管理系统为例，详细介绍了开发设计数据库应用系统的一般流程。

  全书由崔洪芳提出框架并统编全稿。第 1~3 章由崔洪芳编写，第 4 章由包琼编写，第 5 章由邹琼编写，第 6 章由陈婕编写，第 7 章和第 9 章由李凌春编写，第 8 章由邱月编写。在本书的编写和出版过程中，得到湖北经济学院和清华大学出版社的大力支持，在此表示衷心感谢。

  由于编写时间仓促以及编者水平有限，书中疏漏之处在所难免，恳请同行及读者批评指正，在此表示衷心感谢。

编者

2020 年 1 月

目　录

第1章

数据库基础

在当今信息社会中,信息资源的开发和利用水平已成为衡量一个国家综合国力的重要标志之一。为了有效地使用和保存在计算机系统中的大量数据,必须采用一整套严密合理的数据处理方法。数据库技术是 20 世纪 60 年代中期兴起的一种数据管理技术,其应用范围已经由早期的科学计算,渗透到办公自动化系统、管理信息系统、专家系统、情报检索、过程控制和计算机辅助设计等领域。数据库是信息系统的基础,数据库技术所研究的问题就是如何科学地管理和存储数据,如何高效地获取和处理数据。

本章主要介绍数据库管理系统、数据库系统、数据模型、关系数据库及其基本运算等知识。

1.1 数据库基本概念

1.1.1 数据与信息

数据(Data)是指存储在某种媒体上,能够识别的物理符号。数据的概念包括两个方面:其一是描述事物特征的数据内容;其二是存储在某种媒体上的数据形式。数据有一定的结构,有型与值之分。数据的型有整型、实型、字符型等;而数据的值是符合定型的值,如整型值 24。数据形式可以是多种多样的,可以是数字,如成绩;可以是文字,如姓名;也可以是特定的一串符号;还可以是图形、图像、动画、影像、声音等多媒体数据。

信息(Information)是客观事物属性的反映。它所反映的是关于某一客观系统中某一事物的某一方面属性或某一时刻的表现形式。信息是经过加工后的数据,它对接受者的决策或行为有现实或潜在的价值。

数据与信息既有区别,又有联系。信息就是有用的数据,是数据的内涵;数据是信息的表现形式,是信息的载体。信息是通过数据符号来传播的,而数据若不具有知识性和实用性,则不能称为信息。

数据处理也称为信息处理,是指将数据转换成信息的过程。它包括对数据的收集、存储、分类、计算、加工、检索和传输等一系列活动。数据处理的基本目的是从大量的、杂乱无章的、难以理解的数据中整理出对人们有价值、有意义的数据(即信息)作为决策的依据。

1.1.2 计算机数据管理技术的发展

计算机数据管理技术的发展经历了三个发展阶段。

1. 人工管理阶段

20世纪50年代中期以前,计算机主要应用于科学计算,因为数据量较少,一般不需要长期保存数据。由于在硬件方面没有磁盘等直接存取的外存储器,在软件方面也没有对数据进行管理的系统软件,因此只能在裸机上进行数据操作,由程序员进行人工数据的管理。应用程序中既要设计算法,又要考虑数据的逻辑结构、物理结构以及输入/输出方法等问题。程序与数据是一个整体,由于一个程序中的数据无法被其他程序所使用,因此程序与程序之间存在大量的重复数据。另外,数据存储结构一旦改变,则必须修改相应程序,数据独立性差。各程序之间的数据不能相互传递,缺少共享性,应用程序的设计与维护负担繁重。

2. 文件系统阶段

20世纪50年代后期至60年代后期,计算机开始大量用于数据管理。在硬件方面,出现了直接存取的大容量外存储器,如磁盘、磁鼓等,这为计算机系统管理数据提供了物质基础。在软件方面,出现了操作系统,其中包含文件系统,这为数据管理提供了技术支持。

文件系统提供了在外存储器上长期保存数据并对数据进行存取的手段。文件的逻辑结构与存储结构有一定的区别,即程序与数据有一定的独立性。数据的存储结构变化,不一定会影响到程序,因此程序员可集中精力进行算法设计,极大地减少了维护程序的工作量。

文件系统使计算机在数据管理方面取得了长足的进步。时至今日,文件系统仍是一般高级语言普遍采用的数据管理方式。但当数据量增加,使用数据的用户越来越多时,文件系统进行数据处理便出现了下列问题。

① 数据的冗余度大。

② 数据独立性差。

③ 缺乏对数据的统一控制和管理。

3. 数据库系统阶段

20世纪60年代后期,计算机在管理中应用规模更加庞大、数据量急剧增加、数据共享性更强、硬件价格下降、软件价格上升、编制和维护软件所需成本相对增加,其中维护成本更高,这些因素成为数据管理在文件系统的基础上发展为数据库系统的原动力。

数据库技术始于20世纪60年代,经历了最初的基于文件的初级系统,20世纪60年代和20世纪70年代流行的层次系统和网状系统阶段,目前广泛使用的是关系数据库系统。数据库应用也从简单的事务管理扩展到各个应用领域,如用于工程设计的工程数据库、用于Internet的Web数据库、用于决策支持的数据仓库技术、用于多媒体技术的多媒体数据库等,但应用最为广泛的还是基于事务管理的各类信息系统领域。数据库的体系结构也从最初的集中式数据库变化为基于客户/服务器机制的分布式数据库。随着面向对象技术的发展,关系对象数据库系统正在逐步完善和投入使用。而随着时代的进步和发展,数据库的应用领域也会越来越广泛,数据库技术将成为所有信息技术和信息产业的基础。

1.1.3 数据库系统的概念与特点

1. 数据库

数据库(Database,DB)就是存放数据的"仓库"。数据库是在数据库管理系统的集中控制之下,按一定方式存储起来的、相互关联的数据集合。在数据库中集中了一个部门或单位完整的数据资源,这些数据能够被多个用户共享,且具有冗余度小、独立性和安全性高等特点。例如,一个学校可以将全部学生的情况存入数据库进行管理,图书馆将全部图书信息存入数据库进行管理。

数据库有以下几个特点。

① 数据的共享性好:数据库中的数据能为多个用户服务,并可被各个应用程序共享。

② 数据的独立性高:用户的应用程序与数据的逻辑组织和物理存储方式无关。

③ 数据的完整性好:数据库中的数据在操作和维护过程中可以保证正确无误。

④ 数据的冗余度小:尽可能避免数据的重复。

2. 数据库管理系统

数据库的建立、使用和维护,都是通过特定的数据库语言进行的。正如使用高级语言需要解释/编译程序的支持一样,使用数据库语言也需要一个特定的支持软件,这就是数据库管理系统(Database Management System,DBMS)。数据库管理系统是位于用户与操作系统之间的一种系统软件,它建立在操作系统的基础上,负责数据库中的数据组织、数据操纵、数据维护、控制及保护和数据服务等,是数据库的核心。用户利用数据库管理系统提供的一整套命令,可以对数据进行各种操作,从而实现用户的数据处理要求。

目前广泛使用的大型数据库管理系统有 Oracle、DB2、Sybase 等,中小型的数据库管理系统有 SQL Server、MySQL、Visual FoxPro 和 Access 等。

一般地说,数据库管理系统应该具有以下功能。

(1) 数据定义功能。

DBMS 提供数据定义语言(Data Definition Language,DDL)定义数据库结构,并将其保存在数据字典中。用户通过它可以方便地对数据库中的数据对象进行定义,如建立或删除数据库、基本表和视图等。

数据字典是一组表和视图结构。用户可以用 SQL 语句访问数据库中的数据字典。数据字典包括五部分:数据项、数据结构、数据流、数据存储和处理过程。

(2) 数据操纵功能。

DBMS 提供数据操纵语言(Data Manipulation Language,DML)实现对数据库数据的基本存取操作,包括检索、插入、修改和删除,是数据库的主要应用。

(3) 控制和管理功能。

除 DDL 和 DML 两类语言外,DBMS 还具有必要的控制和管理功能,其中包括在多用户使用时对数据进行的"并发控制",对用户权限实施监督的"安全性检查",数据的备份、恢复和转储功能,对数据库运行情况的监控和报告等。通常数据库系统的规模越大,这类功能也越强,所以大型机 DBMS 的管理功能一般比 PC DBMS 的管理功能更强。

(4) 通信功能。

在分布式环境下或网络数据库系统中,DBMS 为不同数据库之间提供通信的功能。

3. 数据库系统

数据库系统(Database System,DBS)是指在计算机系统中引入了数据库后的系统。一般由以下几个部分组成。

(1) 计算机硬件系统。

数据库系统对硬件资源提出了较高的要求,这些要求主要包括:有足够大的内存来存放操作系统、DBMS 的核心模块、数据缓冲区和应用程序;有足够大的直接存取设备存放数据(如磁盘);有足够的其他存储设备来进行数据备份;有较高的数据传输能力,以提高数据传输率。

(2) 计算机软件系统。

数据库系统中的软件包括操作系统、数据库管理系统、与数据库接口的高级语言及其编译系统和以 DBMS 为核心的应用开发工具。

(3) 数据库应用系统(DBAS)。

系统开发人员使用计算机高级语言利用数据库系统资源开发出来的,对数据库中的数据进行处理和加工的软件,面向某一类实际应用的应用软件系统,可分为以下两类。

① 管理信息系统。管理信息系统是面向机构内部业务和管理的数据库应用系统。例如,教学管理系统、学校图书馆管理系统等。

② 开放式信息服务系统。开放式信息服务系统是面向外部,提供动态信息查询功能,以满足不同信息需求的数据库应用系统。例如,证券公司提供的证券实时行情系统、商品交易信息系统、大型综合科技信息系统等。

(4) 数据库。

数据库是在数据库管理系统的集中控制之下,按一定方式存储起来的、相互关联的数据集合。

(5) 各类人员。

数据库系统的有关人员主要有 3 类:最终用户、数据库应用系统开发人员和数据库管理员。

① 最终用户是指使用数据库应用系统的人员,他们一般对数据库的知识了解不多。

② 数据库应用系统开发人员包括系统分析员、系统设计员和程序员。系统分析员负责应用系统的分析,与用户、数据库管理员相配合,参与系统分析;系统设计员负责系统设计和数据库设计;程序员根据设计要求进行编程。

③ 数据库管理员(Database Administrator,DBA)是数据管理机构的一组人员,是负责对数据库进行规划、设计、维护、监视等的专业管理人员。

在数据库系统中,各层次之间的相互关系如图 1.1 所示。

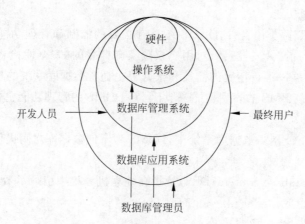

图 1.1　数据库系统层次示意图

4. 数据库系统的特点

数据库系统的主要特点表现如下。

(1) 数据结构化。

数据库系统实现整体数据的结构化,是数据库的主要特征之一,也是数据库系统与文件系统的本质区别。

(2) 数据共享。

在数据库系统中,所有的程序都存取同一个数据库。一个数据库中的数据不仅可为同一单位之内的各个部门所共享,也可为不同单位、地域甚至不同国家的用户所共享。

(3) 数据独立性。

用户的应用程序与存储在磁盘上的数据库中的数据是相互独立的。用户不需要了解数据实际的存取方式,只通过数据库系统的存取命令就可得到所需要的数据。

(4) 可控冗余度。

数据冗余度是指在数据库中的数据重复程度。实现共享后,不必要的重复将全部消除,这样可以节省存储空间、减少存取时间、避免数据之间的不相容性和不一致性。但为了提高查询效率,有时也保留少量重复数据,其冗余度可由设计人员控制。

(5) 安全性保护。

数据安全性是指保护数据以防止不合法的使用所造成的数据破坏和泄密,例如设置访问权限、对数据加密等。

(6) 数据完整性控制。

数据完整性是指数据的正确性、有效性和相容性。数据库系统提供了必要的功能,保证了数据在输入、修改过程中始终符合原来的数据定义和规定。

(7) 并发控制。

并发操作是指多个用户进程在同一时刻期望存取同一数据时发生的事件。为了避免并发进程间相互干扰进而导致错误的结果或破坏数据完整性,必须对多用户的并发操作加以控制和协调。

(8) 故障发现和恢复控制。

在数据库系统运行中,由于用户操作失误和硬件及软件的故障,可能使数据库遭到局部性或全局性损坏,但系统能进行应急性处理,尽快恢复数据库达到正确状态。

1.1.4 数据库系统的体系结构

1. 数据库内部体系结构

数据库内部体系结构是数据库系统的一个总体的框架。为了有效地组织、管理数据,提高数据库的逻辑独立性和物理独立性,人们为数据库设计了一个严谨的体系结构,数据库领域公认的标准结构是三级模式结构,它包括外模式、模式和内模式。模式结构如图 1.2 所示。

美国国家标准学会(American National Standards Institute,ANSI)的数据库管理系统研究小组于 1978 年提出了标准化的建议,将数据库结构分为三级:面向用户或应用程序员的用户级,面向建立和维护数据库人员的概念级,面向系统程序员的物理级。用户级对应外模式,概念级对应模式,物理级对应内模式,使不同级别的用户对数据库形成不同的视图。

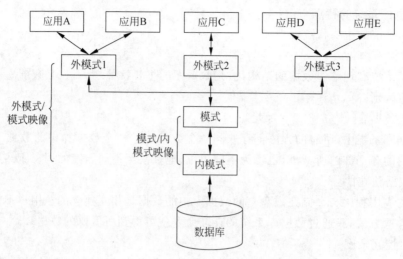

图 1.2　数据库系统的三级模式结构

所谓视图,就是指观察、认识和理解数据的范围、角度和方法,是数据库在用户"眼中"的反映,很显然,不同级别用户所"看到"的数据库是不相同的。

(1) 模式。

模式(Schema)又称概念模式或逻辑模式,对应于概念级。它是数据库中全体数据和逻辑结构和特征的描述,是所有用户的公共数据视图。它是数据库系统模式结构的中间层。由数据库系统提供的数据模式描述语言 DDL 来描述、定义的,体现、反映了数据库系统的整体观。一个数据库只有一个概念模式。

(2) 外模式。

外模式(External Schema)又称子模式,对应于用户级。它是数据库用户(包括应用程序员和最终用户)能够看见和使用的局部数据的逻辑结构和特征的描述,是数据库用户的数据视图,是与某一应用有关的数据的逻辑表示。外模式是从模式导出的一个子集,包含模式中允许特定用户使用的那部分数据。用户可以通过外模式描述语言(外模式 DLL)来描述、定义对应于用户的数据记录(外模式),也可以利用数据操纵语言 DML 对这些数据记录进行操作。外模式反映了数据库的用户观。不同的用户对同一个数据库可以得到不同的外模式。

(3) 内模式。

内模式(Internal Schema)又称存储模式(Access Schema),对应于物理级。它是数据库中全体数据的内部表示或底层描述,是数据库最低一级的逻辑描述,它描述了数据在存储介质上的存储方式和物理结构,对应实际存储在外存储介质上的数据库。内模式由内模式描述语言(内模式 DLL)来描述、定义,它是数据库的存储观。

三级模式的关系:模式是内模式的逻辑表示;内模式是模式的物理实现;外模式是模式的部分抽取。在一个数据库系统中,只有唯一的数据库,因而作为定义、描述数据库存储结构的内模式和定义、描述数据库逻辑结构的模式,也是唯一的,但建立在数据库系统之上的应用则是非常广泛、多样的,所以对应的外模式不是唯一的,也不可能唯一。

(4) 模式间的映射。

三级模式之间的联系是通过二级映射来实现的。

① 外模式/模式映射。外模式/模式映射定义了外模式与模式之间的关系。由于应用程序是根据外模式进行设计的,只要外模式不变,应用程序就不需要修改,保证数据的逻辑独立性。

② 模式/内模式映射。模式/内模式映射是唯一的,定义了数据全局逻辑结构与存储结构之间的对应关系。由于用户或用户程序是按数据的模式使用数据的,当数据库的存储结构改变时,只要模式保持不变,用户就可以按原来的方式使用数据,从而保证了数据的物理独立性。

2. 数据库外部体系结构

数据库外部体系结构分为集中式结构、文件服务器结构和客户/服务器结构。

(1) 集中式结构。

集中式数据库结构由主机和客户终端组成。数据库和应用程序存放在主机中,数据的处理和主要的运算操作也在主机上进行。它的主要特点是数据和应用集中,维护方便,安全性好;但对主机性能要求较高,价格昂贵。

(2) 文件服务器结构。

在文件服务器结构中,数据库存放在文件服务器中,应用程序分散安排在各个客户工作站上。文件服务器只负责文件的集中管理,所有的应用处理安排在客户端完成。文件服务器结构的特点是费用低,配置灵活,但是缺乏足够的计算和处理能力,对客户端的计算机性能要求高。Access 和 Visual FoxPro 支持文件服务器方案。

(3) 客户/服务器结构。

在客户/服务器(Client/Server)结构中,数据库存放在服务器中,而应用程序可以根据需要安排在服务器或客户工作站上,实现了客户端的程序和服务器端的程序的协同工作。这种结构解决了集中式结构和文件服务器结构的费用和性能的问题。SQL Server 以及 Oracle 支持客户/服务器结构。

1.2 数据模型

1.2.1 数据模型的概念

模型(Model)是现实世界特征的模拟和抽象。计算机不可能直接处理现实世界中的具体事物,人们必须把具体事物转换成计算机能够处理的数据。在数据库中用数据模型(Data Model)这个工具来抽象、表示和处理现实世界中的数据和信息。

1. 实体

从数据处理的角度看,现实世界中的客观事物称为实体。实体可以指人,如一个教师、一个学生等;也可以指物,如一本书、一张桌子等。实体不仅可以指实际的物体,还可以指抽象的事件,如一次借书、一次奖励等。例外,实体还可以指事物与事物之间的联系,如学生选课、客户订货等。

一个实体可以有不同的属性,属性描述了实体某一方面的特性。例如,学生实体用学号、姓名、性别、出生日期、专业等若干个属性来描述;图书实体用编号、分类号、书名、作者、单价、出版社等多个属性来描述。

每个属性可以取不同的值,属性值的变化范围称作属性值的域。属性是个变量,属性值是变量所取的值,而域是变量的变化范围。属性值所组成的集合表征一个实体,相应的,这些属性的集合表征了一种实体的类型,称为实体型。同类型的实体的集合称为实体集。例如,在学生实体集中,(2019111001,李梅,女,02/25/2001,会计)表征学生名册中的一个具体人;在图书实体集中,(3593,TP,Access 数据库应用技术,崔洪芳,34.00,清华大学出版社)则具体代表一本书。

在 Access 中,用"表"来表示同一类实体(即实体集),用"记录"来表示一个具体的实体,用"字段"来表示实体的属性。显然,字段的集合组成一个记录,记录的集合组成一个表。属性的集合对应于实体型,则代表了表的结构。

2. 实体间联系

实体之间的对应关系称为联系,它反映现实世界事物之间的相互关联。实体间联系的种类是指一个实体集中可能出现的每个实体与另一个实体集中多少个具体实体存在联系。两个实体间的联系可以归结为 3 种类型,如图 1.3 所示。

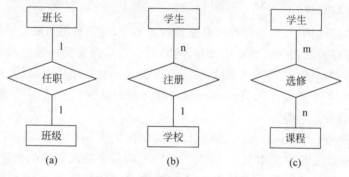

图 1.3 实体间的 3 种联系类型

(1) 一对一联系(1∶1)。

如果对于实体集 A 中的每个实体,实体集 B 中有且只有一个实体与之联系,反之亦然,则称实体集 A 与实体集 B 具有一对一联系。例如,如果一个班只能有一个班长,一个班长不能同时在其他班再担任班长,在这种情况下班级和班长两个实体之间存在一对一的联系。

(2) 一对多联系(1∶n)。

如果对于实体集 A 中的每一个实体,实体集 B 中有多个实体与之联系,反之,对于实体集 B 中的每一个实体,实体集 A 中最多只有一个实体与之联系,则称实体集 A 与实体集 B 有一对多的联系。例如,学生和学校两个实体集,一个学生只能在一个学校注册,而一个学校有很多个学生,学校与学生之间则存在一对多的联系。一对多联系是最普遍的联系,也可以把一对一的联系看作一对多联系中的一个特殊情况。

(3) 多对多联系(m∶n)。

如果对于实体集 A 中的每一个实体,实体集 B 中有多个实体与之联系,而对于实体集 B 中的每一个实体,实体集 A 中也有多个实体与之联系,则称实体集 A 与实体集 B 之间有多对多的联系。例如,学生和课程两个实体集,一个学生可以选修多门课程,一门课程由多个学生选修。因此,学生和课程间存在多对多的联系。

3. 数据模型

数据模型是对客观事物及其联系的数据描述,反映实体内部和实体之间的联系。数据模型应满足三方面要求:一是能比较真实地模拟现实世界;二是容易为人所理解;三是便于在计算机上实现。由于采用的数据模型不同,相应的数据库管理系统也就完全不同。

1.2.2 四种数据模型

目前,数据库领域最为常用的数据模型有层次模型(Hierarchical Model)、网状模型(Network Model)、关系模型(Relational Model)和面向对象模型(Object Oriented Model)4种类型。

1. 层次模型

层次模型用树状结构来表示各实体及其之间的联系。若用图来表示,层次模型是一棵倒立的树,具有父子关系,示例如图1.4所示。根据树状结构的特点,建立数据的层次模型需要满足两个条件。

① 有一个结点没有父结点,这个结点即根结点。

② 其他结点有且仅有一个父结点。

图1.4　层次模型示意图

采用层次模型来设计的数据库称为层次数据库。它的典型代表是IBM公司的IMS(Information Management System),是世界上最早出现的大型数据库系统。

层次模型具有层次清晰、构造简单、易于实现等优点。层次模型易于操作,可利用树状数据结构来完成。每个结点都有其具体的功能,如果需要寻找较远的结点,则必须先往上通过很多父结点,然后再往下寻找另一个结点。采用层次模型可以比较方便地表示出实体之间一对一和一对多的联系,但不能直接表示出实体之间多对多的联系,对于多对多的联系,必须先将其分解为几个一对多的联系,才能表示出来。因而,对于复杂的数据关系,采用层次模型实现起来较为麻烦。

2. 网状模型

网状模型用以实体型为结点的有向图来表示各实体及其之间的联系。其特点如下。

① 可以有一个以上的结点无父结点。

② 至少有一个结点有多于一个的父结点。

网状模型的结构示例如图1.5所示。网状模型要比层次模型复杂,但它可以用来表示实体之间多对多的联系。以学生选课为例,一个学生可以选修若干门课程,某一课程可以被多个学生选修,因此学生与课程之间是多对多的联系。

网状数据模型的典型代表是DBTG系统,亦称CODASYL系统,它对于网状数据库系统的研制和发展起了重大的影响。

数据库基础

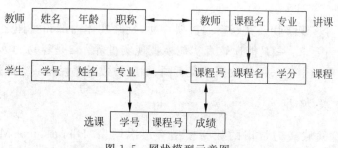

图 1.5　网状模型示意图

网状模型比层次模型更具有灵活性，更适于管理在数据之间具有复杂联系的数据库。而明显的缺点是路径太多，当添加或删除数据时，涉及相关数据太多，不易维护与重建。

网状模型表达能力强，它能反映实体间多对多的联系，但网状模型在概念上、结构上和使用上都比较复杂，而且对计算机的硬件环境要求较高。

网状模型和层次模型都是用指针来实现两个实体之间的联系，它们都建立在图论的基础上，通常被称为格式化数据模型。

3. 关系模型

关系模型是目前数据库管理系统使用最多的一种数据组织形式，是较为重要的一种数据模型。

早期的数据库系统都采用格式化数据模型。1970 年，美国 E. F. Codd 提出了关系模型的概念，首次运用数学方法来研究数据库的结构和数据操作，将数据库的设计从以经验为主提高到以理论为指导。在关系模型中，把实体集看成一个二维表，每一个二维表称为一个关系。每个关系均有一个名字，称为关系名。一个关系对应通常说的一张表，表中的一列表示实体的一项属性，称为一个字段；表中的一行包含了一个实体的全部属性值，称为一个记录。表 1.1 给出了一个"学生"表的实例。

表 1.1　"学生"表

学号	姓名	性别	出生日期	政治面貌	专业	奖励否	生源地	简历	照片
17020002	王小东	男	1999-7-26	团员	金融	是	湖北武汉	篮球、演讲	略
17030005	刘立伟	男	1998-9-10	团员	会计	否	湖北宜昌	喜欢篮球、唱歌	略
18010001	林丹丹	女	2000-5-20	团员	经济	是	湖北黄石	喜欢唱歌、绘画	略
18010002	张云飞	男	2000-8-12	团员	经济	否	北京海淀	喜欢篮球	略
18010003	陈思源	男	2000-6-5	团员	经济	是	湖北天门	演讲比赛获三等奖	略
18010004	李晓红	女	1999-11-15	党员	经济	否	湖北襄樊	喜欢唱歌	略
18020001	张斌	男	2000-4-18	团员	金融	否	浙江金华	擅长绘画	略
18020002	王小杰	男	2001-10-2	团员	金融	是	北京宣武	喜欢足球	略
19030001	杨依依	女	2001-6-24	党员	会计	否	山西大同	喜欢唱歌、跳舞	略
19030002	李倩	女	2002-1-18	团员	会计	是	贵州贵阳	担任学生会干事	略

基于关系模型的数据库管理系统因其严格的数学理论、使用简单灵活、数据独立性强等特点，被公认为最有前途的一种数据库管理系统。它的发展十分迅速，目前已占据主导地位。自 20 世纪 80 年代以来，作为商品推出的数据库管理系统几乎都是关系数据库，例如，Oracle、Sybase、Informix、Visual FoxPro、Access 等。

4. 面向对象模型

面向对象模型是近几年发展起来的一种新兴的数据模型。该模型是在吸收了之前的各种数据模型优点的基础上,借鉴了面向对象的程序设计方法而建立的一种模型。一个面向对象模型是用面向对象观点来描述现实世界实体(对象)的逻辑组织、对象间限制、联系等的模型。这种模型具有更强的表示现实世界的能力,是数据模型发展的一个重要方向。目前对于面向对象模型还缺少统一的规范说明,尚没有一个统一的严格的定义,但数据库在面向对象模型中,面向对象的核心概念构成了面向对象数据模型的基础,这一点已取得了高度的共识。

对象(Object)是面向对象模型的基本元素,可以是一件事、一个实体、一个窗口,可以想象有自己的标识的任何东西。对象是类的实例化。

类(Class)是对某个对象的定义,它表示对现实生活中一类具有共同特征的事物的抽象,是面向对象编程的基础。例如,学生是一个类,周玲、王超、陈云等是学生类中的对象。类包含有关对象动作方式的信息,包括它的名称、方法、属性和事件。类可以派生出多个子类,子类又可以派生出子类。类的特性主要指类的继承性、封装性和多态性等。

可以把类看作"理论上"的对象,从类创建的所有对象都有相同的成员:属性、方法和事件。但是,每个对象都像一个独立的实体一样动作。

事件(Event)是可以被控件识别的操作。用鼠标单击命令按钮是事件,按某个键是事件,移动鼠标也是事件。每一种控件有自己可以识别的事件,如窗体的加载、单击、双击等事件,编辑框(文本框)的文本改变事件等。

1.2.3 概念模型与 E-R 图

数据模型是数据库系统的核心和基础。概念模型也称信息模型,是按用户的观点对数据和信息建模,它不依赖于具体的数据库管理系统,主要用于数据库设计。

实体间联系一对一、一对多和多对多三类基本联系是概念模型的基础。概念模型的表示方法最为常用的是 1976 年由 P. P. S. Chen 提出的实体—联系方法(Entity-Relationship Approach,E-R 方法)。

E-R 方法用 E-R 图来表示概念模型(E-R 模型)。

E-R 图的基本图素如下。

① 实体:用矩形表示,矩形框内写出实体名。

② 联系:用菱形表示,菱形框内标出联系名,并用无向边分别与有关实体型连接起来,同时在无向边旁标上联系的类型(1∶1、1∶n 或 m∶n)。

③ 属性:用椭圆形框表示,并用无向边将其与相应的实体连接起来。

画 E-R 图的步骤如下。

① 确定实体。

② 确定各实体的属性。

③ 确定各实体间联系。

④ 确定各联系的属性。

例 1.1 用 E-R 图表示的学生实体及属性,如图 1.6 所示。

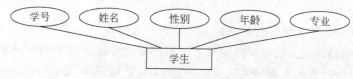

图 1.6　学生实体及属性

例 1.2　用 E-R 图表示的课程实体、学生实体、参考书实体、书库实体之间的联系,如图 1.7 所示。

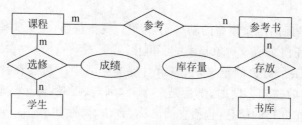

图 1.7　实体以及实体之间的联系

1.3　关 系 模 型

1.3.1　关系模型中的术语

1. 关系

一个关系(Relation)就是一张二维表。通常将一个没有重复行、重复列的二维表看成一个关系,每个关系都有一个关系名。在 Access 中,一个关系对应于一个数据库文件的表,并有一个表名,如"学生"表、"成绩"表。

2. 元组

二维表的每一行在关系中称为元组(Tuple)。在 Access 中,一个元组对应表中一个记录。

3. 属性

二维表的每一列在关系中称为属性(Attribute),每个属性都有一个属性名,属性值则是各个元组属性的取值。在 Access 中,一个属性对应表中一个字段,属性名对应字段名,属性值对应于各个记录的字段值。例如,"学生"表中的"学号""姓名""性别"等字段名及其相应的数据类型组成表的结构。

4. 域

属性的取值范围称为域(Domain)。域作为属性值的集合,其类型与范围具体由属性的性质及其所表示的意义确定。同一属性只能在相同域中取值。例如,"性别"的域只能是"男"或"女","数学"考试成绩的取值范围是 $0\sim100$。

5. 关键字

二维表中的一个属性或几个属性的组合,其值能够唯一标识一个元组,这种属性或其组合称为关键字(Key),也称为主键(或主关键字),例如"学生"表的"学号"。单个属性组成的关键字称为单关键字,多个属性组合的关键字称为组合关键字。关键字的属性值不能取"空值"。在 Access 中可以定义"自动编号主键""单字段主键"和"多字段主键"三种主键。

在关系数据库中,表与表之间的联系是通过公共属性实现的。如"学生"表和"成绩"表中都含有"学号"属性。尽管两张表的数据分别存储在不同的表中,但是通过它们之间的公共属性("学号"属性)就可以建立两个表之间的关联。

6. 候选关键字

关系中能够成为关键字的属性或属性组合可能不唯一。凡在关系中能够唯一区分、确定不同元组的属性或属性组合,称为候选关键字(Candidate Key)。

7. 主关键字

在候选关键字中选定一个作为关键字,称为该关系的主关键字(Primary Key)。关系中主关键字是唯一的。

8. 外部关键字

关系中某个属性或属性组合并非关键字,但却是另一个关系的主关键字,称此属性或属性组合为本关系的外部关键字(Foreign Key)。关系之间的联系是通过外部关键字实现的。

如果表中的一个属性不是本表的主关键字,而是另外一个表的主关键字,这个属性就称为外部关键字(也称为外键)。

例如,"成绩"表中的"课程号"就是外部关键字,是用于实现与"课程"表之间联系的外键。"成绩"表中的"学号"也是外部关键字,是用于实现与"学生"表之间联系的外键。由此可见,尽管关系数据库中表是孤立存储的,但是表与表之间可通过外键相互联系,从而构成一个整体的逻辑结构。

9. 关系模式

对关系的描述称为关系模式,其格式为:

关系名(属性名 1,属性名 2,…,属性名 n)

关系既可以用二维表格描述,也可以用数学形式的关系模式来描述。一个关系模式对应一个关系的结构。如学生关系对应的关系模式可以表示为:

学生(学号,姓名,性别,出生日期,政治面貌,专业)

10. 关系数据库

采用关系模型的数据库叫作关系数据库(Relational Database,RDB)。关系数据库由至少一个或多个数据表组成,各数据表之间可建立相互性关系。如学生成绩管理数据库,此库由 3 个数据表组成,各个表之间通过公共属性联系起来。其中,"学生"表与"成绩"表通过"学号"建立一对多的联系,"课程"表与"成绩"表通过"课程号"建立一对多的联系。"学生"表与"课程"表通过"成绩"表建立多对多的联系。表间关系如图 1.8 所示。

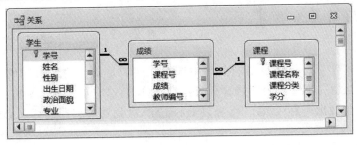

图 1.8 表间关系

13

第 1 章

数据库基础

1.3.2　关系的特点

作为关系数据库中的表应满足以下要求。

① 表中不允许有重复的字段名。

② 表中每一字段中的数据类型必须相同。

③ 表中记录的次序及字段的次序可任意排列。

④ 一般表中的字段之间不应相互关联,如有"出生日期"字段,就不应有"年龄"字段。

⑤ 主关键字应是唯一的。

1.4　关　系　代　数

1.4.1　传统的集合运算

1. 并(∪)

两个具有相同结构的关系 R 和 S 的并是由属于这两个关系的元组组成的集合,表示为 R∪S。

例如,有两个结构相同的学生关系 R1、R2,分别存放在两个班的学生表中,把第二个班的学生记录追加到第一个班的学生记录后面,就是这两个班的并集。

2. 差(-)

设有两个相同结构的关系 R 和 S,R 差 S 的结果是由属于 R 但不属于 S 的元组组成的集合,即差运算的结果是从 R 中去掉 S 中也有的元组,表示为 R-S。

3. 交(∩)

两个具有相同结构的关系 R 和 S,它们的交是由既属于 R 又属于 S 的元组组成的集合。交运算的结果是 R 和 S 的共同元组,表示为 R∩S。

例如,有选修计算机网络的学生关系 R,选修多媒体技术的学生关系 S,求既选修计算机网络又选修多媒体技术的学生,就应当进行交运算。

4. 笛卡儿积(×)

笛卡儿积是集合论中很重要的概念,已知一组集合 $D_1,D_2,\cdots,D_n$,它们的笛卡儿积 D 定义为: $D=\{(x_1,x_2,\cdots,x_n)\mid x_i\in D_i,i=1,2,\cdots,n\}$。

x_i 定义为它们的笛卡儿积 D 的一个子集。

设关系 R 有 m 个元组,S 有 n 个元组,则 R×S 有 m×n 个元组。

注意:R 和 S 的结构不必相同。

1.4.2　专门的关系运算

1. 选择

选择(Select)运算是指从指定的关系中选择某些满足条件的元组构成一个新的关系。也就是说,选择运算是在二维表中选择满足指定条件的行,它是一种水平方向上的选择。例如,从"成绩"表中找出所有成绩在 80 分以上的记录,就是通过选择运算来完成的。

2. 投影

投影(Project)运算是指从指定的关系中选择某些属性的所有值组成的新关系,它是一种垂直方向上的选择。例如,在"学生"表中,若要显示所有学生的学号、姓名、性别、专业,那么可以使用投影运算来实现。

3. 连接

连接(Join)运算是将两个关系连接在一起,形成一个新的关系。每个连接操作都包括一个连接条件和一个连接类型。连接条件决定了两个关系中哪些元组相互匹配,以及连接结果中有哪些属性出现。连接类型有内连接、自然连接、左连接、右连接、全连接等,连接类型将决定如何处理与连接条件不相匹配的元组。

(1) 内连接。

内连接(Inner Join)是按照公共属性值相等的条件连接,并且不消除重复属性。

(2) 自然连接。

自然连接(Natural Join)是在内连接的基础上,消除重复的属性(属于投影操作)。自然连接是连接的一个特例,是最常用的连接运算,在关系运算中起着重要作用。

(3) 左连接。

左连接(Left Join)是在内连接的基础上,保留左关系中不能匹配条件的元组,并将右关系的属性值填空值 Null。

(4) 右连接。

右连接(Right Join)类似左连接。在内连接的基础上,保留右关系中不能匹配条件的元组,并将左关系的属性值填空值 Null。

(5) 全连接。

全连接(Full Join)是左连接和右连接的组合。

综上所述可以归结出:选择运算和投影运算的操作对象只是一个表,相当于对一个二维表的数据进行横向或纵向的提取;而连接运算则是对两个或两个以上的表进行的操作。如果需要连接两个以上的表,应当进行两两关系连接。

总之,在对关系数据库的操作中,利用关系的选择、投影和连接运算,可以方便地在一个或多个关系数据库中提取所需的各种数据,建立或重组新的关系。对关系数据库的实际操作,往往是以上几种操作的综合应用。

1.5 关系的规范化

1.5.1 数据依赖

数据依赖是通过一个关系中属性间值的相等与否体现出数据间的相互关系,是现实世界属性间相互联系的抽象,是数据内在的性质,是语义的体现。数据依赖中最重要的是函数依赖和多值依赖。

函数依赖普遍地存在于现实生活中。例如,描述一个学生的关系,可以有学号、姓名、性别、专业等多个属性。由于一个学号只对应一个学生,一个学生只有一个专业,因而当"学号"值确定之后,姓名、性别及其专业的值也就被唯一地确定了。

只依赖函数依赖的这个关系模式可能存在 4 个问题。

① 数据冗余太大。

② 更新异常。由于数据冗余,当更新数据库中的数据时,系统要付出很大的代价来维护数据库的完整性。否则会面临数据不一致的危险。

③ 插入异常。

④ 删除异常。

一个关系模式之所以会产生上述问题,是由存在于模式中的某些数据依赖而引起的。规范化理论正是用来改造关系模式,通过分解关系模式来消除其中不妥的数据依赖,以解决插入异常、删除异常、更新异常和数据冗余问题。

1.5.2 关系的规范化方法

关系的规范化是指在关系模型中,关系必须满足给定条件,最基本的要求是关系中的每个属性都是不可再分的。关系的规范化是降低或消除数据库中冗余数据的过程,尽管在大多数的情况下冗余数据不能被完全清除,但冗余数据越小,就越容易维护数据的完整性,并且可以避免非规范化的数据库中的数据更新异常。

范式表示的是关系模式的规范化程度。不同的规范要求被称为不同的范式,目前关系数据库通常只使用前 3 种范式。

1. 第一范式(1NF)

如果一个关系 R 的每一分量都是不可分的数据项,则称 R 是第一范式的。第一范式要求删除表中的所有重复组,一个重复组是一个记录中的一组属性。1NF 就是要删除重复组。

例如,教师编号、姓名、电话组成一个关系,但电话可能有办公电话、家庭电话、手机等,由于电话可再分,不符合第一范式。应进一步细分为教师编号、姓名、办公电话、家庭电话、手机组成一个关系。

2. 第二范式(2NF)

若 R∈1NF,且它的每一非主属性完全依赖于主键,则 R∈2NF。第二范式指其中包含有组合主键,所有的非关键字字段必须完全依赖于整个主关键字。2NF 要删除部分依赖。

例如,学号、课程号、成绩、学分组成一个关系,学号课程号构成组合关键字,学分完全依赖课程号,不完全依赖组合关键字。解决方法将原有关系变为两个关系模型,分别是 R 关系(学号、课程号、成绩)和 S 关系(课程号、课程名、学分)。

3. 第三范式(3NF)

若 R∈2NF,且每一非主属性不传递依赖于主键,则 R∈3NF。第三范式指非主关键字属性之间不允许互相依赖。删除非关键字依赖。

例如,学号、姓名、性别、专业、院系组成一个关系,学号是主关键字,没有部分依赖问题。但专业与院系相关,存在大量的冗余数据。

解决方法将原有关系变为两个关系模型,分别是 R 关系(学号、姓名、性别、院系号)和 S 关系(院系号、院系名、专业)。

4. 巴斯-科德范式(BCNF)

巴斯-科德范式又称为 Boyce-Codd 范式。当实体已经是第三范式,并且任何属性所依赖的都是某个候选关键字,则此实体就属于 BCNF。

规范化的基本思想是逐步消除数据依赖关系中不妥的部分,使依赖于同一个数据模型的数据达到有效的分离。

1.5.3 关系的完整性

关系的完整性,即关系中的数据及具有关联关系的数据间必须遵循的制约和依存关系,关系的完整性用于保证数据的正确性、有效性和相容性。

关系的完整性主要包括实体完整性、域完整性和参照完整性三种,它们分别在记录级、字段级和数据表级提供了数据正确性的验证规则。

1. 实体完整性

实体完整性(Entity Integrity)保证表中记录的唯一性,即在表中不允许出现重复记录。在 Access 中利用主键或候选键来保证记录的唯一性。由于主键的一个重要作用就是标识每条记录,所以关系的实体完整性要求关系(表)中的记录在组成的主键上,不允许出现两条记录的主键值相同,也就是说,既不能取空值 Null,也不能有重复值。

例如,在学生表中,"学号"字段作为主键,其值不能为空值 Null,也不能有两条记录的"学号"相同。

2. 域完整性

域完整性(Domain Integrity Constrains)是针对某一具体字段的数据设置的约束条件,Access 也提供了定义和检验域完整性的方法。

例如,可以将"性别"字段定义为只能取两个值"男"或"女",将"成绩"字段值定义为 $0\sim100$。

3. 参照完整性

参照完整性(Referential Integrity,RI)是相关联的两个表之间的约束,当输入、删除或更新表中记录时,保证各相关表之间数据的完整性。

例如,如果在学生表和成绩表之间用"学号"建立关联,学生表是主表,成绩表是从表,那么,在向成绩表中输入一条新记录时,系统要检查新记录的"学号"是否在学生表中已存在。如果存在,则允许执行输入操作;否则拒绝输入,以保证输入记录的合法性。

参照完整性还体现在对主表中记录进行删除和修改操作时对从表的影响。如果删除主表中的一条记录,则从表中凡是外键值与主表的主键值相同的记录也会被同时删除,这就是级联删除;如果修改主表中主关键字的值,则从表中相应记录的外键值也随之被修改,这就是级联更新。

1.6 数据库设计基础

数据库设计是指对于一个给定的应用环境,构造优化的数据库逻辑模式和物理结构,并据此建立数据库及其应用系统,使之能够有效地存储和管理数据,满足各种用户的应用需求,包括信息管理要求和数据操作要求。

1. 数据库设计原则

为了合理组织数据,应遵从以下基本设计原则。

① 关系数据库的设计应遵从概念单一化"一事一地"的原则。

② 避免在表之间出现重复字段。

③ 表中的字段必须是原始数据和基本数据元素。

④ 用外部关键字保证有关联的表之间的联系。

2. 数据库设计的步骤

(1) 需求分析阶段。

需求分析阶段由需求信息的收集、分析整理、评审三个步骤构成,最后写出一份既切合实际又具有预见性的需求说明书,并且附上一整套详尽的数据流图和数据字典。数据流图(Data Flow Diagram,DFD)是业务流程及业务中数据联系的形式描述。数据字典(Data Dictionary,DD)用来详细描述系统中的全部数据。

(2) 概念结构设计阶段。

在需求分析结果的基础上,画出局部和全局的 E-R 图,并附上相应的说明文件。

(3) 逻辑结构设计阶段。

将概念模型转换为具体计算机上 DBMS 所支持的结构数据模型。

(4) 物理结构设计阶段。

对给定的逻辑数据模型配置一个最为适合应用环境的物理结构。设计存储记录结构、存储空间分配、访问方法,并进行性能评价。设计、评价、修改的过程可能要反复多次,最后得到较为完善的物理数据库结构说明书。

(5) 数据库实施阶段。

编写程序,并在模拟的环境下通过初步调试,然后进行联合调试。

(6) 数据库运行的维护阶段。

数据库正式投入运行后,维护数据库的安全性与完整性,监控系统的性能,并根据用户合理的意见扩充系统的功能。

3. 数据库设计过程

(1) 需求分析。

根据实际情况,分析数据需求与处理需求,确定数据库的设计目的,确定数据库中需要存储的信息和对象。

(2) 确定数据库中需要的表。

如学生成绩管理数据库中有:学生表、成绩表、课程表。

(3) 确定数据表中所需字段。

建立数据表的结构,如学生表以学号为主关键字,有学号、姓名、性别、出生日期等字段。

(4) 确定表间联系。

例如,学生表与成绩表通过"学号"建立一对多的联系,课程表与成绩表通过"课程号"建立一对多的联系。

(5) 优化设计。

对设计进行优化设计,重新检查,找出不足之处并加以修改。

1.7 数据库技术的发展

数据库技术的发展先后经历了层次数据库、网状数据库和关系数据库。层次数据库和网状数据库可以看作是第一代数据库系统,关系数据库可以看作是第二代数据库系统。自

20世纪70年代提出关系数据模型和关系数据库后,数据库技术得到了蓬勃发展,应用也越来越广泛。但随着应用的不断深入,占主导地位的关系数据库系统已不能满足新的应用领域的需求。正是实际应用中出现的许多问题,促使数据库技术不断向前发展,从而涌现出许多不同类型的新型数据库系统。

1. 分布式数据库系统

分布式数据库系统(Distributed Database System,DDBS)是一个在物理学上分布于计算机网络的不同地点,而逻辑上又属于同一系统的数据集合。它是数据库技术与计算机网络技术、分布处理技术相结合的产物。分布式数据库系统不同于将数据存储在服务器上供用户共享存取的网络数据库系统,它不仅能支持局部访问(访问本地数据库),而且能支持全局应用(访问异地数据库)。

中国铁路客票发售和预订系统是一个典型的分布式数据库应用系统。系统以一个铁道部中央数据库和25个地区级数据库组成。

2. 面向对象数据库系统

面向对象数据库系统(Object-Oriented Database System,OODBS)是将面向对象的模型、方法和机制,与先进的数据库技术有机地结合而形成的新型数据库系统。面向对象数据库系统一方面是一个数据库系统,具备数据库系统的基本功能,同时也是一个面向对象的系统,针对面向对象的程序设计语言的永久性对象存储管理而设计的,充分支持完整的面向对象概念和机制。

3. 并行数据库系统

并行数据库(Parallel Database)是在并行计算机上具有并行处理能力的数据库系统,它是数据库技术与计算机并行处理技术相结合的产物。

4. 多媒体数据库系统

多媒体数据库系统(Multimedia Database System,MDBS)是数据库技术与多媒体技术相结合的产物。在许多数据库应用领域中,涉及大量的多媒体数据,这些与传统的数字、字符等格式化数据有很大的不同,都是一些结构复杂的对象。多媒体数据库是可以存放和处理多种媒体信息的数据库。

5. 模糊数据库系统

模糊数据库(Fuzzy Database)是存储、管理和操作模糊数据的数据库。一般的数据库都是以二值逻辑和精确的数据工具为基础的,不能表示模糊不清的事情。随着模糊数学理论体系的建立,用数量来描述模糊事件并能进行模糊运算。这样就可以把不完全性、不确定性、模糊性引入数据库系统中,从而形成模糊数据库。模糊数据库是人工智能和专家系统一个很重要的研究领域。

6. 数据仓库

信息技术的高速发展,数据库应用的规模、范围和深度不断扩大,一般的事务处理已不能满足应用的需要,企业界需要在大量信息数据基础上的决策支持,数据仓库(Data Warehouse,DW)技术的兴起就满足了这一需求。数据仓库作为决策支持系统的有效解决方案,涉及3方面的技术内容:数据仓库技术、联机分析处理技术(On-Line Analysis Processing,OLAP)和数据挖掘技术(Data Mining,DM)。

7. 工程数据库

工程数据库(Engineering Database)是一种能存储和管理各种工程图形,并能为工程设计和制造提供各种数据服务的数据库。工程数据库适用于计算机辅助设计和计算机辅助制造等,通常称为 CAx 的工程应用领域。

8. 空间数据库

空间数据是用于表示空间物体的位置、形状、大小和分布特征等方面信息的数据。空间数据库(Spatial Database)是存储空间物体信息的数据库,它能够对空间数据进行高效的查询和处理。空间数据库是地理信息系统的基础和核心。

1.8 Access 2010 数据库系统简介

Access 2010 中文版是 Microsoft 公司的 Office 2010 办公套装软件的组件之一。从 1992 年 Access 1.0 版本开始,Access 历经多次升级改版,逐步升级至 Access 2010,并不断有功能更强的新版本出现。Access 是目前最为流行的小型数据库管理系统,它界面友好、操作简单、功能全面、使用方便。本节详细介绍 Access 2010 的特点、工作环境、启动与退出等。

1.8.1 Access 2010 数据库系统的特点

① Access 2010 与 Office 2010 中的其他软件在窗口界面上相类似,随着 Office 软件的升级而升级。

② 一个 Access 2010 数据库文件中包含了 6 种数据库对象,分别是表、查询、窗体、报表、宏和模块,而这些数据库对象都存储在同一个以 accdb 为扩展名的数据库文件中。在任何时候,Access 2010 只需要打开一个数据库文件,便可以对各数据库对象进行操作。

③ Access 2010 兼容多种数据格式,能直接导入 Office 中的其他软件,如 Excel、Word 等数据文件,而且其自身的数据库内容也可以方便地在这些软件中使用。此外,Access 2010 提供了与其他数据库管理系统的良好接口,能够识别 SQL Server、Oracle、Sybase 等格式的数据。

④ Access 2010 可以在可视化的界面 VBE(Visual Basic Editor)中用 VBA(Visual Basic Applications)编写数据库应用程序,使用户能够方便地开发各种面向对象的应用程序。Access 2010 支持结构化查询语言 SQL 的设计。

⑤ Access 2010 有许多方便快捷的工具和向导,如表达式生成器、表向导、查询向导、窗体向导、报表向导等,利用这些向导,可以轻松地创建自己的数据库系统。

⑥ Access 2010 将数据库扩展到 Web,通过浏览器可打开 Web 表格和报表,通过重新联机可将更改同步到 Microsoft Windows SharePoint Services 2010 上。

⑦ Access 有强大的帮助功能,用户可根据需要随时浏览帮助信息,从中获得帮助。

⑧ Access 各个版本之间具有兼容性。在 Access 2010 中可以查看用 Access 2000、Access 2002、Access 2003、Access 2010 编写的数据库,使不同版本的用户之间可以共享数据库且更加方便。

⑨ Access 2010 提供了 Backstage 视图,可以快速、轻松地完成对整个数据库文件的各项操作。

1.8.2 Access 的启动和退出

1. Access 系统的启动

启动 Access 一般可选用以下几种方法。

① 选择"开始"→"程序"→Microsoft Office→Microsoft Office Access 2010 命令,即可启动 Access 2010。

② 如果在计算机桌面上有 Microsoft Access 2010 的快捷方式,可以直接双击该图标,或单击右键,在弹出的快捷菜单中选择"打开"命令,即可启动 Access 2010。

③ 双击扩展名为.mdb 或.accdb 的数据库文件,或在扩展名为.mdb 或.accdb 的数据库文件上单击右键,在弹出的快捷菜单中选择"打开"命令,即可启动 Access 2010。此方法同时打开所选的数据库文件。

2. Access 系统的退出

退出 Access 通常可以采用以下几种方法。

① 单击窗口右上角的关闭按钮 ⊠ 。

② 选择"文件"→"退出"命令。

③ 使用快捷键 Alt+F4。

④ 在标题栏上单击右键,在弹出的菜单中选择"关闭"命令。

⑤ 单击 Ⓐ 按钮,在弹出的菜单中选择"关闭"命令。

注意:在退出系统时,如果没有对文件进行保存,会弹出对话框提示用户是否对已编辑或修改的文件进行保存。

1.8.3 Access 的工作环境

Access 2010 将工作环境分为 Access 2010 初始界面(Backstage)和操作界面两个部分。用户在启动 Access 后就打开了 Access 初始界面,但是用户在操作中要面对的窗口是操作界面。

1. Access 初始界面

启动 Access 2010 后,初始界面如图 1.9 所示。

Access 2010 初始界面主要提供开始创建、打开数据库以及获得帮助的多种途径。

(1) 初始界面由 3 部分组成。

左侧是"文件"工作区,用户可以实现保存、打开、新建、帮助、退出等操作,并可快速访问最近所用的文件。

中间是"可用模板"区域,其中列举了各种常用的模板类别。用户可以根据需要选择创建空数据库或者使用不同模板来创建数据库。

右侧是"空数据库"区域,用户在创建数据库时,用来设置保存位置和数据库名称。

(2) "文件"选项卡。

单击"文件"选项卡,在"文件"菜单中,用户可以对数据库进行新建、打开、保存等操作。如图 1.10 所示。

单击"选项"命令,打开"Access 选项"对话框,如图 1.11 所示。在"Access 选项"对话框中可以对 Access 2010 的一些常用选项进行设置。

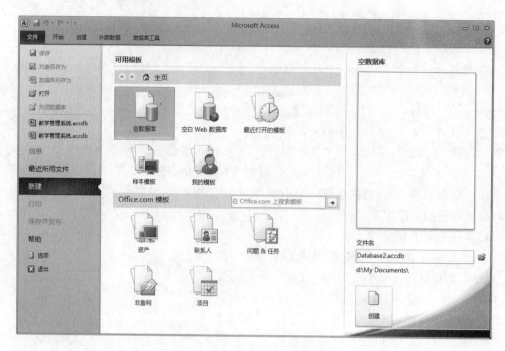

图 1.9　Access 2010 初始界面

图 1.10　"文件"菜单

图 1.11　"Access 选项"对话框

常用选项中的"默认文件格式"为 Access 2007,由于现在 Office 的多种版本并存,为了方便用户数据能够共享,用户可将"默认文件格式"设置为 Access 2002-2003。

（3）快速访问工具栏。

快速访问工具栏位于窗口的左上角,包含最常用的快捷按钮。单击可以执行相应的功能。

单击快速访问工具栏最右边的倒三角形按钮,在下拉菜单中,可自定义快速访问工具栏,如图 1.12 所示。

2. Access 2010 操作界面

Access 2010 的操作界面是帮助用户方便、快捷地对数据库进行各种操作的主要窗口,如图 1.13 所示。

① 标题栏位于窗口的最上方,它包含 A 按钮、快速访问工具栏、当前打开的数据库文件名、最小化、最大化/还原、关闭按钮。

② 功能区以选项卡的形式列出常用的操作命令。默认情况下,有以下 4 种选项卡。

- "开始"选项卡。用户可以设置视图、剪贴板、文本格式,对数据进行排序、筛选、查找和简繁体转换等,如图 1.14 所示。

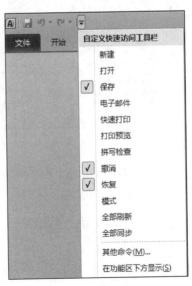

图 1.12　自定义快速访问工具栏

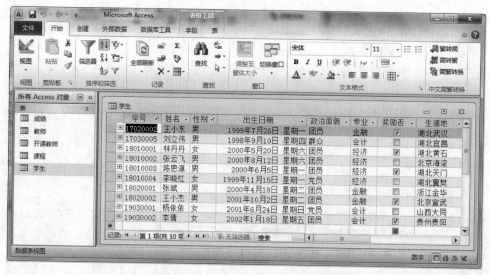

图 1.13　Access 2010 的操作界面

图 1.14　"开始"选项卡

- "创建"选项卡。用户可以创建表,查询,设置窗体、报表、宏等,如图 1.15 所示。

图 1.15　"创建"选项卡

- "外部数据"选项卡。用户可以完成导入、导出外部相关数据文件的操作,如图 1.16 所示。

图 1.16　"外部数据"选项卡

- "数据库工具"选项卡。用户可以编写宏、显示和隐藏相关对象、分析数据、移动数据等,如图 1.17 所示。

图 1.17　"数据库工具"选项卡

除了上述 4 种选项卡外,还有一些隐藏的选项卡没有显示。只有在进行特定的操作时,才会显示出来。例如,在执行创建表操作的时候,将会打开"表格工具"选项卡。方便用户对数据表进行管理,如图 1.18 所示。

图 1.18 "表格工具"选项卡

③ 导航窗格位于窗口的左侧,列出了 Access 数据库中的所有对象。与早期版本的"数据库窗口"类似。单击"百叶窗开关"按钮 « 或 » 可隐藏和显示导航窗格。单击 ⥥ 按钮可展开相关对象,单击 ⥣ 按钮可收缩相关对象。

④ 工作区是操作界面中最大的区域,用来显示数据库的各种对象,是进行数据库操作的主要工作区域。

⑤ 状态栏位于屏幕的最底部,用于显示系统正在进行的操作信息,可以帮助用户了解所进行操作的状态。

3. Access 的基本对象

(1) 表。

表(Table)是数据库的核心与基础,它是 Access 数据库的基本对象,其他的数据库对象都是以表为基础来创建的。一个数据库中可包含多个表。表中信息分行、列存储。表中的每一列代表某种特定的数据类型,称为"字段";表中每一行由各个特定的字段组成,称为"记录"。

(2) 查询。

查询(Query)是数据库的核心操作。用户通过查询可以在表中搜索符合指定条件的数据,并可以对目标记录进行修改、插入和更新等操作。Access 2010 中的查询包括选择查询、计算查询、参数查询、交叉表查询、操作查询、SQL 查询。

(3) 窗体。

窗体(Form)是数据信息的主要表现形式。用户可以通过创建窗体逐条显示记录,便于详细地查看和编辑,还可以对窗体进行编程。

(4) 报表。

报表(Table)是以打印的形式表现用户数据。生成报表目的是进行计算、打印、分组和汇总数据。

(5) 宏。

宏(Macro)是一个或多个操作的集合,也可以是若干个宏的集合所组成的宏组。宏可以将数据中不同对象联系在一起,从而形成一个数据管理系统。

(6) 模块。

模块(Module)可以保存 VBA 应用程序的声明和过程。模块的主要作用是建立复杂的 VBA 程序以完成宏不能完成的任务。

在 Access 数据库中包含多个表,每个表可以分别表示和存储不同类型的信息。通过建立各个表之间的关联,从而将存储在不同表中的相关数据有机地结合起来。用户可以通过创建查询在一个表或多个数据表中检索、更新和删除记录,并且可以对数据库中的数据进行各种计算。通过创建联机窗体,用户可以直接对数据库中的记录执行查看和编辑操作。通过创建报表,用户可以将数据以特定的方式加以组织,并将数据按指定的样式进行打印。

思 考 题

1. 什么是数据库、数据库管理系统和数据库系统?它们之间存在什么样的关系?
2. 数据库系统由几部分组成?有哪些特点?
3. 计算机数据管理技术的发展经过了几个发展阶段?
4. 什么是数据库系统的三级模式结构?
5. 在数据库系统中,常用的数据模型有几种?
6. 什么是关系的规范化?
7. 什么是关系的完整性?关系的完整性是如何分类的?
8. Access 2010 有哪些主要特点?
9. Access 2010 的基本对象有哪些?
10. 简述数据库技术的发展趋势。
11. 简述数据库设计的步骤。

第2章　　数据库和表的基本操作

Access 2010 数据库是所有相关对象的集合,包括表、查询、窗体、报表、宏、模块。每个对象都是数据库的一个组成部分,表是数据库的基础,其他对象是 Access 提供的工具。本章详细介绍 Access 2010 数据库的设计步骤,各种建立数据库的方法,打开与关闭数据库,以及维护数据库窗口和数据库的压缩与修复等基本操作。

2.1　创建数据库

在创建 Access 数据库之前,应根据用户的需求对数据库应用系统进行分析和研究,然后再按照一定的原则设计数据库中的具体内容。一个好的设计将有助于数据库的分析和处理数据。

数据库的设计一般要经过需求分析、确定数据库中的表、确定表中的字段、确定主关键字以及确定表间的关系等过程。

Access 提供了两种创建数据库的方法:一种是使用向导创建数据库;另一种是先建立一个空数据库,然后向数据库中添加表、查询、窗体、报表等对象。不论使用哪一种方法创建的数据库,都可以在任何时候进行修改或扩充。

Access 2010 数据库是以扩展名为.accdb 的磁盘文件形式存在的。现在 Office 的多种版本并存,为了方便用户数据能够共享,用户可将数据库文件设置为低版本的.mdb 格式的文件。

2.1.1　使用向导创建数据库

在 Access 2010 数据库中提供了多种数据库模板,用以帮助用户快速创建符合实际需要的数据库。模板包括本地模板和联机模板,这些模板事先预置了符合模板主题的字段,用户只需要稍加修改或直接输入数据即可。

Access 模板是一个在打开时会创建完整数据库应用程序的文件。数据库将立即可用,并包含用户开始工作所需的所有表、窗体、报表、查询、宏和关系。因为模板已设计为完整的端到端数据库解决方案,所以使用它们可以节省时间和工作量,并使用户能够立即开始使用数据库。使用模板创建数据库后,用户可以自定义数据库以更好地符合需求,就像用户从头开始构建数据库一样。

Access 2010 数据库附带了 5 个 Web 数据库模板。术语"Web 数据库"表示数据库设计为发布到运行 Access Services 的 SharePoint 服务器上。5 个模板的详细介绍如下。

(1) 资产 Web 数据库。

28

跟踪资产,包括特定资产详细信息和所有者。分类并记录资产状况、购置日期、地点等。

（2）慈善捐赠 Web 数据库。

如果用户为接受慈善捐赠的组织工作,可使用此模板来跟踪筹款工作。用户可以跟踪多个活动并报告每个活动期间收到的捐赠。跟踪捐赠者、与活动相关的事件及尚未完成的任务。

（3）联系人 Web 数据库。

管理与用户或用户的团队协作的人员（例如客户和合作伙伴）的信息。跟踪姓名和地址信息、电话号码、电子邮件地址,甚至可以附加图片、文档或其他文件。

（4）问题 Web 数据库。

创建数据库以管理一系列问题,例如需要执行的维护任务。对问题进行分配、设置优先级并从头到尾跟踪进展情况。

（5）项目 Web 数据库。

跟踪各种项目及其相关任务。向人员分配任务并监视完成百分比。

Access 2010 附带了 7 个客户端数据库模板。它们没有设计为发布到 Access Services,但仍可以通过将它们放在共享网络文件夹或文档库中进行共享。7 个模板的详细介绍如下。

（1）事件。

跟踪即将到来的会议、截止时间和其他重要事件。记录标题、位置、开始时间、结束时间以及说明,还可附加图像。

（2）教职员。

管理有关教职员的重要信息,例如电话号码、地址、紧急联系人信息以及员工数据。

（3）营销项目。

管理营销项目的详细信息,计划并监控项目可交付结果。

（4）罗斯文。

创建管理客户、员工、订单明细和库存的订单跟踪系统。罗斯文模板包含示例数据,用户在使用数据库之前需要将这些数据删除。

（5）销售渠道。

在较小的销售小组范围内监控预期销售过程。

（6）学生。

管理学生信息,包括紧急联系人、医疗信息及其监护人信息。

（7）任务。

跟踪用户或团队要完成的一组工作项目。

使用"数据库向导"创建数据库是使用 Access 提供的数据库模板,在数据库向导的帮助下,一步一步地按照向导的提示,进行一些简单的操作,就可以创建一个新的数据库。这种方法很简单,并具有一定的灵活性,适合初学者使用。

为了便于以后管理和使用,在创建数据库之前,先在计算机 D 盘建立用于保存该数据库的文件夹"user"。

例 2.1 使用向导创建"联系人"数据库。

操作步骤如下。

（1）启动 Access 2010 数据库系统，进入初始界面。

（2）在"Office.com 模板"列表中选择"联系人"选项，打开"Office.com 模板"列表，如图 2.1 所示。

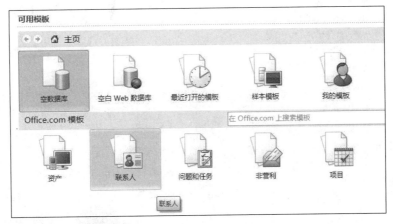

图 2.1　"Office.com 模板"列表

（3）选择"联系人"模板，初始界面右侧显示创建的数据库文件名和保存路径。

（4）在右侧的"文件名"编辑框中输入创建的数据库文件名，这里输入"联系人"，默认扩展名为 .accdb，数据库的默认保存位置是 D：\My Document，单击 按钮，选择文件的保存路径为 D：\user，如图 2.2 所示。

（5）单击"下载"按钮，完成数据库的创建过程。此时选择的模板将会应用到数据库中，如图 2.3 所示。

完成上述操作后，"联系人"数据库的结构框架就建立起来了，但数据库中所包含的表以及每个表中所

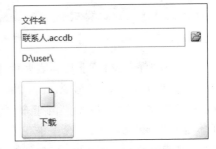

图 2.2　设置文件名和路径

包含的字段不一定完全符合要求。因此，在使用向导创建数据库后，还要对其进行修改，使其最终满足需要。修改的方法将在后面的章节中详细介绍。

2.1.2　建立一个空数据库

一个数据库系统的建立，可以从创建空数据库入手，再逐步添加所需要的表、查询、窗体、报表等对象，然后再根据实际需要逐步进行功能完善。

例 2.2　创建一个空的"教学管理系统"数据库。

操作步骤如下。

（1）启动 Access 2010 数据库系统，进入系统初始界面。

（2）单击"可用模板"区域中的"空数据库"按钮。

（3）在右侧"文件名"编辑框中输入新建数据库的名称，这里输入"教学管理系统"，默认的扩展名为 .accdb。

（4）单击 按钮，弹出"文件新建数据库"对话框。

第 2 章

数据库和表的基本操作

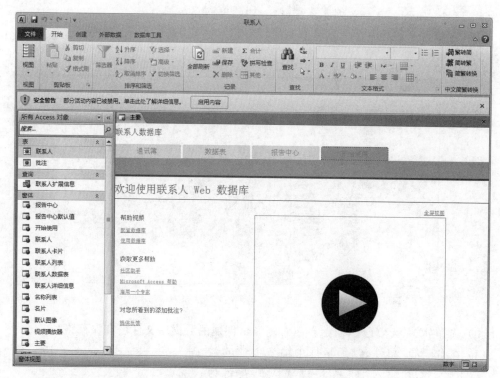

图 2.3　"联系人"数据库

（5）在"保存位置"下拉列表框中选择文件的保存位置为 D：\user。

（6）默认文件格式为 Access 2007（文件扩展名为.accdb），如图 2.4 所示。由于现在 Office 的多种版本并存，为了方便用户数据能够共享，可选择"保存类型"为 Access 2002-2003（文件扩展名为.mdb）。

（7）单击"创建"按钮，Access 将创建空白的"教学管理系统"数据库，窗口中显示"教学管理系统"数据库窗口，如图 2.5 所示。

新建的空数据库中没有任何表和其他对象，在以后的操作过程中可以逐步添加。

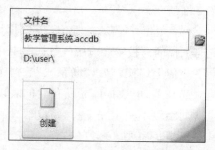

图 2.4　创建"空白"数据库

2.1.3　打开和关闭数据库

1. 打开数据库

打开数据库文件的常用方法有以下两种。

① 在"资源管理器"或"计算机"窗口中，通过双击.mdb 或.accdb 文件，打开数据库文件。

② 启动 Access 2010 数据库系统后，单击"文件"选项卡，在菜单中选择"打开"命令，弹出"打开"对话框，如图 2.6 所示。在"查找范围"下拉列表框中，找到保存要查找的数据库文件的文件夹，选定所需要的数据库文件，然后单击"打开"按钮，打开相应的数据库文件。

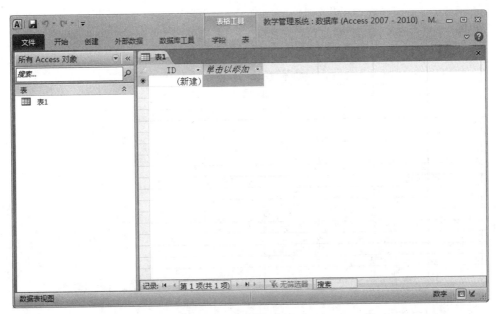

图 2.5 空数据库窗口

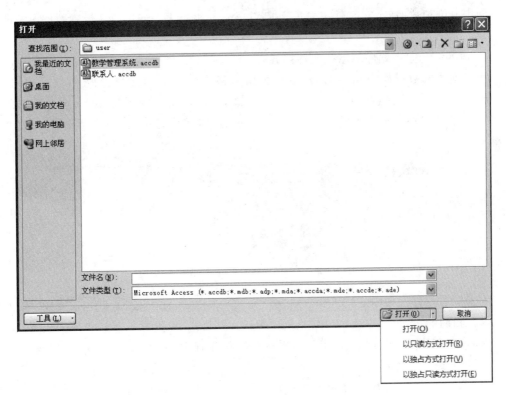

图 2.6 "打开"对话框

以上是在单用户环境下,打开数据库的方法。

若在多用户环境下(即多个用户,通过网络共同操作一个数据库文件),则应根据使用方式的不同,选择相应的打开方式。

数据库和表的基本操作

在"打开"对话框中,"打开"按钮的右侧有一个下拉按钮,单击该按钮会弹出一个下拉菜单。菜单中的 4 个选项含义如下。

① "打开"选项。被打开的数据库文件可被其他用户共享,这是默认的打开方式。

② "以只读方式打开"选项。只能使用和浏览被打开的数据库文件,但不能对其进行修改。

③ "以独占方式打开"选项。其他用户不能使用被打开的数据库文件。

④ "以独占只读方式打开"选项。只能使用和浏览被打开的数据库文件,但不能对其进行修改,其他用户不能使用该数据库文件。

2. 关闭数据库

在完成数据库操作后,需要将它关闭。在 Access 2010 中,关闭了数据库窗口,也就关闭了相应的数据库文件。关闭数据库可以使用下列方法之一。

① 单击窗口右上角的"关闭"按钮。

② 双击窗口左上角的 ▲ 按钮。

③ 单击窗口左上角的 ▲ 按钮,在弹出的菜单中选择"关闭"命令或按 C 键。

2.1.4 维护数据库

使用或维护数据库,都需要先打开数据库,然后根据个人的使用习惯设置数据库窗口的外观。

1. 改变新建立数据库的默认文件格式

用户创建的数据库在 Access 2010 中的默认格式为 Access 2007 的文件格式,扩展名为 .accdb。如果要改变新建立数据库的文件格式,可以单击"文件"选项卡,选择菜单中的"选项"按钮,打开"Access 选项"对话框。对其中的"创建数据库"选项进行设置,如图 2.7 所示。

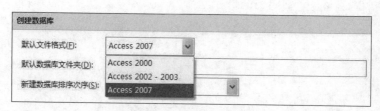

图 2.7 "创建数据库"选项

"创建数据库"选项中的"默认文件格式"为 Access 2007,由于现在 Office 的多种版本并存,为了方便用户数据能够共享,用户可将"默认文件格式"设置为 Access 2002-2003。

改变后的数据库文件格式必须在创建新的数据库时才会生效。

2. 设置默认文件夹

Access 系统打开或保存数据库文件的默认文件夹是 My Documents,但为了数据库文件管理、操作上的方便,可把数据库放在一个专用的工作文件夹中。

例 2.3 设置 Access 的数据库默认文件夹为 D:\user。

操作步骤如下。

(1) 在 Access 窗口中,单击"文件"选项卡,选择菜单中的"选项"按钮,打开"Access 选项"对话框。

（2）选择"创建数据库"选项，在"默认数据库文件夹"框中，输入 D：\user。

（3）单击"确定"按钮，完成设置。

3. 数据库版本的转换

Access 数据库各种版本之间可以互相转换。方法如下。

① 打开要转换的数据库文件，单击"文件"选项卡，选择"保存并发布"命令，打开如图 2.8 所示的转换格式选项。

② 选择要转换的 Access 版本，实现转换。

图 2.8 "保存并发布"命令

4. 备份数据库

数据库文件应经常进行定期备份，以防止各种意外发生时，可以使用备份数据库进行还原。具体方法如下。

打开要备份的数据库文件，单击"文件"选项卡，选择"保存并发布"命令，打开如图 2.8 所示"备份数据库"命令。

5. 数据库的压缩和修复

在对数据库进行操作时，因为需要经常对数据库中的对象进行维护，这时数据库文件中就可能包含相应的"碎片"。压缩和修复数据库可以重新整理、安排数据库对磁盘空间的占有，可以恢复因操作失误或意外情况丢失的数据信息，从而提高数据库的使用效率，保障数据库的安全性。具体方法如下。

打开要压缩和修复的数据库文件，单击“文件”选项卡，选择“信息”命令，如图 2.9 所示，选择“压缩和修复数据库”命令。

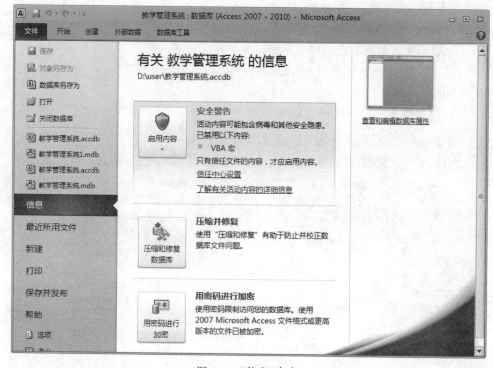

图 2.9　"信息"命令

6. 设置数据库属性

数据库的标题、作者、单位等属性，可以通过数据库属性窗口进行定义或查看，具体方法如下。

① 打开要设置的数据库文件，单击“文件”选项卡，选择“信息”命令，如图 2.9 所示，单击“查看和编辑数据库属性”命令，打开数据库属性窗口。

② 在“摘要”选项卡的相关编辑框中，输入相应的值，单击“确定”按钮，完成设置，如图 2.10 所示。

2.1.5　复制数据库对象

1. 复制 Access 文件内的数据库对象

例 2.4　复制“联系人”数据库中的“联系人电话列表”窗体。

操作步骤如下。

（1）在 Access 的数据库窗口的“联系人”导航列表中，单击要复制的数据库对象“联系人电话列表”窗体。

（2）单击功能区上的“复制”按钮。如果要将对象复制到当前数据库，则单击功能区上的“粘贴”按钮。

（3）在弹出的“粘贴为”对话框中为该对象输入唯一的名称，如“联系人电话列表副本”，单击“确定”按钮。

2. 复制表结构或将数据追加到已有的表中

(1) 在 Access 的工作窗口的导航列表中,单击要复制其结构或数据的表,再单击功能区上的"复制"按钮和功能区上的"粘贴"按钮。

(2) 在弹出如图 2.11 所示的"粘贴表方式"对话框中执行下列操作之一。

- 若要粘贴表的结构,请勾选"粘贴选项"下的"只粘贴结构"单选按钮。
- 若要追加数据,请在"表名称"框中,输入要为其追加数据的表名称,单击"将数据追加到已有的表"单选按钮。

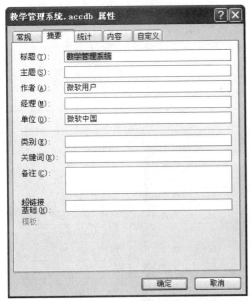
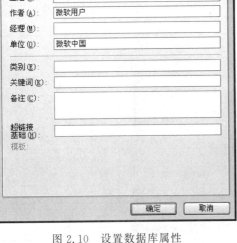

图 2.10 设置数据库属性   图 2.11 "粘贴表方式"对话框

3. 将对象复制到其他 Microsoft 应用程序中

可以将表、查询或报表复制到本机上运行的其他 Microsoft 应用程序中去。操作步骤如下。

(1) 首先将其他 Microsoft 应用程序"最小化"。

(2) 右击 Microsoft Windows 任务栏,在弹出的菜单中单击"纵向平铺窗口"命令。

(3) 将对象从"数据库"窗口拖到其他应用程序中。

2.1.6 删除数据库对象

如果要删除数据库对象,先要关闭要删除的对象。如果在多用户的环境下,要确保所有用户都已关闭了该数据库对象。

删除数据库对象的操作步骤如下。

(1) 关闭要删除的对象。

(2) 在 Access 工作窗口的导航列表中"对象"栏中,单击要删除的数据库对象的类型。

(3) 选中"对象"列表中的对象,最后按 Delete 键或单击"删除"按钮。

数据库和表的基本操作

2.2 创 建 表

表是数据库中用来存储数据的对象,是整个数据库的基础,Access 中的各种数据对象都是建立在表的基础之上的。表的基本操作是 Access 最基本的内容。

2.2.1 数据表的结构

在 Access 中以二维表的形式来定义表的数据结构。Access 中数据表是由表名、表中的字段和表的记录三部分组成的。设计数据表结构就是定义数据表文件名,确定数据表包括哪些字段,各字段的字段名、字段类型及宽度,并将这些信息输入计算机中。

在关系数据库中,一个关系就是一张二维表,如表 2.1 所示的"学生"表。

表 2.1 "学生"表

学号	姓名	性别	出生日期	政治面貌	专业	奖励否	生源地	简历	照片
17020002	王小东	男	1999-7-26	团员	金融	是	湖北武汉	篮球、演讲	略
17030005	刘立伟	男	1998-9-10	团员	会计	否	湖北宜昌	喜欢篮球、唱歌	略
18010001	林丹丹	女	2000-5-20	团员	经济	是	湖北黄石	喜欢唱歌、绘画	略
18010002	张云飞	男	2000-8-12	团员	经济	否	北京海淀	喜欢篮球	略
18010003	陈思源	男	2000-6-5	团员	经济	是	湖北天门	演讲比赛获三等奖	略
18010004	李晓红	女	1999-11-15	党员	经济	否	湖北襄樊	喜欢唱歌	略
18020001	张斌	男	2000-4-18	团员	金融	否	浙江金华	擅长绘画	略
18020002	王小杰	男	2001-10-2	团员	金融	是	北京宣武	喜欢足球	略
19030001	杨依依	女	2001-6-24	党员	会计	否	山西大同	喜欢唱歌、跳舞	略
19030002	李倩	女	2002-1-18	团员	会计	是	贵州贵阳	担任学生会干事	略

在表 2.1 中,每一行由若干个数据项组成,称为记录。每一列是一个数据项,称为字段。栏目标题(表头)称为这个字段的字段名。因此,字段的个数和每个字段的名称、类型、宽度便决定了这个二维表的结构。

1. 设计表的结构要考虑以下几个问题

(1) 确定表名。

表名要确保其唯一性,表的名称要与用途相符,做到简略、直观、见名知意。

(2) 确定字段名称。

① 字段名长度小于 64 个字符。

② 字段名可以包括字母、汉字、数字、空格和其他字符。

③ 字段名不可以包括句号(。)、感叹号(!)、方括号([])和重音符号(`)。

④ 字段名不可以以先导空格开头。

(3) 确定字段类型。

Access 提供了 10 种数据数据类型,满足字段的不同需要。

(4) 确定字段属性。

确定字段大小、格式、默认值、必填字段、有效性规则、有效性文本、索引等属性。

(5) 确定表中能够唯一标识记录的主关键字段,即主键。

2. Access 的数据类型

Access 2010 数据库中常用的数据类型有以下 12 种。

(1) 文本型。

文本型(Text)是默认的数据类型,最多 255 个字符。通过设置"字段大小"属性,可以设置"文本"字段中允许输入的最大字符数。文本中包含汉字时,一个汉字只占一个字符,如果输入的数据长度不超过定义的字段长度,则系统只保存输入字段中的字符,该字段中未使用的位置上的内容不被保存。

文本型通常用于表示文字或不需要计算的数字,例如姓名、地址、学号、邮编等。

(2) 备注型。

备注型(Memo)允许存储的内容长达 65 535 个字符,与文本型数据本质上是相同的,适合存放对事物进行详细描述的信息,如个人简历、备注、摘要等。

(3) 数字型。

由数字 0~9、小数点和正负号构成,用于进行算术运算的数据。数字型(Number)字段又细分为整型、长整型、字节型、单精度型、双单精度型、小数等类型,其长度由系统分别设置为 2、4、1、4、8、12 字节。

系统默认数字型字段长度为长整型。单精度型小数位数精确到 7 位,双精度型小数位数精确到 15 位。字节型只能保存从 0~255 的整数。

(4) 日期/时间型。

用于表示从 1000 年至 9999 年任意日期和时间的组合。日期/时间型(Date/Time)数据的存放和显示格式完全取决于用户定义格式。根据存放和显示格式的不同,又分为常规日期、长日期、中日期、短日期、长时间、中时间、短时间等类型,系统默认其长度为 8 字节。

(5) 货币型。

用于存储货币值。向该字段输入数据时,系统会自动添加货币符号和千位分隔符,货币型(Currency)数据的存放和显示格式完全取决于用户定义格式。根据存放和显示格式的不同,又分为常规数据、货币、欧元、固定、标准等类型。

货币型数据整数部分的最大长度为 15 位,小数部分长度不能超过 4 位。

(6) 自动编号型。

自动编号型(Auto Number)用于存放递增数据和随机数据。在向表中添加记录时,由系统为该字段指定唯一的顺序号,顺序号的确定有两种方法,分别是递增和随机。递增方法是默认的设置,每新增一条记录,该字段的值自动加 1。使用随机方法时,每新增加一条记录,该字段的数据被指定为一个随机的长整型数据。

该字段的值一旦由系统指定,就不能进行删除和修改。因此,对于含有该类型字段的表,在操作时应注意以下问题。

① 如果删除一个记录,其他记录中该字段的值不会进行调整。

② 如果向表中添加一条新的记录,该字段不会使用被删除记录中已经使用过的值。

③ 用户不能对该字段的值进行指定或修改。

每个数据表中只允许有一个自动编号型字段,其长度由系统设置为 4 字节,如顺序号、商品编号、编码等。

（7）是/否型。

是/否型（Yes/No）用于判断逻辑值为真或假的数据，表示为 Yes/No、True/False 或 On/Off。字段长度由系统设置为 1 字节。如：是否通过、婚否等。

（8）OLE 对象型。

OLE 是 Object Linking and Embedding（对象的链接与嵌入）的缩写，用于链接或嵌入由其他应用程序所创建的对象。例如，在数据库中嵌入声音、图片等，它的大小可以达到 1GB。

链接和嵌入的方式在输入数据时可以进行选择，链接对象是将表示文件内容的图片插入文档中，数据库中只保存该图片与源文件的链接，这样对源文件所做的任何更改都能在文档中反映出来；而嵌入对象是将文件的内容作为对象插入文档中，该对象也保存在数据库中，这时插入的对象就与源文件无关了。

（9）超链接型。

超链接型（Hyperlink）用于存放超链接地址，链接到 Internet、局域网或本地计算机上，字段长度不超过 2048 字节。

（10）查阅向导型。

查阅向导型（Lookup Wizard）用于创建查阅向导字段，用户可使用列表框或组合框的形式查阅其他表或本表中其他字段的值。字段长度一般为 4 字节。

（11）附件型。

Access 2010 新增的字段类型，使用附件可以将多个文件存储在单个字段中，甚至还可以将多种类型的文件存储在单个字段中。最多可以附加 2GB 的数据，单个文件的大小不得超过 256MB。文件名（包括扩展名）不得超过 255 个字符。

（12）计算型。

用于显示根据同一表中的其他数据计算而来的值，可以使用表达式生成器来创建计算。其他表中的数据不能用作计算数据的源。

3. 表的视图方式

表有两种视图方式，一种是"设计视图" ；另一种是"数据表视图" 。这两种视图方式对操作数据表十分重要。在"设计视图"窗口中，可用来编辑数据表的结构；在"数据表视图"窗口中，可用来编辑数据表的记录内容。

4. 设计表结构

在建立表之前都必须先设计它的结构，表结构描述了一个表的框架。设计表结构实际上就是定义组成一个表的字段个数、每个字段的名称、数据类型、大小等信息。

例 2.5 定义"教学管理系统"数据库中"学生"表结构如表 2.2 所示。

表 2.2 "学生"表结构

字 段 名 称	字 段 类 型	字 段 大 小	字 段 名 称	字 段 类 型	字 段 大 小
学号	文本（主键）	8	专业	文本	20
姓名	文本	10	奖励否	是/否	—
性别	文本	1	生源地	文本	10
出生日期	日期/时间	长日期	简历	备注	—
政治面貌	查阅向导（文本）	2	照片	OLE 对象	—

在完成了表结构的设计,就可以进行创建表的操作了,在 Access 系统中,创建一个新表的方法共有 5 种:使用表设计器创建表、使用向导创建表、通过输入数据创建表、导入和链接外部数据、使用生成表查询创建表。

本章详细介绍前 4 种方法,使用生成表查询创建表的方法将在第 3 章中详细介绍。

2.2.2 使用表设计器创建表

表设计器是在 Access 中设计表的主要工具,使用表设计器不仅可以创建表,也可以修改表结构。使用表设计器创建表,就是在表设计器窗口中定义表的结构,即详细说明表中每个字段的名称、字段的类型以及每个字段的具体属性。在表结构定义并保存后,再切换到"数据表视图"窗口中,输入每一条记录。

下面以一个具体的实例介绍表设计器的使用方法。

例 2.6 使用表设计器创建"教学管理系统"数据库中的"学生"表,表中结构如表 2.2 所示。设置"学号"字段为主键。

操作步骤如下。

1. 进入表的设计视图

(1) 启动 Access 2010 数据库系统,打开"教学管理系统"数据库。

(2) 在"创建"选项卡中的"表格"组中选定"表设计"按钮,打开"设计视图"窗口,如图 2.12 所示。

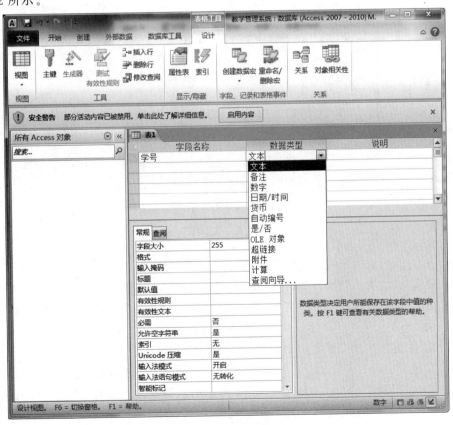

图 2.12 "表设计视图"窗口

第2章

数据库和表的基本操作

（3）输入表的字段名称、数据类型以及说明等内容。

表设计器窗口由上下两部分组成。上半部分用来输入表的字段名称、数据类型和说明，由4列组成。

① 字段选定区。位于左边第一列，用来选定一个或多个字段，选定一个字段时单击即可，选定连续的多个字段可用 Shift 键配合，选定不连续的多个字段可用 Ctrl 键配合。

② 字段名称。用来输入字段的名称。

③ 数据类型。单击该列右侧的向下箭头，在弹出的下拉列表框中可以为字段选定数据类型。

④ 说明。该列为字段说明性信息。

表设计视图窗口的下半部分为字段属性区，可以设置所选字段的属性。

单击"字段名称"列的第一行，将光标放在该字段中，向此文本框中输入"学号"，然后单击该行的数据类型，在弹出的下拉列表框中选择类型"文本"型，在"常规"选项卡中设置"字段大小"为8。

用同样的方法依次输入各字段的名称，并在数据类型下拉列表框中选择所需要的数据类型及相应的属性值，建立"学生"表结构。

2. 使用"查阅向导"定义"政治面貌"字段

（1）选定"政治面貌"字段，在"数据类型"下拉列表框中单击"查阅向导"，弹出"查阅向导"对话框，如图 2.13 所示。

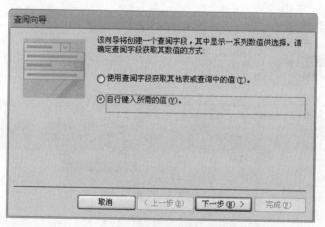

图 2.13 "查阅向导"对话框之一

（2）选定"自行键入所需的值"单选按钮，单击"下一步"按钮，如图 2.14 所示。

（3）分别输入"党员""团员""群众"，输入完成之后单击"下一步"按钮，如图 2.15 所示。

（4）定义查阅字段，指定标签名为"政治面貌"，单击"完成"按钮结束操作。在"政治面貌"的"查阅"选项卡中可以看到行来源的值已设置为"党员""团员""群众"，如图 2.16 所示。

3. 设置主键

定义完全部字段后，单击"学号"字段行的字段选定区，单击"设计"选项卡中的"主键"按钮 ，或右击字段选定区，在弹出如图 2.17 所示的快捷菜单中选择"主键"命令，定义"学号"字段为主关键字。操作完成如图 2.18 所示。

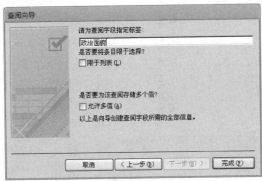

图 2.14 "查阅向导"对话框之二

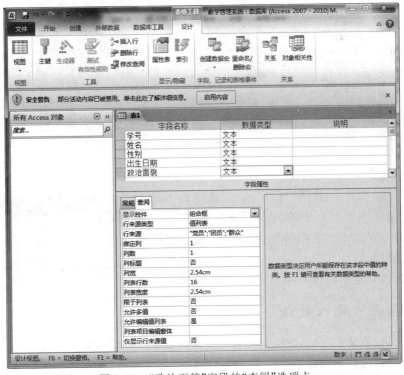

图 2.15 "查阅向导"对话框之三

图 2.16 "政治面貌"字段的"查阅"选项卡

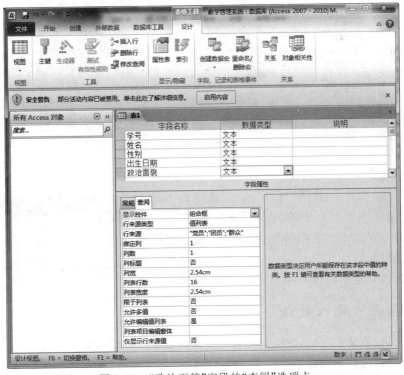

数据库和表的基本操作

图 2.17 右击字段选定区弹出的快捷菜单

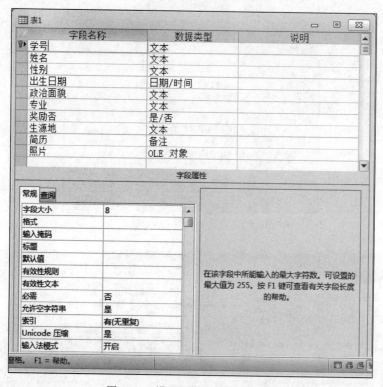

图 2.18 设置"学号"字段为主键

4. 保存文件

单击"文件"选项卡,选择"保存"命令,或单击 Access 左上角的快速访问工具栏中的"保存"按钮 ,在"另存为"对话框中输入表名"学生",单击"确定"按钮完成操作,如图 2.19 所示。

此时,在表对象下创建了一个名为"学生"的新表。

图 2.19 "另存为"对话框

2.2.3 向表中输入数据

完成表结构的建立之后,就可以向表中输入数据了。向表中输入数据的基本方法是通过"数据表视图"窗口来完成的。

打开数据库,在导航窗格"表"对象下,右击要输入数据的表名,在弹出的菜单中选择"打开"命令,或者双击要输入数据的表名,进入"数据表视图"窗口,如图 2.20 所示。

学号	姓名	性别	出生日期	政治面貌	专业	奖励否	生源地	简历	照片
17020002	王小东	男	1999年7月26日 星期一	团员	金融	☑	湖北武汉	喜欢篮球、唱歌	
17030005	刘立伟	男	1998年9月10日 星期四	群众	会计	☐	湖北宜昌	篮球、演讲	
18010001	林丹丹	女	2000年5月20日 星期六	团员	经济	☑	湖北黄石	喜欢唱歌、绘画	
18010002	张云飞	男	2000年8月12日 星期六	团员	经济	☐	北京海淀	喜欢篮球	
18010003	陈思源	男	2000年6月5日 星期一	团员	经济	☐	湖北天门	演讲比赛获三等奖	
18010004	李晓红	女	1999年11月15日 星期一	党员	经济	☐	湖北襄樊	喜欢唱歌	
18020001	张斌	男	2000年4月18日 星期二	团员	金融	☐	浙江金华	擅长绘画	
18020002	王小杰	男	2001年10月2日 星期二	团员	金融	☑	北京宣武	喜欢足球	
19030001	杨依依	女	2001年6月24日 星期日	党员	会计	☐	山西大同	喜欢唱歌、跳舞	
19030002	李倩	女	2002年1月18日 星期五	团员	会计	☑	贵州贵阳	担任学生会干事	

记录:◀ ◀ 第 10 项(共 10 ▶ ▶ ▶ ▽ 无筛选器 搜索

图 2.20 "数据表视图"窗口

数据表视图最左侧的"行选定器"两种不同的符号其含义如下。

星号 ✳ :表示表的末端,可在该行输入新记录。

铅笔 ✏ :表示该行正在输入或修改数据。

"数据表视图"窗口最下方为记录定位器,单击记录定位器中不同的按钮,能够改变当前的行位置或添加新的记录。

例 2.7 使用"数据表视图"窗口向"学生"表中输入数据。操作步骤如下。

(1)在数据库窗口"表"对象下,双击"学生"表,进入"数据表视图"窗口。

(2)输入每条记录的字段值。

(3)输入日期型字段的数据时,单击右侧 ▦ 按钮,可显示系统的日期,单击 ◀ 或 ▶ 按钮可改变日期进行选择,如图 2.21 所示。

也可以直接输入日期,例如 1999 年 6 月 18 日,可输入:99-6-18。

(4)输入"政治面貌"字段值时,单击右侧的 ▼ 按钮,会将"政治面貌"字段中所含的内容全部列出,从中选择即可,如图 2.20 所示。

图 2.21 调整日期窗口

在输入过程中,只能输入对字段类型有效的值。若输入了无效数据,则系统弹出出错信息提示框。在更正错误之前,无法将光标移动到其他字段上去。记录输入完成后,关闭当前窗口,保存添加的记录。若欲放弃对当前记录的编辑,可按 Esc 键取消操作。

(5)输入"照片"字段值。

① 右击相应记录的照片字段数据区,弹出快捷菜单。

② 选择快捷菜单中的"插入对象"命令,弹出"插入对象"对话框,如图 2.22 所示。

③ 选定"新建"单选按钮,将"对象类型"设置为"位图图像",单击"确定"按钮,系统将弹出一个空白的图片编辑框。

④ 选择"编辑"菜单中"粘贴来源"命令,在弹出的粘贴来源对话框中选定所需图片文件的位置和名称,单击"打开"按钮,相应的图片将被粘贴到图片编辑框中,此时可对图片进行剪裁,或者缩放调整图片大小,使其符合设计的要求。

⑤ 编辑完成后,单击"文件"菜单中"更新学生:表"命令,完成对数据源的更新。关闭该编辑框,返回"学生"表的"数据表视图"窗口。

数据库和表的基本操作

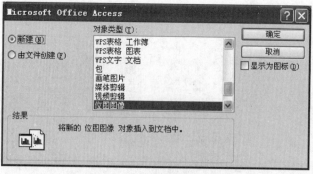

图 2.22 "插入对象"对话框之一

如果在图 2.22"插入对象"对话框中选定"由文件创建"单选按钮,则打开下一个"插入对象"对话框,如图 2.23 所示。输入相应的对象文件位置和名称,或者单击"浏览"按钮,选定所需文件的位置和名称,单击"确定"按钮,文件内容即保存到"照片"字段中。

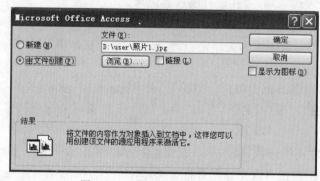

图 2.23 "插入对象"对话框之二

(6) 输入数据后,保存文件。

2.2.4 使用模板创建表

使用模板是一种快速创建表的方式,Access 系统在模板中内置了一些常见的示例表,这些表中包含了足够多的字段名,用户可根据需要在数据表中添加和删除字段。

例 2.8 使用表模板创建"教师"表。"教师"表结构如表 2.3 所示。

表 2.3 "教师"表结构

字 段 名 称	字 段 类 型	字 段 大 小	是 否 主 键
教师编号	文本	5	是
姓名	文本	10	
性别	文本	1	
出生日期	日期/时间	短日期	
职称	文本	10	

操作步骤如下。

(1) 在"教学管理系统"数据库中,单击"创建"选项卡,选择"应用程序部件"选项右侧的向下箭头,在弹出的下拉菜单中选择"联系人"模板,如图 2.24 所示。

图 2.24 "应用程序部件"下拉菜单

（2）基于"联系人"表模板所创建的表就被插入当前数据库中，如图 2.25 所示。

图 2.25 表模板数据表

（3）双击"ID"字段名，将其改为"教师编号"，使用相同的方法修改其他字段名。

（4）右击数据表中需要删除的字段，在弹出如图 2.26 所示的快捷菜单中选择"删除字段"命令，可删除多余的字段。修改完成后的表如图 2.27 所示。

图 2.26 右击弹出的快捷菜单

46

图 2.27　修改完成后的表

（5）单击"开始"选项卡中的"视图"按钮，切换到"表设计视图"窗口，按照表 2.3 对"教师"表结构进行修改。

（6）修改完成后单击"保存"按钮，保存"教师"表结构修改结果。

（7）单击"视图"按钮，切换到"数据表视图"窗口中，输入数据，完成"教师"表数据的输入，如图 2.28 所示。

教师编号	姓名	性别	出生日期	职称	单击以添加
01001	赵伟华	男	1976-8-12	副教授	
01002	田梅	女	1990-10-23	讲师	
01003	李建国	男	1972-2-9	教授	
01004	杜森	男	1985-3-15	副教授	
01005	刘娜	女	1975-12-5	副教授	
01006	王军	男	1987-8-13	讲师	
01007	张艺	女	1982-12-5	讲师	
01008	蒋芳菲	女	1992-7-19	助教	

图 2.28　创建完成的"教师"表

2.2.5　通过输入数据创建表

在 Access 中可以通过在"数据表视图"窗口中直接输入数据，更直观、方便地创建一个新表。在"数据表视图"窗口中，第一行显示的是字段名，除了第一行外，其余各行显示具体的数据，即记录。在视图中可以完成对字段的插入、删除、更名等操作，也可以完成对记录的添加、删除和修改等操作。

例 2.9　通过输入数据创建"教学管理系统"数据库中的"课程"表，表结构如表 2.4 所示。表中包含的字段分别是课程号、课程名称、课程分类、学分。设置"课程号"为主键。

表 2.4　"课程"表结构

字 段 名 称	字 段 类 型	字 段 大 小	是 否 主 键
课程号	文本	3	是
课程名称	文本	20	
课程分类	文本	10	
学分	数字	字节	

操作步骤如下。

（1）在"教学管理系统"数据库中，单击"创建"选项卡，选择"表格"组中的"表"按钮，打开如图 2.29 所示的空白数据表。

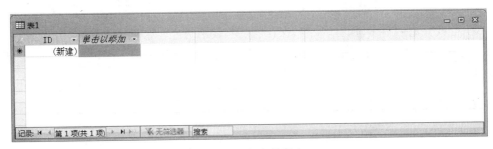

图 2.29　空白数据表

（2）单击"单击以添加"下拉菜单，选择"文本"确定字段类型，如图 2.30 所示。在显示
"字段 1"位置，输入"课程号"，按 Enter 键，光标出现在"课程号"右侧的单元格中。

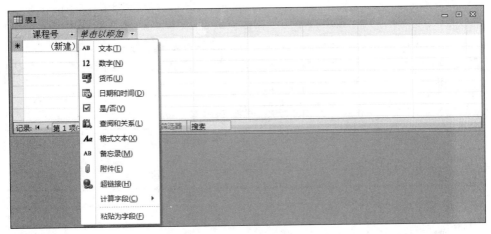

图 2.30　设置字段类型

（3）用同样的方法依次输入其他字段的名称，建立表结构。

（4）在记录区中逐行输入各条记录，如图 2.31 所示。

图 2.31　"表 1"表

（5）数据输入完毕，单击快速访问工具栏上的
"保存"按钮，弹出"另存为"对话框，如图 2.32
所示。

（6）在"表名称"文本框中输入表名"课程"，单
击"确定"按钮。

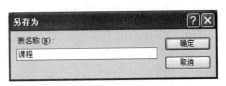

图 2.32　"另存为"对话框

数据库和表的基本操作

（7）单击"视图"按钮，切换到表的"设计视图"窗口，删除 ID 列，按照表 2.4 对"课程"表结构进行修改。并设置"课程号"为主键。

（8）修改完成后单击"保存"按钮，保存"课程"表结构修改结果。

用这种方法创建的表，在建立表结构时，仅输入了字段的名称，并没有对字段的类型和属性进行设置。因此，需要使用表设计器对表的结构进行修改。

2.2.6　通过导入和链接外部数据创建表

在 Access 中可以使用外部数据源的数据创建表。

（1）导入表。

使用其他应用程序已经建立的表来创建新的表。导入的数据可以是 Access 数据库中的表、Excel 的电子表格、Lotus 或 FoxPro 等数据库管理系统创建的表。

（2）链接表。

将创建的表和来自其他应用程序的数据建立链接，这样在建立数据源的原始应用程序中和 Access 数据库中都可以查看、添加、删除或修改这些数据。

例 2.10　使用"导入表"的方法建立"教学管理系统"数据库中的"成绩"表，表结构如表 2.5 所示。数据来源为 Excel 电子表格。

表 2.5　"成绩"表结构

字 段 名 称	字 段 类 型	字 段 大 小	小　　数
学号	文本	8	
课程号	文本	3	
成绩	数字	单精度	1
教师编号	文本	5	

操作步骤如下。

（1）在 Access 2010 中打开"教学管理系统"数据库。

（2）在"外部数据"选项卡中的"导入并链接"组中选择 Excel 选项，弹出"获取外部数据-Excel 电子表格"对话框，如图 2.33 所示。单击"浏览"按钮，确定导入文件所在的文件夹为 D：\user，在文件列表框中选定 cj. xlsx。

（3）选择"将源数据导入当前数据库的新表中"单选按钮，单击"确定"按钮，结果如图 2.34 所示。

（4）选定 Sheet1 表，单击"下一步"按钮，结果如图 2.35 所示。

（5）由于要将电子表格的列标题作为表的字段名称，因此选定"第一行包含列标题"复选框，单击"下一步"按钮，结果如图 2.36 所示。

（6）指定正在导入的每一个字段的信息。包括更改字段名称、建立索引或跳过某个字段，单击"下一步"按钮，结果如图 2.37 所示。

（7）确定新表的主键。选择"不要主键"单选按钮，单击"下一步"按钮，结果如图 2.38 所示。

（8）为新建的表命名，在"导入到表"文本框中输入"成绩"，单击"完成"按钮，弹出提示完成数据导入的"获取外部数据-Excel 电子表格"对话框，如图 2.39 所示，单击"关闭"按钮，结束导入过程。

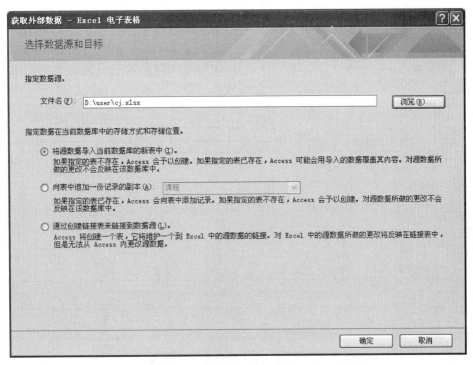

图 2.33 "获取外部数据-Excel 电子表格"对话框

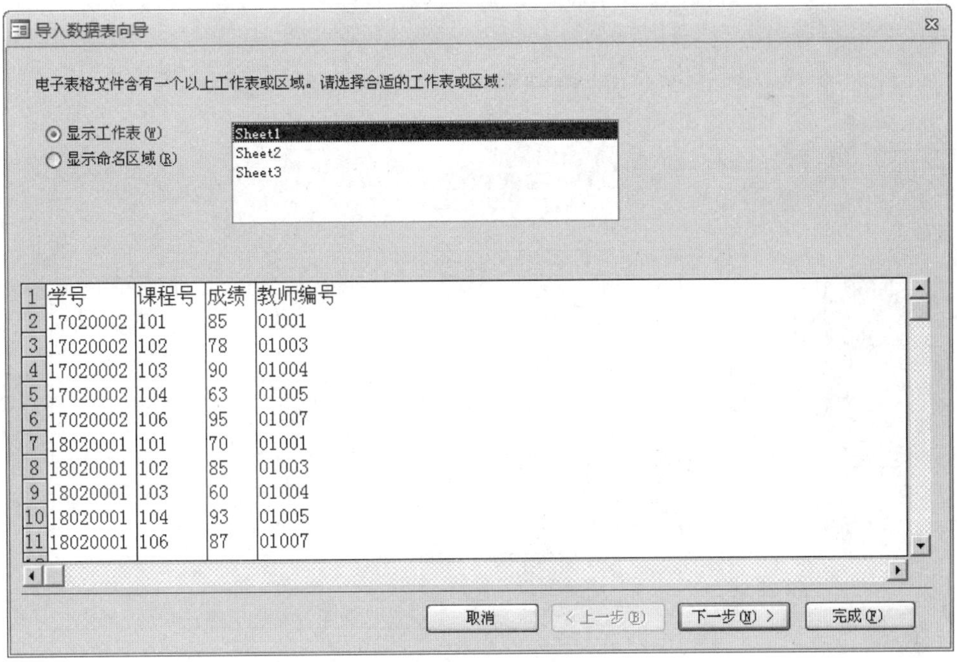

图 2.34 "导入数据表向导"对话框之一

数据库和表的基本操作

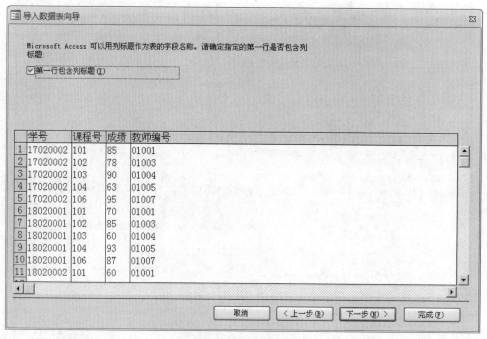

图 2.35 "导入数据表向导"对话框之二

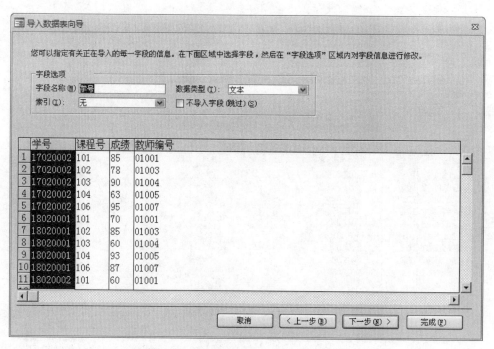

图 2.36 "导入数据表向导"对话框之三

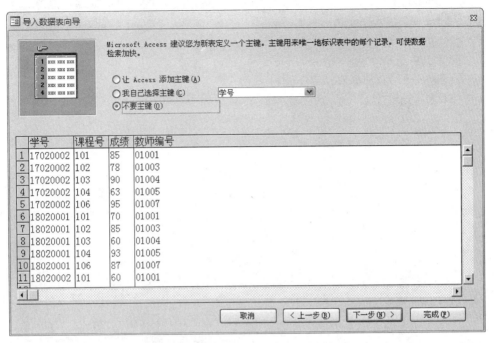

图 2.37 "导入数据表向导"对话框之四

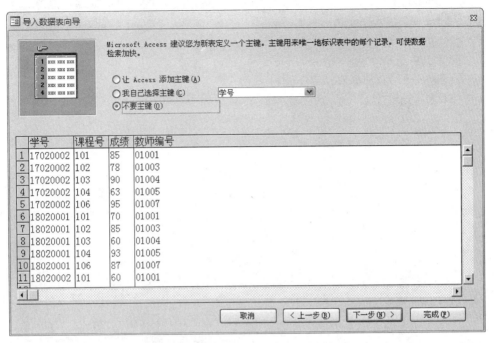

图 2.38 "导入数据表向导"对话框之五

51

第
2
章

数据库和表的基本操作

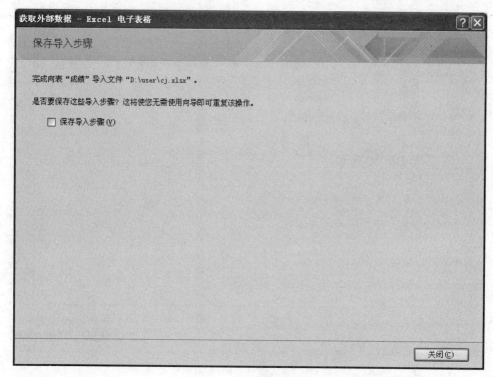

图 2.39　完成外部数据导入

（9）保存导入步骤。对于经常进行相同导入操作的用户,可以把导入步骤保存下来,下一次可以快速完成同样的导入。

（10）打开导入完成的"成绩"表,单击"视图"按钮,切换到"设计视图"窗口,按照表 2.4 对"成绩"表结构进行修改。修改完成后,保存修改结果。

本例中是以 Excel 电子表格作为导入表的,如果要导入的是其他类型应用程序的数据源,则向导的具体过程会有一些不同,这时,只要按向导对话框中的提示进行操作即可。

如果要采用链接的方法使用外部数据,可以在图 2.33 中,选择"通过创建链接表来链接到数据源"单选按钮。链接和导入的具体操作过程非常相似,可以参照上例的操作步骤进行。

练习: 使用本章已经介绍过的方法创建"开课教师"表。表结构如表 2.6 所示,表数据如图 2.40 所示。

表 2.6　"开课教师"表结构

字 段 名 称	字 段 类 型	字 段 大 小
课程号	文本	3
教师编号	文本	5

2.2.7　打开与关闭表

一个数据表创建后,可以在后期操作过程中向表中添加记录,也可以对已经建立好的表进行修改,如修改字段的名称、属性、修改表中记录的值、浏览表中的记录等。在进行这些操作之前,首先打开相应的表,完成操作后,将表关闭。

1. 打开表

表有两种视图方式,一种是"设计视图";另一种是"数据表视图"。在"设计视图"窗口中,可以编辑表的结构;在"数据表视图"窗口中,可以编辑数据表的记录内容。

一个表可以在"数据表视图"窗口中打开,也可以在"设计视图"窗口中打开。不同视图下完成的操作不同,还可以在这两种视图之间进行切换。

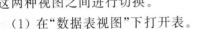

图 2.40 "开课教师"表数据

(1) 在"数据表视图"下打开表。

方法一:在导航窗格中直接双击要打开的表。

方法二:在导航窗格中右击要打开的表,在弹出的快捷菜单中选择"打开"命令。

在"数据表视图"窗口中,以二维表的形式显示表的内容,其中第一行显示表中的字段名,下面每行是表中的每一条记录,如图 2.20 所示。在"数据表视图"窗口中,主要进行记录的输入、修改、删除等操作。

(2) 在"设计视图"窗口中打开表。

在导航窗格中,右击要打开的表,在弹出的快捷菜单中选择"设计视图"命令,就可以在"设计视图"窗口中打开表,如图 2.12 所示。

在"设计视图"窗口中显示的是表中各字段的基本信息,例如名称、类型、大小等属性,在"设计视图"窗口中可以进行表结构的修改。

(3) 两个视图之间的切换。

方法一:单击功能区中的"设计视图"按钮 ⬚ 或"数据表视图"按钮 ⬚ 可以实现两个视图之间的切换。

方法二:在"设计视图"窗口中,右击窗口标题栏,在弹出的快捷菜单中选择"数据表视图"命令,切换到"数据表视图"窗口;在"数据表视图"窗口中,右击窗口标题栏,在弹出的快捷菜单中选择"表设计"命令,切换到"设计视图"窗口。

2. 关闭表

对表的操作完成后,要将该表关闭。

方法一:单击视图窗口右上角的"关闭"按钮。

方法二:右击窗口标题栏,在弹出的快捷菜单中选择"关闭"命令。

在关闭表时,如果对表的结构进行修改并且没有保存,Access 会弹出一个消息框,提示用户是否保存所做的修改,单击"是"按钮可保存所做的修改且关闭表;单击"否"按钮放弃所做的修改且关闭表;单击"取消"按钮取消关闭表操作。

2.3 设置字段的属性和表结构的修改

表的创建过程实际就是定义字段的过程,除了要定义表中每一个字段的基本属性(如字段名、字段类型、字段大小)以外,还要对字段的显示格式、输入掩码、标题、默认值、有效规则及有效文本等属性加以定义。

字段属性可分为常规属性和查阅属性两类。字段类型不同,显示的字段属性也不同。

在表结构创建完成后,用户也可以根据需要在"设计视图"窗口中修改字段的属性。

2.3.1 设置字段的属性

1. 字段大小

字段大小即字段的长度,用来设置文本型字段的长度和数字型字段的取值范围。

文本型是默认的数据类型,最多 255 个字符。通过设置"字段大小"属性,可以设置"文本"字段中允许输入的最大字符数。

数字型字段默认的类型是长整型。在实际使用时,应根据数字型字段表示的实际含义确定合适的类型。数字型字段的长度可以在字段大小列表中进行选择,其中常用的类型所表示的数据范围、小数位数及所占的空间,如表 2.7 所示。

表 2.7　数字型数据的相关数据

类　型	数　据　范　围	小 数 位 数	字　节
字节	$0\sim255$	无	1
小数	$-10^{38}-1\sim10^{38}-1$	28	12
整型	$-32768\sim32767$ 即 $-2^{15}\sim2^{15}-1$	无	2
长整型	$-2147483648\sim-2147483647$ 即 $-2^{31}\sim2^{31}-1$	无	4
单精度型	$-3.4\times10^{38}\sim3.4\times10^{38}$	7	4
双单精度型	$-1.797\times10^{308}\sim1.797\times10^{308}$	15	8
同步复制 ID	全球唯一标识符(GUID)	N/A	16

在表的"设计视图"窗口中打开表,可对表的字段大小进行设置。用户在减小字段的大小时要小心,如果在修改之前字段中已经存在数据,在减小长度时可能会导致数据丢失。对于文本型字段,将截去超出的部分;对于数字型字段,如果原来是单精度或双精度数据,在改为整数时,会自动将小数取整。

2. 字段的格式

字段的格式用来确定数据在屏幕上的显示方式以及打印方式,从而使表中的数据输出有一定规范,对表的浏览、使用更为方便。Access 系统提供了一些字段的常用格式供用户选择。

格式设置对输入数据本身没有影响,只是改变数据输出的样式。若要让数据按输入时的格式显示,则不要设置"格式"属性。

预定义格式可用于设置自动编号、数字、货币、日期/时间和是/否等字段,对于文本、备注、超链接等字段没有预定义格式,用户可以自定义它们的格式。

日期/时间预定义格式和说明如表 2.8 所示。

表 2.8　日期/时间预定义格式

类　型	说　明
常规日期	它(默认值)可以仅显示日期或仅显示时间;也可显示日期及时间 例如 9/15/99,05：34：00PM,9/15/99 05：34：00PM
长日期	与 Windows 区域设置中的"长日期"设置相同。例如 1999 年 9 月 15 日
中日期	例如 99-09-15

类　型	说　　　明
短日期	与 Windows 区域设置中的"短日期"设置相同。例如 99-9-15 注意："短日期"设置假设 00-1-1～29-12-31 的日期是 21 世纪的日期(即假定年从 2000 到 2029 年)。而 30-1-1～99-12-31 的日期假定为 20 世纪的日期(即假定年从 1930 到 1999 年)
长时间	与 Windows 区域设置中的"时间"选项卡上的设置相同。例如 17：34：23
中时间	例如 17：34：00
短时间	例如 17：34

　　用户也可以按照 Windows 区域设置中所指定的设置进行日期格式的定义,如表 2.9～表 2.11 所示。与 Windows 区域设置中所指定的设置不一致的自定义格式将被忽略。如果用户要将逗号或其他分隔符添加到自定义格式中,请将分隔符用双引号括起。

　　例如设置 ddd","mmm d","yyyy,显示结果：Mon,Jun 2,1997。

表 2.9　日期自定义格式

符号	说　　　明
:（冒号）	时间分隔符。分隔符是在 Windows 区域设置中设置的
/	日期分隔符
c	与"常规日期"的预定义格式相同
d	一个月中的日期,根据需要以一位或两位数显示(1～31)
dd	一个月中的日期,用两位数字显示(01～31)
ddd	星期名称的前三个字母(Sun～Sat)
dddd	星期名称的全称(Sunday～Saturday)
ddddd	与"短日期"的预定义格式相同
dddddd	与"长日期"的预定义格式相同
w	一周中的日期(1～7)
ww	一年中的周(1～53)
m	一年中的月份,根据需要以一位或两位数显示(1～12)
mm	一年中的月份,以两位数显示(01～12)
mmm	月份名称的前三个字母(Jan～Dec)
mmmm	月份的全称(January～December)
q	以一年中的季度来显示日期(1～4)
y	一年中的日期数(1～366)
yy	年的最后两个数字(01～99)
yyyy	完整的年(0100～9999)
h	小时,根据需要以一位或两位数显示(0～23)
hh	小时,以两位数显示(00～23)
n	分钟,根据需要以一位或两位数显示(0～59)
nn	分钟,以两位数显示(00～59)
s	秒,根据需要以一位或两位数显示(0～59)
ss	秒,以两位数显示(00～59)
ttttt	与"长时间"的预定义格式相同

续表

符号	说　明
AM/PM	以大写字母 AM 或 PM 相应显示的 12 小时时钟
am/pm	以小写字母 am 或 pm 相应显示的 12 小时时钟
A/P	以大写字母 A 或 P 相应显示的 12 小时时钟
a/p	以小写字母 a 或 p 相应显示的 12 小时时钟
AMPM	以适当的上午/下午指示器显示 24 小时时钟,如 Windows 区域设置中所定义

表 2.10　数字/货币预定义格式

类　型	说　明	显　示
常规数字	(默认值)以输入的方式显示数字	3456.789,−3456.789
货币	使用千位分隔符	￥3,456.79,(￥3,456.79)
固定	至少显示一位数字	3456.79,−3456.79,3.57
标准	使用千位分隔符	3,456.78
百分比	乘以 100 再加上百分号(%)	345%
科学记数	使用标准的科学记数法	3.45E+03

表 2.11　文本/备注常用格式

符　号	说　明	符　号	说　明
@	要求文本字符(字符或空格)	<	强制所有字符为小写
&	不要求文本字符	>	强制所有字符为大写

　　"是/否"类型提供了 Yes/No、True/False 以及 On/Off 预定义格式。Yes、True 以及 On 是等效的,No、False 以及 Off 也是等效的。如果指定了某个预定义的格式并输入了一个等效值,则将显示等效值的预定义格式。例如,如果在一个是/否属性被设置为 Yes/No 的文本框控件中输入了 True 或 On,数值将自动转换为 Yes。

　　例 2.11　将"学生"表的"出生日期"字段的显示设置为"××月××日××××年"形式。操作步骤如下。

　　(1) 在"设计视图"窗口中打开"学生"表,选择"出生日期"字段。

　　(2) 在"常规"选项卡的"格式"下拉列表框中输入"mm 月 dd 日 yyyy 年"。

　　(3) 保存修改。在"数据表视图"窗口中可以看到"出生日期"字段的显示如图 2.41 所示。

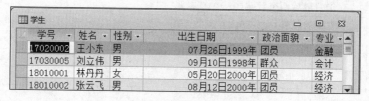

图 2.41　"出生日期"字段的设置效果

　　例 2.12　将"学生"表的"奖励否"字段的显示设置为 Yes/No 形式。操作步骤如下。

　　(1) 在"设计视图"窗口中打开"学生"表,选择"奖励否"字段。

(2) 在“查阅”选项卡下的“显示控件”下拉列表框中选择“文本框”。

(3) 保存修改。在“数据表视图”窗口中可以看到“奖励否”字段显示如图 2.42 所示。

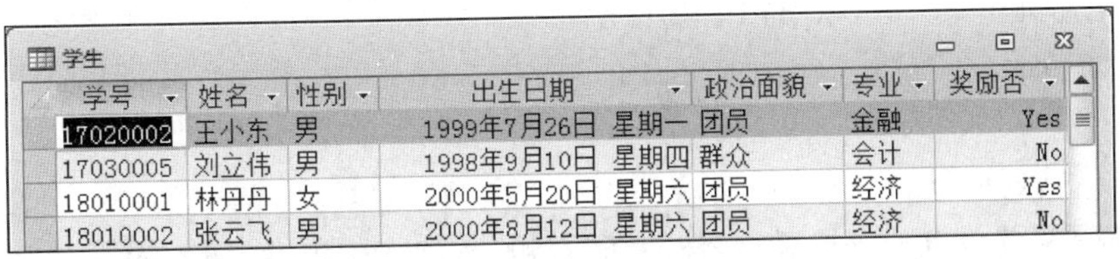

学号	姓名	性别	出生日期	政治面貌	专业	奖励否
17020002	王小东	男	1999年7月26日 星期一	团员	金融	Yes
17030005	刘立伟	男	1998年9月10日 星期四	群众	会计	No
18010001	林丹丹	女	2000年5月20日 星期六	团员	经济	Yes
18010002	张云飞	男	2000年8月12日 星期六	团员	经济	No

图 2.42 “奖励否”字段的设置效果

3. 输入法模式

输入法模式用来设置是否自动打开输入法，常用的模式有 3 种：“随意”“输入法开启”“输入法关闭”。其中：“随意”模式为保持原来的输入状态。

4. 输入掩码

输入掩码用来设置字段中的数据输入格式，并限制不符规格的文字或符号输入。输入掩码主要用于文本型和时间/日期型字段，也可以用于数字型和货币型字段。

同时使用“格式”和“输入掩码”属性时，要注意它们的结果不能互相冲突。

(1) 人工设置输入掩码。

在“设计视图”窗口字段属性区的“输入掩码”文本中直接输入。可以使用的输入掩码格式符如表 2.12 所示。

表 2.12 输入掩码字符表

字　符	说　明
0	数字 0～9，必选项，不允许使用加号[+]和减号[－]
9	数字或空格(非必选项，不允许使用加号和减号)
#	数字或空格(非必选项，空白将转换为空格，允许使用加号和减号)
L	字母(A～Z，必选项)
?	字母(A～Z，可选项)
A	字母或数字(必选项)
a	字母或数字(可选项)
&	任一字符或空格(必选项)
C	任一字符或空格(可选项)
. , : ; － /	十进制占位符和千位、日期和时间分隔符(实际使用的字符取决于 Windows“控制面板”的“区域设置”中指定的区域设置)
<	使其后所有的字符转换为小写
>	使其后所有的字符转换为大写
!	输入掩码从右到左显示。可以在输入掩码的任意位置包含感叹号
\	使其后的字符显示为原义字符(例如，\A 显示为 A)
密码	将“输入掩码”属性设置为“密码”，可以创建密码输入项文本框。文本框中输入的任何字符都按原字符存，但显示为星号(＊)

例 2.13 输入掩码设置示例。

输入掩码定义	输入允许值示例
0000-00000000	0412-81232000

999-99999	234-54816,34-25816
♯9999	－4000,62300
＞L??L?00L0	APPLE01F8
0000/99/99	2019/05/24
L000	W345

（2）输入掩码向导。

首先选择需要设置的字段类型，然后在"常规"选项卡中单击"输入掩码"属性框右侧的 [...] 按钮，即启动输入掩码向导。

例 2.14 设置"学生"表中"出生日期"字段的输入掩码为短日期型。

操作步骤如下。

（1）在"设计视图"窗口中打开"学生"表，选择"出生日期"字段。

（2）在"常规"选项卡中单击"输入掩码"属性框右侧的 [...] 按钮，弹出"输入掩码向导"对话框，如图 2.43 所示。

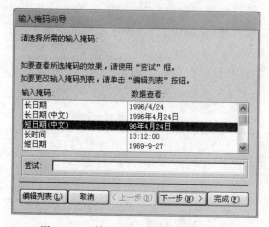

图 2.43 "输入掩码向导"对话框之一

（3）单击"下一步"按钮，在弹出如图 2.44 所示的对话框中将占位符设置为"－"。输入掩码设置后在添加数据时，"出生日期"字段被设置为"_____-__-__"的格式。

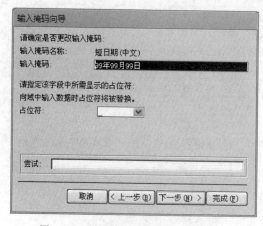

图 2.44 "输入掩码向导"对话框之二

（4）单击"下一步"按钮，进入如图 2.45 所示对话框，单击"完成"按钮。

图 2.45 "输入掩码向导"对话框之三

例 2.15 学生表"学号"和"出生日期"字段输入掩码设置示例。

操作步骤如下。

（1）设置"学生"表的"学号"字段长度为 8。由于每位上只能是 0～9 的数字，因此，其输入掩码的格式串应写成 00000000。

在"学生"表的"数据表视图"窗口中，单击最后一行（表示添加一条新记录），"学号"字段的输入栏将出现 8 个字符位置的下划线，且输入时只有输入 8 个数字后才能离开此字段的编辑栏，这就是"输入掩码"设置的效果。

（2）设置"学生"表的"出生日期"字段输入形式为"yyyy/mm/dd"，即年份为 4 位、月份和日期均为两位，年、月、日之间用"/"分隔，如果年份必须输入，月份和日期可以空缺，则该字段输入掩码的形式为"0000/99/99"。

5．标题

在"常规"选项卡的"标题"属性框中输入名称，可以指定在表、查询或报表等对象中字段名的显示名称，它将替代原来字段名称在表中显示。在实际应用中，通常使用英文或汉语拼音作为字段名称，而设置标题实现在显示窗口中用汉字显示名称。标题可以是字母、数字、空格和符号的任意组合，最大长度为 2048 字符。

6．默认值

当表中有多条记录的某个字段值相同时，可以将相同的值设置为该字段的默认值，这样每产生一条新记录时，这个默认值就自动加到该字段中。用户可以直接使用这个默认值，也可以输入新的值替代这个默认值。默认值可以是常量、函数或表达式。类型为自动编号和 OLE 对象的字段不能设置默认值。

例 2.16 设置"学生"表中的"性别"字段输入默认值为"男"。

操作步骤如下。

（1）在"设计视图"窗口中打开"学生"表，并选定"性别"字段。

（2）在"默认值"文本框中输入："男"（注意，引号为英文标点符号）。

注意：如果只输入了"男"，按回车键后，系统将会自动添加引号。

（3）单击快速访问工具栏上的"保存"按钮，完成属性设置。

（4）切换到"数据表视图"窗口中，在学生表的最后一行，可以看到"性别"字段出现了默认值"男"。

7. 有效性规则与有效性文本

"有效性规则"是一个与字段或记录相关的逻辑表达式，通过对用户输入的值加以限制，提供数据有效性检查。常用的有效性规则是字段级有效性规则，该规则是对一个字段的约束。它将所输入的值与所定义的规则表达式进行比较，若输入的值不满足规则要求，则拒绝该值。

"有效性文本"是当用户违反"有效性规则"时所显示的提示信息，这个提示信息可以是系统自动加上的，也可以由用户通过设置有效性文本来确定。

例 2.17 给"学生"表中的"性别"字段设置"有效性规则"和"有效性文本"。

操作步骤如下。

（1）在"设计视图"窗口中打开"学生"表，并选定"性别"字段。

（2）在"有效性规则"编辑框中输入：［性别］＝"男" OR ［性别］＝"女"，或简单输入：男 OR 女，系统将会自动添加引号，表达式变为："男" OR "女"。

（3）在"有效性文本"文本框中输入：性别只能输入男或者女，如图 2.46 所示。

常规 查阅	
字段大小	1
格式	
输入掩码	
标题	
默认值	"男"
有效性规则	"男" Or "女"
有效性文本	性别只能输入男或者女
必需	否

图 2.46 文本型字段默认值和有效性规则

（4）单击快速访问工具栏上的"保存"按钮，完成属性设置。

注意：在输入表达式时，引用字段名称要用"［"和"］"括起来。

例 2.18 给"成绩"表中的"成绩"字段设置"有效性规则"和"有效性文本"。

操作步骤如下。

（1）在"设计视图"窗口中打开"成绩"表，并选定"成绩"字段。

（2）在"有效性规则"编辑框中输入：［成绩］＞＝0 AND ［成绩］＜＝100，或简单输入：＞＝0 AND ＜＝100。

（3）在"有效性文本"文本框中输入：考试成绩在 0～100 之间，如图 2.47 所示。

常规 查阅	
字段大小	单精度型
格式	
小数位数	1
输入掩码	
标题	
默认值	0
有效性规则	>=0 And <=100
有效性文本	考试成绩在0~100之间

图 2.47 数字型字段默认值和有效性规则设置

（4）单击快速访问工具栏上的"保存"按钮,完成属性设置。

"有效性规则"设置后,在输入记录时,系统会对新输入的字段值进行检查,如果输入的数据不在有效性范围内,就会出现提示信息,表示输入记录的操作不能进行。

8. 必需字段

该属性中只有"是"或"否"两个选项,设置为"是"时,表示此字段值必须输入。

9. 允许空字符串

该属性仅用来设置文本字段,属性值也为"是"或"否"选项,设置为"是"时,表示该字段可以填写任何信息。

10. 索引

设置索引有利于对字段的查询、分组和排序,此属性用于设置单一字段索引。索引属性可以有以下 3 种取值。

- "无",表示无索引。
- "有(重复)",表示字段有索引,输入数据可以重复。
- "有(无重复)",表示字段有索引,输入数据不可以重复。

11. Unicode 压缩

在 Unicode 中每个字符占 2 字节,因此它最多支持 65 536 个字符。将字段的"Unicode 压缩"属性设置为"是",表示本字段中数据可能存储和显示多种语言的文本。

2.3.2 修改表结构

在数据表的设计中,经常需要修改表的结构,对表结构的修改也就是对字段进行添加、修改、移动、删除和字段重命名等操作。对表结构的修改通常是在表的"设计视图"窗口中进行的。

在表的"设计视图"窗口中会显示"设计"选项卡,如图 2.48 所示。

图 2.48 "设计"选项卡

在表的"设计视图"窗口中右击,弹出快捷菜单,如图 2.49 所示。

1. 添加字段

（1）在"设计视图"窗口中添加字段。

① 在"设计视图"窗口中打开要修改的表,将鼠标指向要插入新字段的位置行。

② 右击,在弹出的快捷菜单中选择"插入行"命令,也可以直接单击功能区上的"插入行"按钮。

③ 在新插入行中输入新字段的名称和数据类型并对相关属性进行设置。

④ 单击快速访问工具栏上的"保存"按钮,保存所做的修改。

图 2.49 "设计视图"快捷菜单

数据库和表的基本操作

（2）在"数据表视图"窗口中添加字段。

① 在"数据表视图"窗口中打开要修改的表,将光标指向要插入新字段的位置。

② 右击,在弹出的快捷菜单中选择"插入列"命令。

③ 系统在当前列之前插入一个新列,并将字段名称命名为字段1,用户可以双击新字段名称后输入新的名称。

2. 删除字段

删除一个字段时,该字段及其所有的数据也同时被删除。

在"数据表视图"窗口中删除字段时,右击要删除的字段的名称,在弹出的快捷菜单中选择"删除列"命令,在弹出的确认对话框中单击"是"按钮即可。

在"设计视图"窗口中删除字段时,右击要删除的字段的名称,在弹出的快捷菜单中选择"删除行"命令,也可以直接单击功能区上的"删除行"按钮。在弹出的确认对话框中单击"是"按钮即可。

注意：对主键的删除应该非常谨慎,否则将破坏整个表结构。如果删除数据中的主键字段,系统将显示警告信息。

3. 重命名字段

重命名字段主要指的是更改字段的名称。字段名称的修改不会影响数据,字段的属性也不会发生变化。

在"数据表视图"窗口中重命名字段时,右击要重命名字段的名称,在弹出的快捷菜中选择"重命名字段"命令,光标将在字段名处闪动,直接输入新的名称即可。

在"设计视图"窗口中重命名字段时,将光标定位在要重命名字段的名称处,直接删除原来的名称后输入新的名称即可。

4. 移动字段

在"设计视图"中把鼠标指向要移动字段左侧的标志块上单击,然后拖动鼠标到要移动的位置上放开,字段就被移动到新的位置上了。

在"数据表视图"窗口中选择要移动的字段,然后移动鼠标到要移动的位置上放开,也可实现移动操作。

5. 修改字段的属性

修改字段的属性只能在"设计视图"窗口中进行,修改方法和设置属性方法完全一样,这里不再赘述。

2.4 表中数据的输入与编辑

当数据库的表结构创建完成后,用户就可以向表中添加数据了。一个表有了数据才是一个完整的表。本节详细介绍对数据的基本操作,即添加数据、修改数据、删除数据和计算数据等操作。

2.4.1 输入记录

1. 直接输入数据

在表的"数据表视图"窗口中输入记录,在输入记录的同时也可以修改记录。在"数据表视图"窗口中,有的记录前面有 🖉 或"＊"标记。其中, 🖉 标记表示该记录的数据可以修改;"＊"标记表示可在该行输入新的数据。

记录输入完毕后,关闭当前窗口,保存添加的记录到表中。若欲放弃对当前记录的编辑,可按 Esc 键取消操作。

2. 导入外部数据

导入数据是把数据从另一个应用程序或数据库中加入到 Access 表中,或将同一数据库中其他表的数据复制到本表中。导入的数据可以是文本、Excel 电子表格、FoxPro 数据库应用程序表、HTML 文档等。

导入 Excel 电子表格的数据是所有导入数据操作中使用较多的操作,可以使用 Excel编辑数据的强大功能,完成数据表记录的输入。

由于导入表的类型不同,操作步骤也会有所不同,可按照向导的提示来完成导入表的操作。

导入数据的方法与在 2.2.5 中所介绍使用的"导入"方式创建 Access 新表的方法类似,这里不再赘述。

3. 链入数据

链入数据是在数据库中形成一个链接表对象,其操作与上述的导入数据操作非常相似,只要在级联菜单中选择"链接表"命令,同样是在向导的引导下完成。

链入数据表对象与导入形成的数据表对象是完全不同的。导入形成的数据表对象,是一个与外部数据源没有任何联系的 Access 表对象。而链入表只是在 Access 数据库内创建了一个数据表链接对象,从而允许在打开链接时从数据源获取数据,即数据本身并不在Access 数据库内,而是保存在外部数据源处。因而,在 Access 数据库内通过链接对象对数据所做的任何修改,实质上都是在修改外部数据源中的数据。同样,在外部数据源中对数据所做的任何修改也会通过该链接对象直接反映到 Access 数据库中来。

4. 导出数据

Access 数据库中的数据不仅可以供数据库系统本身使用,也可以允许其他的应用程序共享。通过导出数据的方式,可以实现不同程序之间数据的共享。

例 2.19 将"学生"表导出为 Excel 电子表格"学生.xlsx"。

操作步骤如下。

(1) 在"教学管理系统"中选定"学生"表。

(2) 在"外部数据"选项卡中的"导出"组中选择"Excel"选项,弹出导出对话框。或者右击"学生"表,在弹出如图 2.50 所示的快捷菜单中选择"导出"→"Excel"命令,弹出"导出"对话框。

(3) 设置保存文件夹为 D 盘的 user,文件名为"学生.xlsx"。

(4) 单击"确定"按钮,系统将 Access 数据表导出为 Excel 文件。

2.4.2 编辑记录

编辑记录的操作在"数据表视图"窗口中进行。编辑记录包括查找和替换数据、添加记录、删除记录、修改数据、复制数据等操作。在 Access 中,数据的显示与存储是同步的,即无须保存,数据库中数据可以立即改变。

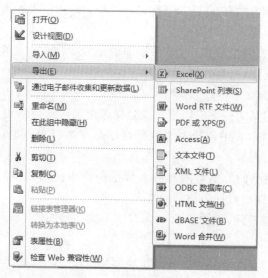

图 2.50 "导出"菜单

1. 查找和替换

查找数据是指在表中查找某个特定的值,替换是指将查找到的某个值用另一个值来替换。在 Access 中,单击"开始"选项卡的"查找"组中的"查找"或"替换"命令完成查找或替换功能,查找的范围可以指定在一个字段内或整个数据表。"查找"选项组如图 2.51 所示。

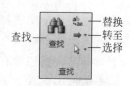

图 2.51 "查找"选项组

查找数据的操作步骤如下。

(1) 在"窗体视图"或"数据表视图"中,选择要搜索的字段。

(2) 单击"开始"选项卡中的"查找"按钮,弹出如图 2.52 所示的"查找和替换"对话框。

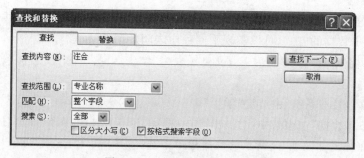

图 2.52 "查找和替换"对话框

(3) 在"查找内容"组合框中输入要查找的内容。如果不完全知道要查找的内容,可以在"查找内容"组合框中使用通配符来指定要查找的内容。常用通配符如表 2.13 所示。

表 2.13 查找时常用通配符

通配符	说　明	示　例
*	匹配任意数目的字符	wh * 可找到"what""white""why"
?	匹配任意单个字母字符	b?ll 可找到"ball""bell"

通配符	说　明	示　例
[ ]	匹配方括号内的任意单个字符	b[ae]ll 可找到"ball""bell"
!	匹配不包含在方括号内的任何字符	b[!ae]ll 可找到"bill""bull"
—	匹配某一字符范围内的任意一个字符	b[a-c]d 可找到"bad""bbd""bcd"
♯	匹配任何单个数字字符	1♯3 可找到"103""113""123"

如果要搜索的是字符"＊""?""♯""-"本身,则必须将这些符号放在方括号中,如[＊]、[?]、[♯]等。

(4) 如果满足条件的记录有多条,单击"查找下一个"按钮。

若想修改查找到的内容,可以切换到"替换"选项卡中完成,具体操作步骤如下。

(1) 切换到"替换"选项卡,在"替换为"组合框中输入替换为的内容。

(2) 如果要一次性替换出现的全部指定内容,单击"全部替换"按钮。如果要一次替换一个,单击"查找下一个"按钮,单击"替换"按钮。如果要跳过下一个并继续查找出现的内容,则单击"查找下一个"按钮。

(3) 单击"取消"按钮可以结束查找过程。

2. 当前记录

通常在一个数据表中会有很多条记录,但在对当前表中的记录进行编辑时,在某一时刻只能有一条记录正在被编辑,此记录称为"当前记录"。

3. 定位记录

快速定位可单击"开始"选项卡的"查找"组中的"转至"选项完成,如图 2.53 所示。

在"数据表视图"窗口中打开一个表后,窗口下方会显示一个记录定位器,该定位器由若干个按钮构成,如图 2.54 所示。

图 2.53　"转至"选项

图 2.54　记录定位器

定位记录的方法如下。

(1) 使用定位器中的第一条、上一条、下一条和最后一条按钮定位记录。

(2) 在记录编号框中直接输入记录号,然后按 Enter 键。

(3) 直接将光标定位在指定的记录上。

4. 选定数据

在"数据表视图"窗口中,选定记录包括以下操作。

(1) 选定一行记录。单击记录选定器(记录左侧的按钮)。

65

（2）选中一列。单击字段名。

（3）选中多行。选中首行，按住 Shift 键，再选中末行，则可以选中相邻的多行记录。

（4）选中多列字段。选中首字段，按住 Shift 键，再选中末列字段，则可以选中相邻的多列字段。

（5）选择所有记录。单击工作表第一个字段名左边的全选按钮，或者单击"开始"选项卡的"查找"→"选择"→"全选"命令，选中所有记录。

5. 添加记录

在 Access 中，只能在表的末尾添加记录，若用户需要向表中追加新记录，单击记录定位器上的 ▶米 按钮即可。

6. 删除记录

打开"数据表视图"窗口，用鼠标选定要删除的记录并右击，在弹出的快捷菜单中选择"删除行"命令，系统会弹出一个消息框，让用户确认是否删除选定的记录。

7. 复制记录

打开"数据表视图"窗口，用鼠标选定要复制的记录并右击，在弹出的快捷菜单中选择"复制"命令。选择要粘贴的行并右击，在弹出的快捷菜单中选择"粘贴"命令。

8. 修改数据

修改数据是指修改某条记录的某个字段的值。将光标定位到要修改的记录上，然后再定位到要修改的字段，直接进行修改。

2.5 操作数据表

2.5.1 显示表中数据

在"数据表视图"窗口中可以清晰地显示表中的数据，同时用户可以调整表的外观、调整字段显示宽度和高度、设置数据字体、调整表中网络线样式及背景颜色、冻结列等。

1. 调整表的行高

在"数据表视图"窗口中，所有行的高度都是一样的，每一列的宽度可以不同。因此，改变了某一行的高度，也就改变了表中所有行的高度。调整字段显示高度有两种方式：鼠标方式和菜单方式。

（1）使用鼠标调整行高。

将鼠标指针移动到任意两行的行选定器之间，当鼠标指针变成上下双向箭头时，拖动鼠标就可以改变"数据表视图"窗口中记录的行高。

（2）使用菜单调整行高。

选择"开始"选项卡中的"记录"组中的 ▦ 选项，选择"行高"，如图 2.55 所示。

用户也可以右击记录选定器（记录左侧的按钮），在弹出的快捷菜单中选择"行高"命令，如图 2.56 所示。

在"行高"对话框的"行高"文本框中输入所需的值，如图 2.57 所示。单击"确定"按钮，则所有行的高度都发生了改变。

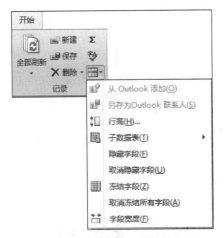

图 2.55　通过菜单调整行高　　　图 2.56　右击记录选定器的快捷菜单

2．调整表的列宽

（1）使用鼠标调整列宽。

将鼠标指针移动到要改变宽度的两列字段名之间，当鼠标指针变成左右双向箭头时，拖动鼠标左右移动改变字段的列宽。

（2）使用菜单调整列宽。

选择"开始"选项卡中的"记录"组中的 ▦ 选项，选择"字段宽度"命令，如图 2.53 所示。

用户也可以右击指定列字段名，在弹出的快捷菜单中选择"字段宽度"命令，在"列宽"对话框的"列宽"文本框内输入所需的值即可，如图 2.58 所示。

图 2.57　"行高"对话框　　　图 2.58　"列宽"对话框

重新设定表的列宽不会改变表中字段的"字段大小"属性所允许的字符数，它只是简单地改变字段列所包含数据的显示宽度。

注意：用鼠标进行列宽调整时，如果分隔线被拖动到超过下一个字段列的右边界，或者在列宽对话框中输入的值为 0，则隐藏该列。

3．调整字段显示次序

在"数据表视图"窗口中，数据表显示的字段次序与它们在表或查询中出现的次序相同。可以使用鼠标把某一列移动到新的位置上，方法如下：将鼠标移动到某个字段列的字段名上，当鼠标指针变成粗体的向下箭头时，单击选定该列，然后将列标题拖动到需要的位置后松开即可。

4．隐藏字段和显示字段

在"数据表视图"窗口中，为了便于查看表中的主要数据，用户可以将某些字段列暂时隐藏起来，需要查看时再将其显示出来。

数据库和表的基本操作

(1) 隐藏字段。

选择"开始"选项卡中的"记录"组中的 选项,如图 2.53 所示,选择"隐藏字段"。

用户也可以右击要隐藏的某列,在弹出的快捷菜单中选择"隐藏字段"命令,则选定的列就被隐藏起来。

(2) 显示被隐藏的列。

选择"开始"选项卡中的"记录"组中的"其他"选项,选择"取消隐藏字段"。

用户也可以右击任意字段名,在弹出的快捷菜单中选择"取消隐藏字段"命令,此时会弹出"取消隐藏字段"对话框,其中显示了表中的所有字段,每个字段左边都有一个复选框,未选定的表示是已被隐藏的字段,选定的表示目前没有被隐藏的字段。

选定要取消隐藏字段的复选框,单击"关闭"按钮,凡是选定了复选框的字段,在"数据表视图"窗口下都可以显示,未选定的字段被隐藏起来。

使用"取消隐藏字段"对话框既可以重新显示某些字段,也可以隐藏某些字段。

5. 冻结字段

如果数据表的字段较多,有些字段因为水平滚动后无法看到,影响了数据的查看。"冻结字段"功能可以解决这个问题。在"数据表视图"窗口中,冻结某些字段列后,无论用户如何水平滚动窗口,这些字段总是可见的,并且总是显示在窗口的最左边。

选择"开始"选项卡中的"记录"组中的 选项,如图 2.53 所示,选择"冻结字段"。

用户也可以右击选定要冻结的字段,选择弹出的快捷菜单中"冻结字段"命令。

当不再需要冻结字段时,右击选择弹出的快捷菜单中的"取消冻结所有字段"命令。

6. 改变字体显示

为了使数据的显示更为美观清晰、醒目突出,用户可以选择"开始"选项卡"文本格式"组的相关按钮,改变数据表中数据的字体、字型、字号和背景,如图 2.59 所示。

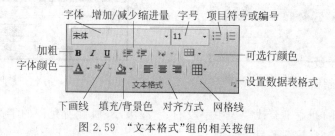

图 2.59 "文本格式"组的相关按钮

7. 设置数据表格式

在"数据表视图"窗口中,可以对数据表格式进行设置。

例 2.20 对"学生"表进行格式设置。

操作步骤如下。

(1) 在"数据表视图"窗口中打开"学生"表。

(2) 选择"开始"选项卡"文本格式"组右下角的 按钮,弹出"设置数据表格式"对话框,如图 2.60 所示。

(3) 在"设置数据表格式"对话框中,用户可以改变单元格的显示效果,也可以选择网格线的显示方式和颜色,表格的背景颜色等。

图 2.60 "设置数据表格式"对话框

注意：在"单元格效果"选项组中如果选择"凸起"或"凹陷"单选按钮，则不能再进行其他选项的设置。

（4）单击"确定"按钮，完成对数据表的格式设置。

2.5.2 记录的排序操作

在 Access 中，可以采用排序的方法来重新组织数据表中记录顺序。排序是按一个或多个字段值的升序或降序重新排列表中记录的顺序。排序的规则如下。

（1）英文按字母顺序，不区分大小写。

（2）汉字按拼音字母顺序。

（3）数字按大小顺序。

（4）日期和时间字段按先后顺序。

（5）如果某个字段的值为空值 Null，则按升序排序时，包含空值的记录排在最开始。

（6）备注型、超链接型或 OLE 对象不能进行排序。

选择"开始"选项卡中的"排序和筛选"按钮组，如图 2.61 图 2.61 "排序和筛选"按钮组所示。

1. 记录的简单排序

在数据表中选择要排序的字段，若按升序排序，单击"开始"选项卡的"排序和筛选"组中的 升序 按钮，若按降序排序，单击 降序 按钮。

2. 使用命令排序

在数据表中选择要排序的字段，右击，在弹出的快捷菜单中选择"升序"命令，实现所选字段按升序排序；选择"降序"命令，实现所选字段按降序排序。

3. 取消对记录的排序

在数据表中选择字段，单击"开始"选项卡的"排序和筛选"组中的 取消排序 按钮，可清除排序，记录恢复到排序前的顺序。

2.5.3 记录的筛选操作

在默认情况下,数据表中显示的是所有记录的全部内容,用户通过对表中记录的筛选,可以显示符合筛选条件的数据。筛选后,用户还可以通过"取消筛选命令"恢复显示原来所有的记录。

Access 提供了多种筛选功能,包括基于选定内容筛选、内容排除筛选、按窗体筛选、筛选器筛选和高级筛选/排序。

1. 基于选定内容筛选

例 2.21 显示"学生"表中女生的记录。

操作步骤如下。

(1) 在"数据表视图"窗口中打开"学生"表。

(2) 用鼠标选定"性别"字段值为"女"的记录。

(3) 右击,在弹出的快捷菜单中选择"等于'女'"命令,或单击"开始"选项卡中的"排序和筛选"按钮组中的"选择"按钮 ,选择"等于'女'"命令,如图 2.62 所示。操作结果如图 2.63 所示。

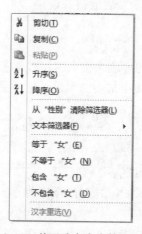

图 2.62 基于选定内容筛选按钮

图 2.63 筛选性别为"女"的记录

(4) 右击,在弹出的快捷菜单中选择"从'性别'清除筛选器"命令;或单击"排序和筛选"按钮组中的"取消筛选"按钮 ,恢复显示所有的记录。

2. 内容排除筛选

例 2.22 显示"学生"表中不是"经济"专业的记录。

操作步骤如下。

(1) 在"数据表视图"窗口中打开"学生"表。

(2) 用鼠标选定"专业"字段值为"经济"的记录。

(3) 右击,在弹出的快捷菜单中选择"不等于'经济'"命令,查看筛选结果。

3. 按筛选目标筛选

按筛选目标筛选是指在筛选目标文本框中输入筛选条件,然后将满足指定条件的记录筛选显示。

例 2.23 显示"学生"表中姓"李"的学生记录。

操作步骤如下。

(1) 在"数据表视图"窗口中打开"学生"表,用鼠标选定"姓名"字段。

图 2.64 "自定义筛选"对话框

(2) 右击,在弹出的快捷菜单中选择"文本筛选器"中的"包含"命令,在弹出的"自定义筛选"对话框中输入条件:李,如图 2.64 所示。

(3) 单击"确定"按钮执行筛选,操作结果如图 2.65 所示。

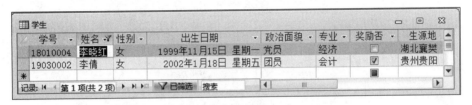

图 2.65 筛选姓"李"的学生记录

4. 按窗体筛选

按窗体筛选记录时,Access 将数据表显示成一个记录的形式,并且每个字段都有下拉列表框,用户可以在每个列表框中选择一个值作为筛选的内容。

例 2.24 在"学生"表中筛选"会计"专业的女学生。

(1) 在"数据表视图"窗口中打开"学生"表。

(2) 单击"排序和筛选"按钮组中的"高级筛选选项"按钮 ,执行"按窗体筛选"命令,打开"按窗体筛选"窗口。

(3) 选择"性别"字段,单击其右侧的下拉箭头,在下拉列表框中选定"女";选择"专业"字段,单击其右侧的下拉箭头,在下拉列表框中选定"会计",如图 2.66 所示。

图 2.66 在"按窗体筛选"窗口中设置的筛选条件

(4) 单击"排序和筛选"按钮组的"应用筛选"按钮 。共筛选出两条记录,操作结果如图 2.67 所示。

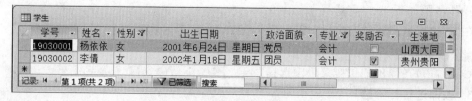

图 2.67 "按窗体筛选"的筛选结果

5. 高级筛选排序

高级筛选排序是在"筛选"窗口设置筛选条件,可以设置复杂的筛选条件,对多个字段进行筛选或排序,并且可以进行参数筛选。

例 2.25 在"学生"表中筛选出获得奖励的女学生,并按"学号"升序排序。

(1)在"数据表视图"窗口中打开"学生"表。

(2)单击"排序和筛选"按钮组中的"高级筛选选项"按钮 ▣▸→"高级筛选/排序"命令,弹出的对话框如图 2.68 所示。

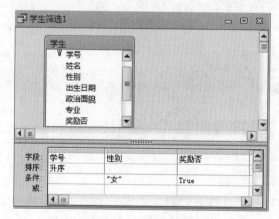

图 2.68 高级筛选窗口

(3)在"字段"栏中选择"学号"字段,在"排序"栏选择排序方式"升序";然后选择"性别"字段,在"条件"栏内输入筛选条件"女";选择"奖励否"字段,在"条件"栏内输入筛选条件 True。

注意:如果两个字段是"或"的关系,那么其中一个条件要输入在"或"栏中。

(4)单击"排序和筛选"按钮组中的"应用筛选"按钮 ▽。共筛选出两条记录,操作结果如图 2.69 所示。

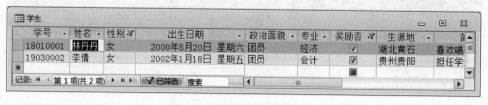

图 2.69 高级筛选/排序结果

6. 公用筛选器

Access 2010 中提供了公用筛选器,主要包括文本筛选器、数字筛选器和日期筛选器。

(1) 文本筛选器。

文本筛选器可以为数据类型为"文本"的字段设定筛选条件。当选定某个"文本"字段的记录时,单击"筛选器"按钮,将会显示"文本筛选器",如图 2.70 所示。用户选择某个选项后,系统会弹出一个文本框让用户输入筛选条件,单击"确定"完成筛选。

(2) 数字筛选器。

数字筛选器可以为数据类型为"数字"的字段设定筛选条件,如图 2.71 所示。

(3) 日期筛选器。

日期筛选器可以为数据类型为"日期"的字段设定筛选条件,如图 2.72 所示。

图 2.70 文本筛选器　　　　图 2.71 数字筛选器　　　　图 2.72 日期筛选器

由于这 3 种筛选器操作方法类似,在此不再赘述。

2.5.4 数据表的索引

索引是使表中的记录有序排列的另一种方法,创建索引后,有助于加快数据的检索、显示和查询的速度。

1. 索引的概念

索引是数据表的逻辑排序,它并不改变数据表中数据的物理顺序。建立索引的目的是加快查询数据的速度。

2. 索引的类型

在一个表中可以用单个字段创建一个索引,也可以用多个字段(字段组合)创建一个索引。使用多个字段索引进行排序时,一般按索引中的第一个字段进行排序,当第一个字段有重复值时,再按第二个字段进行排序,以此类推,在多字段索引中最多可以包含 10 个字段。在表中更改或添加记录时,索引自动更新。

索引主要有以下几种类型。

① 主索引:索引字段或索引表达式的值是唯一的、不能重复。对已创建主索引的字段输入数据时,如果输入重复值,系统会提示操作错误。同一个表中只能建立一个主索引。

② 唯一索引:索引字段或索引表达式的值是唯一的、不能重复,但同一个表中可以建立多个唯一索引。

③ 普通索引:索引字段或索引表达式的值是可以重复的。如果表中多个记录的索引字段或索引表达式相同,可以重复存储,并用独立的指针指向各个记录。

索引属性有 3 种取值。

- 无：表示无索引(默认值)。
- 有(有重复)：表示有索引但允许字段中有重复值。
- 有(无重复)：表示有索引但不允许字段中有重复值。

注意：如果表的主键为单一字段，系统自动为该字段创建索引，索引值为"有(无重复)"。不能对"备注""超链接""OLE 对象"等数据类型的字段编制索引。

3. 创建单字段索引

例 2.26 在"学生"表中对"性别"字段创建普通索引。

操作步骤如下。

(1) 在"设计视图"窗口中打开"学生"表。

(2) 选定"性别"字段，再单击"常规"选项卡中索引的下拉箭头，选定其中的"有(有重复)"选项，操作结果如图 2.73 所示。

(3) 保存表，结束索引的建立。

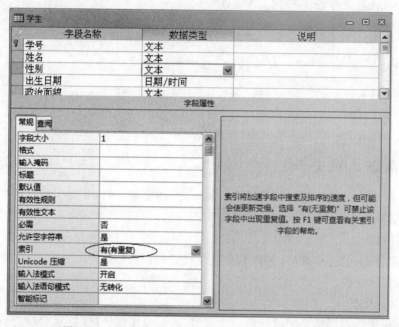

图 2.73　在"设计视图"窗口中设置"性别"单字段索引

4. 创建多字段索引

例 2.27 对"学生"表按"性别"字段升序和"出生日期"字段降序创建多字段普通索引。

操作步骤如下。

(1) 在"设计视图"窗口中打开"学生"表。

(2) 单击"设计"选项卡中的"索引"按钮 ≣⊅，弹出"索引：学生"对话框，如图 2.74 所示。

(3) 在"索引名称"的空白行中输入"性别日期"，在字段名称下拉列表中选定第一个字段"性别"，排序次序为升序；在字段名称列的下一行选择第二个字段"出生日期"(该行的索引名称为空)，排序次序为降序。

图 2.74　"索引：学生"对话框

（4）保存表,结束多字段索引的建立。

注意：升序为按字段值由低到高排序,降序为按字段值由高到低排序。当一个表设置了多个索引时,打开数据表后按主键的索引顺序排序记录。如果某个索引生效时,主键的排序会发生改变。

关于"索引属性"中的相关参数介绍如下。

① 主索引。若选择"是",该字段被定义为主键,此时唯一索引被自动设置为"是";选择"否",该字段不是主键。

② 唯一索引。若选择"是",该字段值是唯一的,建立的是唯一索引;选择"否",该字段是可以重复的,建立的是普通索引。

③ 忽略空值。确定以该字段建立索引时,是否排除带有 Null 值的记录。

5. 维护索引

在表的"设计视图"和"索引"对话框中,可以对表的索引进行修改或删除操作。

（1）在表的"设计视图"窗口中维护索引。

在表的"设计视图"窗口中选定相应的字段后,在"常规"选项卡的"索引"下拉列表框中重新选择相应的索引类型或无(即删除索引)。

（2）在"索引"对话框中维护索引。

在打开相应表的"索引"对话框后,进行如下相应的操作。

① 修改。单击欲修改的索引,直接修改。

② 删除。右击欲删除的索引列,在弹出的快捷菜单中选择"删除行"命令。

③ 插入。右击欲插入的索引列,在弹出的快捷菜单中选择"插入行"命令,并输入或选择索引名称、字段名称和排序次序。

2.5.5　设置或更改主键

1. 主键的概念

主键也叫主关键字,是表中唯一能标识一条记录的字段或字段的组合。主键的作用如下。

① 保证实体的完整性。

② 加快对记录进行查询、检索的速度。

③ 用以在表之间建立关联关系。

指定了表的主键后,当用户输入新记录到表中时,系统将检查该字段是否有重复数据,如果有则禁止把重复数据输入表中。同时,系统也不允许在主键字段中输入 Null 值。

2. 设置主键

一般在创建表的结构时,就需要定义主键,否则在保存操作时系统将询问是否要创建主键。如果选择"是",系统将自动创建一个"自动编号(ID)"字段作为主键。该字段输入记录时会自动输入一个具有唯一顺序的数字。

注意:一个表只能定义一个主键,主键可由表中的一个字段或多个字段组成。

如果表中原来没有设置主键或设置的主键不合适,都可以重新设置,操作方法如下。

(1) 在"设计视图"窗口中打开要设置主键的表。

(2) 在"设计视图"窗口上半部分选定字段,如果要将某个字段设置为主键,则将光标移动到该字段所在行的任一列;如果要将多个字段设置为主键,即字段组合,可以在字段选定区中按住 Ctrl 键后,分别单击需要选定每个字段。

(3) 单击"设计"选项卡中的"主键"按钮 ⚷ ,所选字段即被设置为主键,在字段选定区会出现一个标记 ⚷ ,表示该字段被设为主键。用户也可右击选定字段,在弹出的快捷菜单中选择"主键"命令。

(4) 单击快速访问工具栏上的"保存"按钮,保存所做的修改。

如果原来已经设置过主键,则重新设置主键时,原有的主键自动被取消。因此,在重置主键时,不需要先取消原有的主键,直接设置即可。

例 2.28 将"学生"表中的"学号"字段设置为主键,"课程"表的"课程号"为主键。

操作步骤如下。

(1) 在"设计视图"窗口中打开学生表。

(2) 右击"学号"字段,在弹出的快捷菜单中选择"主键"命令。

(3) 单击快速访问工具栏上的"保存"按钮,保存所做的修改。

同理,设置"课程"表的"课程号"为主键。

主键实际上是一种特殊的索引,是表的主索引,系统默认的索引名称为 PrimaryKey。

3. 删除主键

在"设计视图"窗口中打开相应已定义主键的表,单击"编辑"→"主键"命令,或单击工具栏上的"主键"按钮即可删除主键。

注意:此过程不会删除指定为主键的字段,它只是简单地从表中删除主键的特性。

2.6 建立表间关联关系

2.6.1 表间关系的概念

在 Access 中对表间关系的处理是通过两个表中的公共字段在两表之间建立关系。公共字段是数据类型、字段大小相同的同名字段,以其中一个表(主表)的关联字段与另一个表(子表或相关表)的关联字段建立两个表之间的关系。

通过这种表之间的关联性,可以将数据库中多个表连接成一个有机的整体。可以保证表间数据在进行编辑时保持同步,以便快速地从不同表中提取相关的信息。

数据表之间的关系有以下 3 种。

（1）一对一关系。

一对一关系是指 A 表中的一条记录只能对应 B 表中的一条记录,并且 B 表中的一条记录也只能对应 A 表中的一条记录。

（2）一对多关系。

一对多关系是指 A 表中的一条记录能对应 B 表中的多条记录,但是 B 表中的一条记录对应 A 表中的一条记录。

（3）多对多关系。

多对多关系是指 A 表中的一条记录能对应 B 表中的多条记录,而 B 表中的一条记录也可以对应 A 表中的多条记录。

建立表间关系的字段在主表中必须设置为主索引或唯一索引,如果这个字段在从表是主索引或唯一索引,则 Access 会在两个表之间建立一对一的关系,如果从表中无索引或者是普通索引,则在两个表之间建立一对多的关系。

Access 数据库系统不直接支持多对多的关系,因此在处理多对多的关系时需要将其转换为两个一对多的关系,即创建一个连接表,将两个多对多表中的主关键字段添加到连接表中,则这两个多对多表与连接表之间均变成了一对多的关系,这样间接地建立了多对多的关系。

Access 中的关联可以建立在表和表之间,也可以建立在查询和查询之间,还可以是在表和查询之间。

2.6.2 建立表间关系

数据库中的多个表之间要建立关系,必须先给各个表建立主键或索引。还要关闭所有的数据表,否则不能建立表间关系。只有建立了表间关系,才能设置参照完整性,设置在相关联的表中插入、删除和修改记录的规则。

例 2.29 在"教学管理系统"数据库中,在"学生"表和"成绩"表之间建立一对多的关系;在"课程"表与"成绩"表之间建立一对多的关系;在"教师"表与"开课教师"表之间建立一对多的关系;在"教师"表与"成绩"表之间建立一对多的关系;在"课程"表与"开课教师"表之间建立一对多的关系。

操作步骤如下。

（1）打开"教学管理系统"数据库。

（2）定义"学生"表"学号"字段为主键;定义"课程"表"课程号"字段为主键;定义"教师"表"教师编号"字段为主键。

（3）关闭所有的数据表。

（4）单击"数据库工具"选项卡中"关系"选项组中的"关系"按钮 ，如图 2.75 所示。

如果用户尚未定义过任何关系,将会自动显示"显示表"对话框,如图 2.76 所示。

（5）在"显示表"对话框中,分别选定"学生"表、"成绩"表、"课程"表、"教师"表和"开课教师"表,通过单击"添加"按钮,将它们添加到"关系"窗口中,如图 2.77 所示。单击"关闭"按钮,关闭"显示表"对话框。

图 2.75 "关系"选项组

第 2 章

数据库和表的基本操作

图 2.76 "显示表"对话框

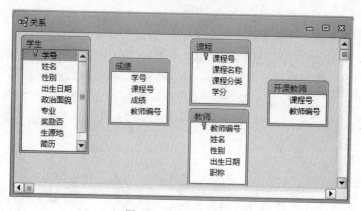

图 2.77 "关系"窗口

（6）在"关系"窗口中拖动"学生"表的"学号"字段到"成绩"表的"学号"字段，释放鼠标，即可弹出"编辑关系"对话框。

（7）在"编辑关系"对话框中，用户可以根据需要选定"实施参照完整性""级联更新相关字段""级联删除相关记录"复选框，在此选定三个复选框，单击"创建"按钮，创建一对多的关系，如图 2.78 所示。此时，"学生"表（父表）和"成绩"表（子表）按"学号"字段建立一对多的关系，即"学生"表中的一条记录对应"成绩"表的多条记录。

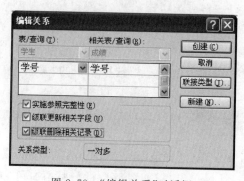

图 2.78 "编辑关系"对话框

（8）同理，拖动"课程"表的"课程"号字段到"成绩"表的"课程"号字段上，在弹出的"编辑关系"对话框中进行相关设置，建立"课程"表与"成绩"表之间一对多的关系。

拖动"教师"表的"教师编号"字段到"成绩"表的"教师编号"字段上，在弹出的"编辑关系"对话框中进行相关设置，建立"教师"表与"成绩"表之间一对多的关系。

拖动"教师"表的"教师编号"字段到"开课教师"表的"教师编号"字段上，在弹出的"编辑关系"对话框中进行相关设置，建立"教师"表与"开课教师"表之间一对多的关系。

拖动"课程"表的"课程号"字段到"开课教师"表的"课程号"字段上，在弹出的"编辑关系"对话框中进行相关设置，建立"课程"表与"开课教师"表之间建立一对多的关系，如图 2.79 所示。

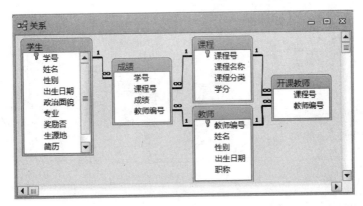

图 2.79　建立表间关系

在图 2.79 中，图中关系是通过一条连线来联系两个表，当选定"实施参照完整性"复选框后，连线两端分别有符号 1 和 ∞，说明和"1"相连表的一条记录对应和"∞"相连表的多条记录（一对多），并且确保不会意外地删除和修改相关的数据。

（9）单击"关闭"按钮，关闭"关系"窗口，保存此布局，将创建的关系保存在数据库中。

注意：无论是否保存此布局，所创建的关系都将保存在数据库中。

2.6.3　编辑或删除表间关系

表之间的关系创建后，在使用过程中如果不符合要求，如级联更新字段、级联删除记录，可重新编辑表间关系，也可以删除表间关系。

1. 编辑表间关系

例 2.30　修改"学生"表和"成绩"表之间的关系。操作步骤如下。

（1）打开"教学管理系统"数据库窗口。

（2）单击"数据库工具"选项卡中关系按钮 📇，打开关系窗口。功能区出现"设计"选项卡，"关系工具"选项卡如图 2.80 所示。

（3）双击"学生"表和"成绩"表之间的连线，将弹出"编辑关系"对话框。

用户也可以右击"学生"表和"成绩"表之间的连线使之变粗，在弹出的快捷菜单中选择"编辑关系"命令，如图 2.81 所示，弹出"编辑关系"对话框如图 2.78 所示。

（4）在"编辑关系"对话框中进行相关设置，单击"确定"按钮完成操作。

图 2.80 "关系工具"选项卡

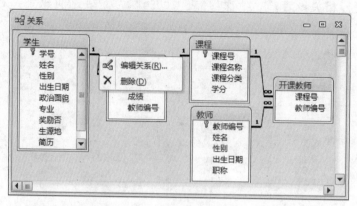

图 2.81 选择"编辑关系"命令

2. 删除表间关系

要删除表间关系,可在"关系"窗口中右击两表之间的连线,在弹出的快捷菜单中选择"删除"命令,删除表间关系。

2.6.4 实施参照完整性

当两个表之间建立关联后,用户不能再随意地更改建立关联的字段。从而保证数据的完整性,这种完整性称为数据库的参照完整性。只有建立了表间关系,才能设置参照完整性,设置在相关联的表中插入、删除和修改记录的规则。

1. 实施参照完整性

参照完整性是一个规则,用它可以确保有关系的表中的记录之间关系的完整有效性,并且不会随意地删除或更改相关数据。即不能在子表的外键字段中输入不存在于主表中的值,但可以在子表的外键字段中输入一个 Null 值来指定这些记录与主表之间并没有关系。如果在子表中存在着与主表匹配的记录,则不能从主表中删除这条记录,同时也不能更改主表的主键值。

如"学生"表和"成绩"表建立了一对多的关系,并在"编辑关系"对话框中勾选了"实施参照完整性"复选框,则在"成绩"表的"学号"字段中,不能输入一个"学生"表中不存在的"学号"值,同时系统将会弹出如图 2.82 所示的错误提示信息。

2. 级联更新相关字段

设置级联更新相关字段使得主键和关联表中的相关字段保持同步的改变。当主表中更改主键值时,系统自动更新从表中所有相关记录中的外键值。

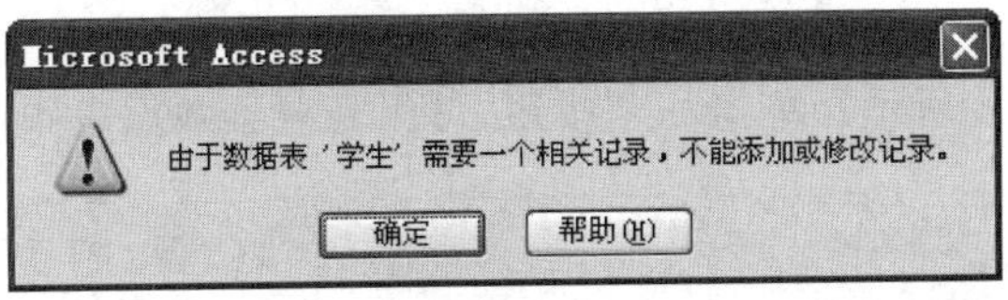

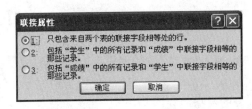

图 2.82　错误提示信息

例如,当"学生"表和"成绩"表之间按"学号"字段建立了关联。由于"学号"在"学生"表中是主键,而在"成绩"表中没有设置主键,因此"学号"是"成绩"表中的外键,在建立关联时,同时也设置了级联更新相关字段。当更改了"学生"表中的一个学生的"学号"时,"成绩"表中相关的"学号"都将被系统自动更新。

3. 级联删除相关记录

勾选"级联删除相关记录"复选框,即设置删除主表中记录时,系统自动删除从表中所有相关的记录。

例如,当删除了"学生"表中某条记录后,"成绩"表中学号相同的记录也被同步删除。

4. 关系连接类型

在如图 2.78 所示的"编辑关系"对话框中,单击"联接类型"按钮,弹出如图 2.83 所示的"联接属性"对话框,其中有 3 个单选按钮,选择其中之一来定义表间关系的连接类型。

图 2.83　"联接属性"对话框

关于"联接属性"中的相关参数的介绍如下。

选项"1"(默认值),定义表间关系为内部连接。它只包括两个表的关联字段相等的记录。如"学生"表和"成绩"表通过"学号"定义为内部连接,则两个表中"学号"值相同的记录才会被显示。

选项"2",定义表间关系为左外部连接。它包括主表的所有记录和子表中与主表关联字段相等的那些记录。如"学生"表和"成绩"表通过"学号"定义为左外部连接,则"学生"表的所有记录以及"成绩"表中与"学生"表的"学号"字段值相同的记录才会被显示。

选项"3",定义表间关系为右外部连接。它包括子表的所有记录和主表中关联字段相等的那些记录。如"学生"表和"成绩"表通过"学号"定义为右外部连接,则"成绩"表的所有记录以及"学生"表中与"成绩"表的"学号"字段值相同记录才会被显示。

2.6.5　子数据表

1. 子数据表

在两个表之间建立关联后,在主表的数据表视图中能看到左边新增了带有"+"的一列,这说明该表与另外的表(子数据表)建立了关系。

单击"＋"按钮,可以看到子数据表中的关系记录。当"＋"符号变成"－"符号时,表示已经展开从表。如图 2.84 所示。单击"－"按钮,可以隐藏子数据表中的关系记录。

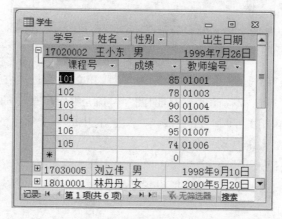

图 2.84 与"成绩"表建立了关系的"学生"表

另外,用户还可以通过单击"开始"选项卡的"记录"组中的 按钮,在下拉菜单中选择"子数据表"→"全部展开"或"全部折叠"命令来实现子数据表的展开与折叠。

2. 插入子数据表

如果两个表没有建立关系,子数据表将不会自动产生,用户可以通过人工方法来建立子数据表。

例 2.31 在"课程"表中插入"成绩"子数据表。

操作步骤如下。

(1) 打开主表"课程"表的数据表视图。

(2) 单击"开始"选项卡的"记录"组中的 按钮,在下拉菜单中选择"子数据表"命令,打开如图 2.85 所示的"插入数据表"对话框。

图 2.85 "插入子数据表"对话框

（3）选择"成绩"表作为子数据表，同时确定两个表的关联字段为"课程号"。

（4）单击"确定"按钮。

如果一个表和多个表建立了关系，单击"＋"按钮，也将打开如图 2.85 所示的"插入子数据表"对话框，选择其中的一个数据表，作为需要使用的子数据表。

如果两个表原来没有建立关系，系统将会提示创建这两个表的关系。

3．删除子数据表

单击"开始"选项卡→"记录"组→ ▦▾ 按钮→"子数据表"→"删除"命令，可以删除子数据表。

思 考 题

1．创建 Access 数据库有几种方法？

2．如何实现各种版本 Access 数据库之间的互相转换？

3．在设计表的结构时要考虑哪几个方面的问题？

4．Access 的数据类型有几种？

5．在表结构创建后，如何修改字段的属性？

6．如何对表进行排序和索引操作？

7．索引有几种类型？建立数据表索引的方法有几种？

8．如何建立表间的关系？

9．简述两个表建立参照完整性的步骤。

数据库和表的基本操作

第3章

查询的基本操作

数据查询是数据库管理系统的基本功能。在数据库操作中,大部分工作是对数据进行统计、计算与检索。查询是 Access 处理和分析数据的工具,它能够使用多种方法来查看、修改或分析数据,也可以将查询结果作为窗体和报表的数据源。本章将详细介绍查询的基本概念以及各种查询的建立和使用方法。

3.1 查询的概述

查询(Query)是 Access 2010 数据库中的一个重要对象,它与表、窗体、报表、宏和模块等对象存储在一个数据库文件中。查询就是按给定的要求(包括条件、范围、方式等)从指定的数据源中查找、检索出需要的数据形成一个新的数据集合。查询本身并不存储数据,它是一个对数据库的操作命令。每次运行查询时,Access 便从查询源表的数据中创建一个新的记录集,使查询中的数据能够和源表中的数据保持同步。

查询的数据源可以是一个表,也可以是多个相关联的表,还可以是其他查询。查询结果称为结果集,是符合查询条件的记录集合。查询的结果可以生成窗体、报表,还可以作为另一个查询的基础。在 Access 数据库中,查询是一种统计和分析数据的工具,是对数据库中的数据进行分类、筛选、添加、删除和修改。

3.1.1 查询的功能

Access 2010 的查询功能非常强大,提供的方式也非常灵活,可以使用多种方法来实现查询数据的要求。

1. 选择数据

查询可以从一个或多个表中选择部分或全部字段,也可以从一个或多个表中将符合某个指定条件的记录选取出来。在 Access 2010 中,用来提供选择数据的表称为查询操作的数据源,作为查询数据源的对象也可以是已建立好的其他查询。

选择记录的条件称为查询准则,也就是查询表达式。查询结果是一种临时表,又称为动态的记录集,通常不被保存。也就是说,每次运行查询,系统都是按事先定义的查询准则从数据源中提取数据,这样既可以节约存储空间,又可以保持查询结果与数据源中数据的同步。

2. 排序记录

查询可以按照某一特定的顺序查看动态集的信息。

3. 执行计算

使用查询可以进行一系列的计算,如统计不同专业学生的人数,计算每个学生的平均分等,也可以定义新的字段来保存计算的结果。

4. 数据更新

使用查询可对数据表中的记录进行更新,实现对数据表进行追加、更新、删除等操作。

5. 建立表

建立表是指使用查询产生的结果形成一个新的数据表。

6. 作为其他对象的数据源

查询的运行结果可以作为窗体、报表和数据访问页的数据源,也可以作为其他查询的数据源。

3.1.2 查询的类型

按照查询结果是否对数据源产生影响以及查询准则设计方法的不同,可以将查询分为以下 5 种类型。

1. 选择查询

选择查询是最为常用的一种查询类型。它可以从一个或多个表中提取数据,同时还可以使用选择查询来对记录进行分组,并且对记录做统计、计数、平均值以及其他类型的综合计算。

2. 参数查询

当用户需要的查询每次都要改变查询条件时,可以使用参数查询。参数查询是通过对话框提示用户输入查询条件,系统将以该条件作为查询条件,并将查询结果按指定的形式显示出来。

3. 交叉表查询

交叉表查询将来源于表或查询中的字段进行分组,一组作为行标题列在数据表的顶端,一组作为列标题列在数据表的左侧,在数据表行与列的交叉处显示表中某个字段的统计值。交叉表查询就是使用了表中的行和列来统计数据。

4. 操作查询

操作查询是使用查询的结果对数据表进行的编辑操作。操作查询分为以下 4 种类型。

① 生成表查询。该类型用从一个或多个表中选择的数据建立一个新的数据表。

② 删除查询。该类型从表中选择满足条件的记录,然后将这些记录从原来的表中删除。

③ 更新查询。该类型对一个或多个表中的一组记录进行更新。

④ 追加查询。该类型是将一个查询的结果添加到其他表的尾部。

5. SQL 查询

SQL(Structured Query Language,结构化查询语言)查询就是使用 SQL 语句来创建的一种查询。

在 Access 2010 中,查询的实现可以通过两种方式进行,一种是在数据库中建立查询对象;另一种是在 VBA 程序代码中使用结构化查询语言 SQL。

3.1.3 查询视图

Access 2010 的每个查询主要有 3 个视图,即数据表视图、设计视图和 SQL 视图。其中,"数据表视图"用于显示查询的结果数据;"设计视图"用于对查询设计进行创建和编辑;"SQL 视图"用于显示与设计视图等效的 SQL 语句。

此外,查询还包括数据透视表视图和数据透视图视图。

各种视图可以通过工具栏上"视图"按钮以及下拉列表框中的 SQL 视图进行相互切换。

3.2 使用查询向导创建查询

在 Access 2010 中建立查询一般可以使用 3 种方法,分别是使用查询向导创建查询、使用设计视图创建查询和在 SQL 窗口中创建查询。

Access 提供了多种向导以方便查询的创建,对于初学者来说,选择使用向导的帮助可以快捷地建立所需要的查询。用户常用的查询向导有简单查询向导、交叉表查询向导、查找重复项查询向导和查找不匹配项查询向导。

3.2.1 简单查询向导

使用简单查询向导创建的查询可以从数据源中指定若干个字段进行输出,但不能通过设置条件来限制检索的记录。

例 3.1 为"课程"表创建名为"课程基本情况"查询,查询结果中包括"课程号""课程名称""学分"3 个字段。

操作步骤如下。

(1) 在 Access 中打开"教学管理系统"数据库。

(2) 选择"创建"选项卡中的"查询"组。

(3) 单击"查询向导"按钮,弹出"新建查询"对话框,如图 3.1 所示。

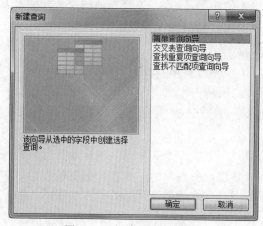

图 3.1 "新建查询"对话框

(4) 选择"简单查询向导"选项,单击"确定"按钮,弹出"简单查询向导"对话框,如图 3.2 所示。

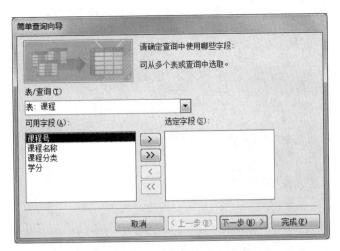

图 3.2 "简单查询向导"对话框之一

（5）单击"表/查询"下拉列表框右侧的箭头，从下拉列表框中选定"表：课程"表，这时"课程"表中的所有字段显示在"可用字段"文本框中。

（6）选择查询中要使用的字段。双击"课程号"字段，该字段被添加到右侧"选定字段"列表框中。在选择字段时，用户也可以先单击该字段，然后再单击＞按钮进行添加。

用同样的方法将"课程名称""学分"字段添加到"选定字段"列表框中，如图 3.3 所示。

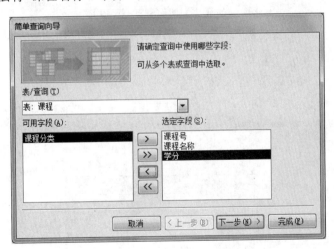

图 3.3 "简单查询向导"对话框之二

如果要选择所有的字段，可直接单击≫按钮进行操作；要取消已选择的字段，可以使用＜和≪按钮进行操作。

单击"下一步"按钮，显示如图 3.4 所示。

（7）选定"明细（显示每个记录的每个字段）"单选按钮，单击"下一步"按钮，显示如图 3.5 所示。

（8）输入查询标题"课程基本情况"，并选择"打开查询查看信息"单选按钮，单击"完成"按钮完成设置向导，系统将显示新建查询的结果，如图 3.6 所示。

查询的基本操作

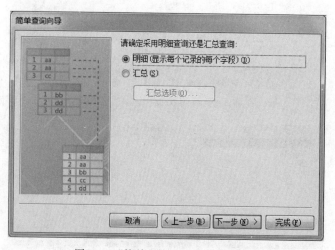

图 3.4　"简单查询向导"对话框之三

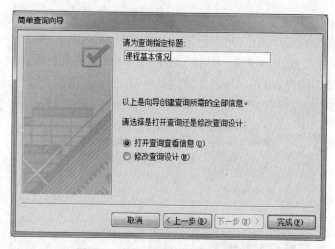

图 3.5　"简单查询向导"对话框之四

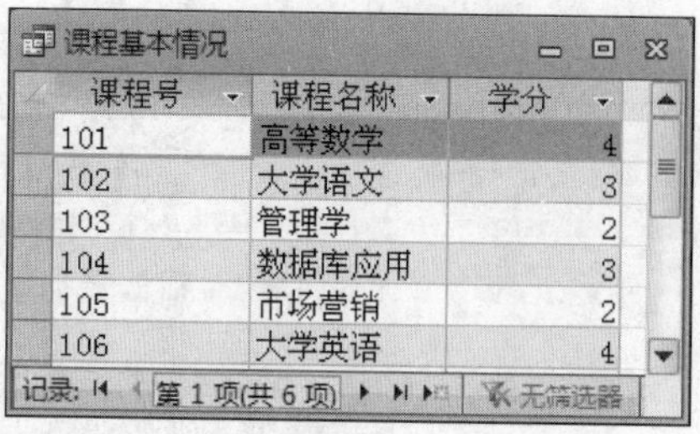

课程号	课程名称	学分
101	高等数学	4
102	大学语文	3
103	管理学	2
104	数据库应用	3
105	市场营销	2
106	大学英语	4

图 3.6　简单查询向导查询的结果

3.2.2　查找重复项查询向导

使用"查找重复项"查询的结果,可以确定在表中是否有重复的记录,或记录在表中是否共享相同的值。

例 3.2　为"学生"表创建名为"男女学生人数"查询。

操作步骤如下。

（1）选择"创建"选项卡中的"查询"组。

（2）单击"查询向导"按钮，弹出"新建查询"对话框，如图3.1所示。

（3）选择"查找重复项查询向导"选项，单击"确定"按钮，弹出"查找重复项查询向导"对话框，如图3.7所示。

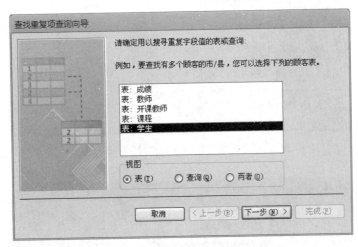

图3.7　"查找重复项查询向导"对话框之一

（4）选择用以搜寻重复字段值的表或查询，这里选择"表：学生"表。

（5）单击"下一步"按钮，在弹出的"查找重复项查询向导"对话框中选择可能包含重复信息的字段，这里选择"性别"字段，如图3.8所示。

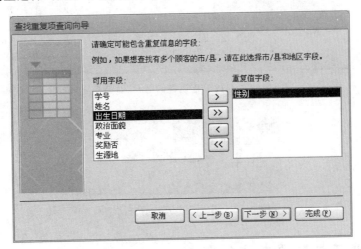

图3.8　"查找重复项查询向导"对话框之二

（6）单击"下一步"按钮，在弹出的"查找重复项查询向导"对话框中，确定查询是否还显示带有重复值的字段之外的其他字段，这里不选择其他字段，如图3.9所示。

（7）单击"下一步"按钮，在弹出"查找重复项查询向导"对话框中输入查询名称"男女学生人数"，选择"查看结果"单选按钮，单击"完成"按钮，完成查询的创建，如图3.10所示。

（8）查询结果如图3.11所示，可以看到男女学生人数的查询结果。

查询的基本操作

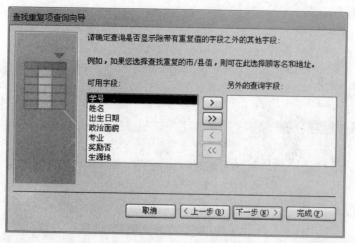

图 3.9　"查找重复项查询向导"对话框之三

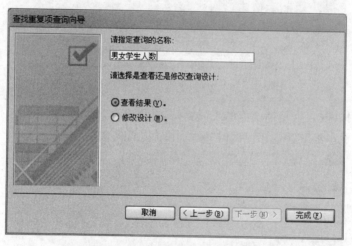

图 3.10　"查找重复项查询向导"对话框之四

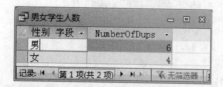

图 3.11　男女学生人数的查询结果

3.2.3　查找不匹配项查询向导

使用"查找不匹配项查询向导"可以在一个表中查找与另一个表中没有相关记录的记录。

例 3.3　使用"教师"表和"开课教师"表创建"没有开设课程教师"的查询。

操作步骤如下。

(1) 选择"创建"选项卡中的"查询"组。

（2）单击"查询向导"按钮，弹出"新建查询"对话框，如图3.1所示。

（3）选择"查找不匹配项查询向导"选项，单击"确定"按钮，弹出"查找不匹配项查询向导"对话框。

（4）选择用以搜寻不匹配项的表或查询，这里选择"表：教师"表，如图3.12所示。

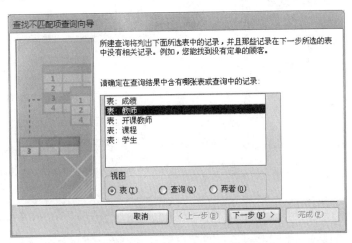

图3.12 "查找不匹配项查询向导"对话框之一

（5）单击"下一步"按钮，在弹出"查找不匹配项查询向导"对话框中选择包含相关记录的表或查询，这里选择"表：开课教师"表，如图3.13所示。

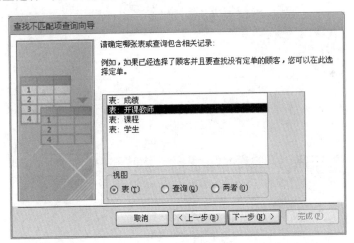

图3.13 "查找不匹配项查询向导"对话框之二

（6）单击"下一步"按钮，在弹出"查找不匹配项查询向导"对话框中确定在两个表中都有的匹配的字段，这里选择"教师编号"字段，单击 <=> 按钮，如图3.14所示。

（7）单击"下一步"按钮，在弹出"查找不匹配项查询向导"对话框中选择查询结果中所需的字段，这里选择"教师编号""姓名""性别""职称"字段，如图3.15所示。

（8）单击"下一步"按钮，在弹出"查找不匹配项查询向导"对话框中输入查询名称"没有开设课程的教师"，选择"查看结果"单选按钮，如图3.16所示，单击"完成"按钮。

（9）查询结果如图3.17所示，用户可以看到"没有开设课程的教师"信息的查询结果。

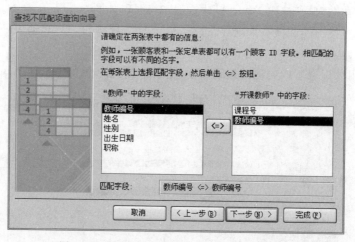

图 3.14　"查找不匹配项查询向导"对话框之三

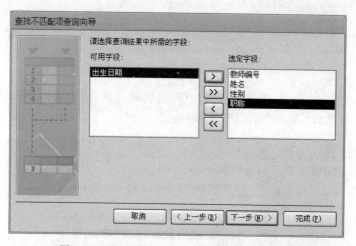

图 3.15　"查找不匹配项查询向导"对话框之四

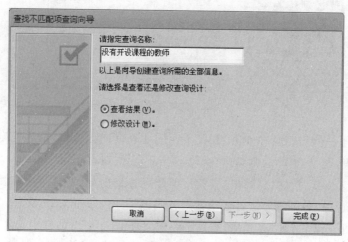

图 3.16　"查找不匹配项查询向导"对话框之五

图 3.17　没有开设课程的教师的查询结果

3.3　查询准则

使用查询向导可以快速地创建一个查询,但实现的功能比较单一。在 Access 2010 中,除了使用向导创建的查询之外,其他的查询都要指定一定的选择条件,即查询准则。查询准则是用运算符将常量、字段名(变量)、函数连接起来构成的表达式,即查询表达式。

使用查询准则可以使查询结果中仅包含满足相应限制条件的数据记录。

不论什么类型的查询,建立的过程基本是一样的,一般经过以下几个阶段。

① 选择数据源。

② 指定查询类型。

③ 设置查询准则。

④ 为查询命名。为查询命名时,查询的名称不能与已有的查询重名,也不能与已有的表重名。

3.3.1　运 算 符

在 Access 2010 的查询表达式中,使用的运算符包括算术运算符、关系运算符、逻辑运算符和特殊运算符。表 3.1～表 3.3 分别给出 3 种类型运算符的说明。

1. 算术运算符

算术运算符的运算对象为数值,生成表达式的结果仍为数值,如表 3.1 所示。

表 3.1　算术运算符

运算符	含义	示例	运算符	含义	示例
＋	加		－	减	
＊	乘		/	除	3/2 值为 1.5
\	整除	3\2 值为 1	mod	求余数	7mod 3 值为 1
∧	乘方	3∧2 值为 9			

2. 关系运算符

关系运算符用来对表达式进行比较,关系成立表达式的结果为 True,否则结果为 False,如表 3.2 所示。

查询的基本操作

表 3.2　关系运算符

运算符	含义	示　　例	运算符	含义	示　　例
>	大于	7>6 值为 True	>=	大于或等于	"王">="李"值为 True
<	小于	"abcd"<"abd"值为 True	<=	小于或等于	♯2017-2-9♯<=♯2018-9-1♯ 值为 True
=	等于	7=2 值为 False	<>	不等于	"abc"<>"123"值为 True

3. 逻辑运算符

逻辑运算符用来连接两个或多个关系表达式,其结果为逻辑值 True 或者 False,如表 3.3 所示。

表 3.3　逻辑运算符

运算符	形　　式	说　　明
Not	Not <表达式>	当 Not 连接的表达式为真时,整个表达式为假
And	<表达式 1> And <表达式 2>	当 And 连接的表达式都为真时,整个表达式为真,否则为假
Or	<表达式 1> Or <表达式 2>	当 Or 连接的表达式有一个为真时,整个表达式为真,否则为假

例如:

查找不及格或 90 分以上的成绩,表达式为:<=60 OR >=90。

查找会计专业的女学生,表达式为:[专业]="会计" AND [性别]="女"。

查找除高等数学之外的课程,表达式为:NOT"高等数学"。

4. 其他的特殊运算符

除了以上几类运算符外,在 Access 的查询准则中,还常用到以下几个特殊的运算符。

(1) In。该运算符右边的括号中指定一系列满足条件的值。

例如,In("张三","李四","王五")表示查询的姓名为括号内的 3 个姓名之一。它与表达式:"张三" or "李四" or "王五"的结果是一样的。

注意:表达式中的分隔符应该是英文半角符号。

(2) Between A and B。该运算符用于指定 A 到 B 的范围。A 和 B 可以是数字型、日期型和文本型数据,而且 A 和 B 的类型相同。

例如,Between 80 and 90 用来查找成绩在 80~90 分的学生,它和表达式>=80 and <=90 的结果是一样的。

(3) 与空值有关的运算符。与空值有关的运算符有 Is Null(用于指定一个字段为空)和 Is Not Null(用于指定一个字段为非空)两个。

例如,如果"出生日期"字段的准则行输入 Is Null,表示查找该字段值为空的记录。如果输入 Is Not Null 表示查找该字段值为非空的记录。要查找"姓名"字段的值为非空的记录,表达式为:姓名 Is Not Null。

(4) Like。该运算符由于要在文本字段中指定查找模式,它通常和以下的通配符配合使用。

① ?:表示该位置可以匹配任何一个字符。

② *:表示该位置可匹配零个或多个字符。

③ ♯：表示该位置可匹配一个数字。

④ ［ ］：在方括号内描述可匹配的字符范围。

例 3.4 Like 的用法示例。

Like"张＊"　　查找姓张的同学。

Like"张?"　　查找姓张的同学,且姓名只有两个字。

Like"[1-5]?"　　查找的字符串中第一位是1～5的数字,第二位是任意字符。

Like"＊冰箱"　　查找各种品牌的冰箱。

Like"＊乳＊"　　查找各种生产乳制品的厂家。

Like"表♯"　　查找"表1""表2"等,但不能查找"表A"。

（5）& 或者＋。该运算符将实现两个字符串的连接。

例如,表达式"How　　" & "are you!"的结果是"How are you!",表达式"123"＋"123"的结果为"123123"。

3.3.2　函数

Access 提供了大量的标准函数,如数值函数、字符函数、日期/时间函数和统计函数等。使用这些函数可以更好地构造查询准则,也为用户更准确地进行统计计算、实现数据处理提供了有效的方法。表 3.4～表 3.7 分别给出 4 种类型函数的说明。

1. 数值函数

表 3.4　数值函数

函　　数	说　　明
Abs(数值表达式)	返回数值表达值的绝对值
Sqr(数值表达式)	返回数值表达式值的算术平方根
Sgn(数值表达式)	返回数值表达式值的符号值,当表达式的值为正、负和零时,函数值分别为 1、-1 和 0
Fix(数值表达式)	返回数值表达式值的整数部分,去掉小数部分
Int(数值表达式)	返回不大于数值表达式值的最大整数
Rnd(数值表达式)	返回一个 0～1 的随机数
Round(数值表达式,n)	对数值表达式求值并四舍五入保留 n 位小数

2. 字符函数

表 3.5　字符函数

函　　数	说　　明
Space(n)	返回由 n 个空格组成的字符串
String(n,字符表达式)	返回"字符表达式"的第一个字符组成的字符串,字符个数是 n 个
Left(字符表达式,n)	从字符表达式左边第一个字符开始截取 n 个字符
Right(字符表达式,n)	从字符表达式右边第一个字符开始截取 n 个字符
Mid(字符表达式,n1[,n2])	从字符表达式左边第 nl 位置开始,截取连续 n2 个字符；省略 n2,则从 nl 位置开始截取以后的所有字符串
Len(字符表达式)	返回字符串的长度
Ltrim(字符表达式)	去掉字符表达式前导空格后的字符串
Rtrim(字符表达式)	去掉字符表达式尾部空格后的字符串

96

函　　数	说　　明
Trim(字符表达式)	去掉字符表达式前导和尾部空格后的字符串
Asc(字符表达式)	返回字符表达式首字符的 ASCII 码值
Chr(字符的 ASCII 码值)	将 ASCII 码值转换为字符
InStr(字符表达式 1,字符表达式 2)	返回字符表达式 2 在字符表达式 1 中的位置
Ucase(字符表达式)	将字符串中的小写字母转换为大写字母
Lcase(字符表达式)	将字符串中的大写字母转换为小写字母

注意：参数 n1,n2 都是数值表达式,字符函数用于对字符串进行处理,在 Access 的字符串中,一个汉字也可作为一个字符处理。

例 3.5　字符函数的用法。

```
String(4,"a" )                    结果是:aaaa
Left("计算机等级考试",3)          结果是:计算机
Right("计算机等级考试",2)         结果是:考试
Mid("计算机等级考试",4,2)         结果是:等级
Len("计算机等级考试")             结果是:7
Len([姓名]) = 2                   查询姓名为两个字的记录
Asc("A")                          结果是:65
Chr(65)                           结果是:A
InStr("计算机 abc","a")           结果是:4
InStr("计算机 abc","d")           结果是:0
```

3. 日期/时间函数

表 3.6　日期/时间函数

函　　数	说　　明
Now()	返回系统当前的日期时间
Date()	返回系统当前日期
Time()	返回系统当前的时间
Year(日期)	返回日期中的年份,范围为 100～9999
Month(日期)	返回日期中的月份,范围为 1～12
Day(日期)	返回日期中的日,范围为 1～31
Weekday(日期)	返回日期中的星期,从星期日到星期六的值分别是 1～7
Hour(日期)	返回时间中的小时值,范围为 1～23
Minute(日期)	返回时间中的分钟
Second(日期)	返回时间中的秒
DateSerial(year,month,day)	返回指定的日期

例 3.6　日期/时间函数的用法。

```
Between #1998-1-1# and #1998-12-31#
或 Year([出生日期]) = 1998              '查询 1998 年出生的记录
< Date() - 30                           '查询 30 天前的记录
Month([出生日期]) = Month(date())       '查询本月出生的记录
```

```
Year([出生日期]) = 2000 And Month([出生日期]) = 11      '查询 2000 年 11 月出生的记录
Month([出生日期])> = 3 And Month([出生日期])< = 6       '查询 3 月至 6 月出生的记录
DateSerial(Year(Now()),1,1)                          '查询系统当前年 1 月 1 号
DateSerial(Year(Date()) + 1,9,1)                     '查询系统下一年 9 月 1 号
```

4. 统计函数

表 3.7 统计函数

函　　数	说　　明
Sum(字符表达式)	返回字符表达式中值的总和。字符表达式可以是一个字段名,也可以是一个含字段名的表达式,但所含字段应该是数字类型的字段
Avg(字符表达式)	返回字符表达式中值的平均值。字符表达式可以是一个字段名,也可以是一个含字段名的表达式,但所含字段应该是数字类型的字段
Count(字符表达式)	返回字符表达式中值的个数。字符表达式可以是一个字段名,也可以是一个含字段名的表达式,但所含字段应该是数字类型的字段
Max(字符表达式)	返回字符表达式的最大值。字符表达式可以是一个字段名,也可以是一个含字段名的表达式,但所含字段应该是数字类型的字段
Min(字符表达式)	返回字符表达式的最小值。字符表达式可以是一个字段名,也可以是一个含字段名的表达式,但所含字段应该是数字类型的字段

3.4　使用设计视图建立查询

在 Access 2010 中,查询主要有 3 种视图:设计视图、数据表视图和 SQL 视图。使用"设计视图"不仅可以设计比较复杂的查询,而且还可以对一个已有的查询进行编辑和修改。

在查询设计视图中会出现"设计"选项卡,如图 3.18 所示。

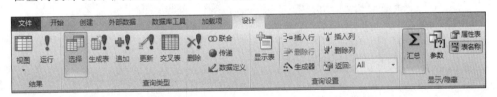

图 3.18　"设计"选项卡

3.4.1　选择查询

选择查询是 Access 中最为常用的一种查询。选择查询能自由地从一个或多个表或查询中抽取相关的字段和记录进行分析和处理。

1. 单表查询

例 3.7　在"学生"表中查询获得奖励的女生的信息。

操作步骤如下。

(1) 打开"教学管理系统"数据库,选择"创建"选项卡中的"查询"组。

(2) 单击"查询设计"按钮,弹出"显示表"对话框,如图 3.19 所示。

(3) 在"表"选项卡中,双击"学生"表,将其添加到查询"设计视图"窗口中,单击"关闭"按钮,关闭"显示表"对话框。

第 3 章

查询的基本操作

"设计视图"是一个设计查询的窗口，包含了创建查询所需要的各个组件。用户只需要在各个组件中设置一定的内容就可以创建一个查询。查询"设计视图"窗口分为上下两部分，上半部分为表/查询的字段列表，用以显示添加到查询中的数据表或查询的字段列表；下半部分为查询设计区，用以定义查询的字段，并将表达式作为条件，限制查询的结果；中间是可以调节的分隔线；标题栏包括了查询名称和查询类型。用户只需要在各个组件中设置一定的内容就可以创建一个查询。

图 3.19 "显示表"对话框

在查询设计网格中，可以详细设置查询的内容，具体内容的功能如下。

- 字段：查询所需要的字段。每个查询至少包含一个字段，也可以包含多个字段。如果与字段对应的"显示"复选框被选中，则表示该字段将显示在查询的结果中。
- 表：指定查询的数据来源表或其他查询。
- 排序：指定查询的结果是否进行排序。排序方式包括"升序""降序""不排序"3 种。
- 条件：指定用户用于查询的条件或要求。

（4）在查询"设计视图"窗口的上半部分，分别双击"学生"表中的"学号""姓名""性别""奖励否"字段，如图 3.20 所示。

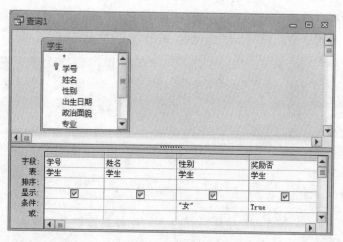

图 3.20 查询获得奖励的女生的设计视图

（5）在"性别"字段对应的条件行中输入条件"女"，在"奖励否"字段对应的条件行中输入条件 true，设置后的条件如图 3.20 所示。

（6）单击功能区上"视图"按钮右侧的下拉箭头，在弹出的下拉列表中选择"数据表视图"命令，预览查询的结果，如图 3.21 所示。

（7）单击快速访问工具栏上的"保存"按钮，弹出"另存为"对话框，如图 3.22 所示。在对话框中输入查询名称"获得奖励的女生"，单击"确定"按钮，完成查询的建立。

图 3.21　查询获得奖励的女生的数据表视图　　　　图 3.22　"另存为"对话框

2. 多表查询

如果当前的查询中包含多个表,需要在表与表之间建立连接,否则设计完成的查询将按未连接生成查询结果。在添加表或查询时,如果所添加的表或查询之间已经建立了关系,则在添加表或查询的同时也添加新的连接。

要建立表或查询间的连接,可以在查询"设计视图"中从表或查询的字段列表中将一个字段拖到另一个表或查询字段列表的相同字段上,即具有相同或兼容的数据类型又包含相似数据的字段。用这种方式进行连接,只有当连接字段的值相等时,Access 才从两个表或查询中选取记录。

例 3.8　查询学生的考试成绩,并按"学号"升序排序。本例的数据源是"学生"表、"成绩"表和"课程"表,这 3 个表之间已经建立了关系。

操作步骤如下。

(1) 打开"教学管理系统"数据库,选择"创建"选项卡中的"查询"组。

(2) 单击"查询设计"按钮,弹出"显示表"对话框。

(3) 双击"学生"表、"成绩"表和"课程"表,将 3 个表添加到查询"设计视图"窗口中,单击"关闭"按钮,关闭"显示表"对话框。

(4) 单击查询设计网格中字段的空白格处,会弹出一个下拉按钮,单击该按钮即可弹出下拉列表框,其中列出了所有已经被选择的表或查询包含的所有字段。

选择"学生"表的"学号""姓名"字段,"课程"表的"课程名称"字段,"成绩"表的"成绩"字段,如图 3.23 所示。

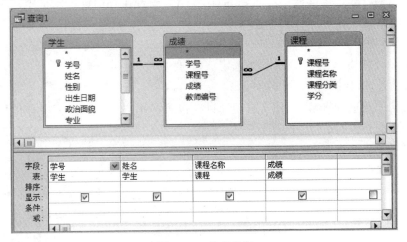

图 3.23　多表查询

第 3 章

查询的基本操作

（5）在"学号"字段对应的排序行中选择"升序"。

（6）单击功能区上的"运行"按钮 ，将显示查询的结果，如图 3.24 所示。关闭查询"设计视图"或单击快速访问工具栏上的"保存"按钮，弹出"另存为"对话框，在"查询名称"文本框中输入查询名称"学生的考试成绩"，完成查询的建立。

图 3.24　多表查询结果

3. 从查询中删除表或查询

如果当前查询中的某个表或查询已经不再需要，可以将其从查询中删除。

操作步骤如下。

（1）在查询"设计视图"中打开查询。

（2）在查询"设计视图"窗口上半部分单击要删除的表或查询，按 Delete 键，完成删除。或者在选中表的标题栏上右击，在弹出的快捷菜单中选择"删除表"命令即可。

4. 在设计视图中操作字段

（1）添加字段。

双击"设计视图"上半部分字段列表中的字段名，或者在查询设计网格中从字段下拉列表进行选择。

（2）删除字段。

在查询设计网格中，单击列选定器选定该列，然后按 Delete 键。

（3）移动查询设计网格中的字段。

单击相应字段的列选定器，将其拖动到目标位置。用户也可以在需要移动列的列选定器上右击，在弹出的快捷菜单中选择"剪切"命令，然后在目标位置上右击，在弹出的快捷菜单中选择"粘贴"命令即可。

（4）在查询中更改字段名。

将查询的源表或查询的字段拖放到设计网格中后，查询自动将源表或查询的字段作为查询结果中要显示的字段名。但是为了更准确地说明字段中的数据，可以改变这些字段的名称。在查询的设计网格中更改字段名，将仅改变查询"数据表"视图中的标题，源表的字段名不会改变。

(5) 使用星号"＊"通配符。

如果某个表中所有的字段都包含在查询中，可以分别选择每个字段，也可以使用星号"＊"通配符选择。

3.4.2 自定义计算查询

Access 2010 的查询不仅具有记录检索的功能，而且还具有计算的功能。在 Access 查询中可执行许多类型的计算。例如，可以计算一个字段值的总和或平均值，使两个字段值相乘，或者计算从当前日期算起 3 个月后的日期。

1. 预定义计算查询

预定义计算，即所谓的"总计"计算，用于对查询中的记录组和全部记录进行总和、平均值、计数、最小值、最大值、标准偏差和方差等数量计算，也可根据查询要求选择相应的分组、第一条记录、最后一条记录、表达式、条件等。

例 3.9 统计"学生"表中不同性别的学生人数。

(1) 打开"教学管理系统"数据库，选择"创建"选项卡中的"查询"组。

(2) 单击"查询设计"按钮，弹出"显示表"对话框。

(3) 在"表"选项卡中，双击"学生"表，将其添加到查询"设计视图"窗口中，单击"关闭"按钮，关闭"显示表"对话框。

(4) 在查询"设计视图"窗口的上半部分，双击"性别"和"学号"两个字段，将它们添加到"设计网格"中。

(5) 单击"显示/隐藏"组中的"汇总"按钮 Σ，此时"设计视图"窗口下半部分多了一个"总计"行，自动设置对应总计行内容为 Group By。

在"学号"的对应"总计"行中，单击右侧的向下箭头，在打开的下拉列表框中显示了统计函数和总计项，单击下拉列表框中的计数项"计数"，如图 3.25 所示。

(6) 单击快速访问工具栏上的"保存"按钮，打开"另存为"对话框，在对话框中输入查询名称"统计不同性别的学生人数"，单击"确定"按钮，查询建立完毕。

(7) 单击功能区上的"运行"按钮 ！，将显示查询的结果，如图 3.26 所示。

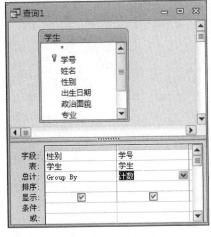

图 3.25　分组记录

图 3.26　统计不同性别的学生人数的查询结果

2. 创建计算字段

如果用户想对一个或多个字段中的数据进行数值、日期和文本计算，需要直接在"设计网格"中创建计算字段。计算字段是在查询中定义的字段，用于显示表达式的结果而非显示存储的数据。因此，当表达式中的值改变时将重新计算该字段的值。

创建计算字段的方法是在查询的"设计视图"的设计网格"字段"行中直接输入计算字段及其计算表达式。输入规则是："计算字段名:表达式"，其中计算字段名和表达式之间的分隔符是半角的":"。

使用函数可以完成一些复杂的功能或特殊运算，为用户更准确地进行统计计算，实现数据处理提供了有效的方法。

例 3.10 计算"学生"表中学生的年龄，结果中显示"姓名""年龄"，其中"年龄"为计算字段，根据系统当前日期和每个人的"出生日期"计算而得。

操作步骤如下。

（1）打开"教学管理系统"数据库，选择"创建"选项卡中的"查询"组。

（2）单击"查询设计"按钮，弹出"显示表"对话框。

（3）在"表"选项卡中双击"学生"表，将其添加到查询"设计视图"窗口中，单击"关闭"按钮，关闭"显示表"对话框。

（4）在查询"设计视图"窗口的上半部分，双击"姓名"字段，将其添加到"设计网格"中，并在"设计网格"中第二列"字段"行输入"年龄:Year(Date())-Year([出生日期])"，如图 3.27 所示。

（5）单击快速访问工具栏上的"保存"按钮，输入查询名称"年龄查询"，单击功能区上的"运行"按钮运行查询，查询结果如图 3.28 所示。

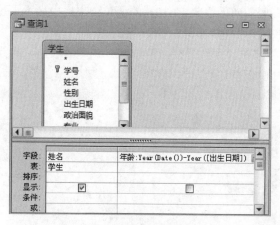

图 3.27 创建计算字段

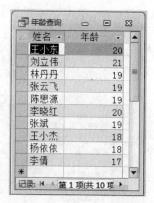

图 3.28 年龄的查询结果

为了帮助用户在查询设计网格中正确地书写表达式，Access 2010 提供了"表达式生成器"。使用"表达式生成器"创建表达式的操作步骤如下。

（1）在查询的"设计视图"中，单击要输入条件的单元格，选择"设计"选项卡上的"查询设置"组中的 ⚒生成器 命令，打开"表达式生成器"对话框。

（2）选择需要的对象、函数、运算符，完成表达式的输入。"表达式生成器"提供了数据库中所有对象中的各种控件，以及系统提供的函数、常量、操作符和通用表达式。将它们进行合理的搭配,单击相关的表达式元素和类别,就可以书写任意一种表达式。如图 3.29 所示。

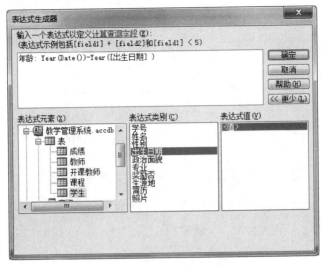

图 3.29 "表达式生成器"对话框

若要在较大的区域中编辑表达式,可以将光标放在"条件"单元格中,然后按快捷键 Shift+F2 来显示"缩放"框。

(3) 单击"确定"按钮,退出"表达式生成器"对话框,表达式将会自动复制到启动"表达式生成器"的位置。

例 3.11 在例 3.8 建立的"学生的考试成绩"的基础上,增加一列查询学生考试等级。考试成绩在 90 分以上的学生给予"优秀",60 分以下的学生为"不及格",其他分数的学生为"合格"。

函数:IIF([成绩]>=90,"优秀",IIf([成绩]>=60,"合格","不及格"))

操作步骤如下。

(1) 在"查询"对象中右击"学生的考试成绩"查询,在弹出的快捷菜单中选择"设计视图"命令,打开查询。

(2) 选择新列,在"字段"栏中输入如下:

考试等级:IIF([成绩]>=90,"优秀",IIf([成绩]>=60,"合格","不及格"))

如图 3.30 所示。

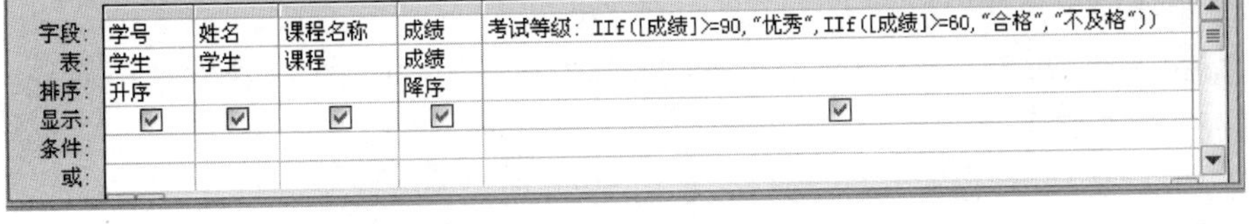

字段	学号	姓名	课程名称	成绩	考试等级: IIf([成绩]>=90,"优秀",IIf([成绩]>=60,"合格","不及格"))
表	学生	学生	课程	成绩	
排序	升序			降序	
显示	✓	✓	✓	✓	✓
条件					
或					

图 3.30 IIF 函数的使用

(3) 选择"文件"菜单下的"另存为"命令,在弹出的对话框中输入查询名称"查询考试等级",单击功能区上的"运行"按钮运行查询,查询结果如图 3.31 所示。

查询的基本操作

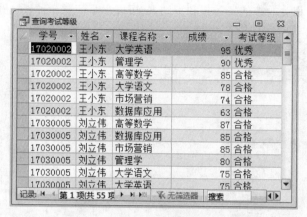

图 3.31　学生考试等级的查询结果

例 3.12　以"学生"表为数据源,创建一个选择查询,统计出一共有多少会计专业的学生。

操作步骤如下。

(1) 在"教学管理系统"数据库中,选择"创建"选项卡中的"查询"组。

(2) 单击"查询设计"按钮,弹出"显示表"对话框。

(3) 在"表"选项卡中,双击"学生"表,将其添加到查询"设计视图"窗口中,单击"关闭"按钮,关闭"显示表"对话框。

(4) 在设计网格中第一列"字段"行输入: 会计专业学生人数: Count(*);在第二列选择"专业"字段,设置查询条件为"会计",去掉"显示"行中的"√",查询结果中不显示"专业"字段,如图 3.32 所示。

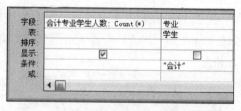

(5) 保存查询,名称为"统计会计专业学生人数"。单击功能区上的"运行"按钮运行查询。

图 3.32　统计会计专业学生人数的查询结果

3. 控制查询中显示的记录数

可以在查询的数据表中,只显示字段值在某个上限或下限之间的记录,或者只是显示总记录中最大或者最小百分比数量的记录。

例 3.13　在例 3.8 建立的"学生的考试成绩"的基础上,查询考试分数为前 5% 的学生信息。

操作步骤如下。

(1) 在"查询"对象中右击"学生的考试成绩"查询,在弹出的快捷菜单中选择"设计视图"命令,打开查询。

(2) 选择"成绩"字段按"降序"排序,如图 3.33 所示。

(3) 单击"设计"选项卡上的"查询设置"组中的"返回"下拉列表框,选择或输入希望在查询结果中显示的上限值或者下限值的数目或者百分比。这里输入"5%",如图 3.34 所示。

(4) 选择"文件"菜单下的"另存为"命令,输入查询名称"考试成绩为前 5% 的信息",单击功能区上的"运行"按钮运行查询,查询结果如图 3.35 所示。

字段:	学号	姓名	课程名称	成绩
表:	学生	学生	课程	成绩
排序:				降序
显示:	☑	☑	☑	☑

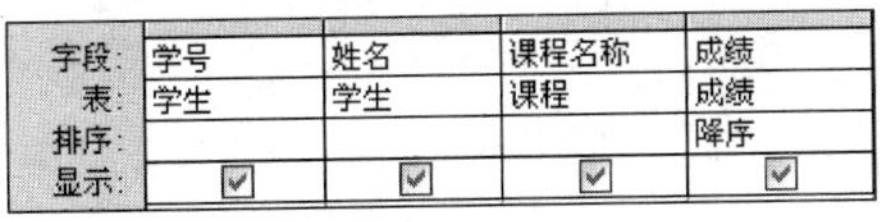

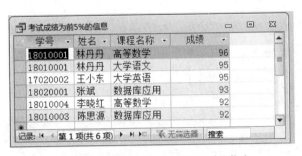

图 3.33 “成绩”字段按“降序”排序

图 3.34 “返回”数据框

学号	姓名	课程名称	成绩
18010001	林丹丹	高等数学	96
18010001	林丹丹	大学语文	95
17020002	王小东	大学英语	95
18020001	张斌	数据库应用	93
18010004	李晓红	高等数学	92
18010003	陈思源	数据库应用	92

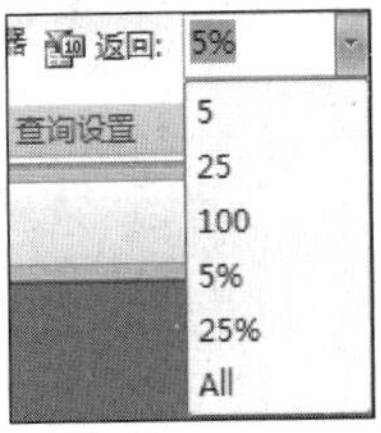

图 3.35 学生考试成绩为前 5%的信息

3.4.3 交叉表查询

交叉表查询以水平方式和垂直方式对记录进行分组，并计算和重构数据，可以简化数据分析。交叉表查询可以计算数据总和、计数、平均值或完成其他类型的综合计算。

使用向导创建交叉表查询，可以在一个数据表中以行标题将数据组成群组，按列标题分别求得所需汇总的数据，然后在数据表中以表格的形式显示出来。

例如，要查询每个学生每门课程的考试成绩，由于每个学生修了多门课程，如果使用选择查询，在“课程名”字段中将出现重复的课程名称，这样显示出来的数据很凌乱。为了使查询的结果能够满足实际需要，使查询后生成的数据显示得更清晰、准确，结构更紧凑、合理，Access 2010 提供了一个很好的查询方式，即交叉表查询。

在创建交叉表查询时，用户需要指定以下 3 种字段。

① 放在查询表最左端的分组字段构成行标题。

② 放在查询表最上面的分组字段构成列标题。

③ 放在行与列交叉位置上的字段用于计算。

其中，后两种字段只能有一个，第一种字段(即放在最左端的字段)最多可以有 3 个。这样，交叉表查询就可以使用两个以上分组字段进行分组总计。

1. 使用查询向导创建交叉表查询

例 3.14 在例 3.8 建立的“学生的考试成绩”的基础上，建立学生的考试成绩交叉表查询。

操作步骤如下。

(1) 在 Access 中打开“教学管理系统”数据库。选择“创建”选项卡中的“查询”组。

(2) 单击“查询向导”按钮，弹出“新建查询”对话框。

(3) 选择“交叉表查询向导”选项，单击“确定”按钮，弹出“交叉表查询向导对话框”，如

图 3.36 所示。选定"视图"区的"查询"单选按钮,在查询列表框中选定"查询:学生的考试成绩"。

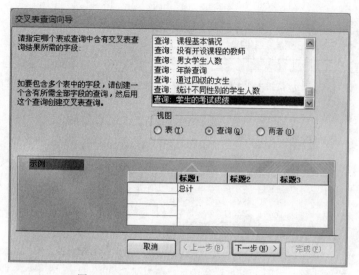

图 3.36 "交叉表查询向导"对话框之一

注意:创建交叉表的数据源必须来自于一个表或查询,如果数据源来自多个表,可以先建立一个查询,然后再以此查询作为数据源。

(4)单击"下一步"按钮,如图 3.37 所示。双击"可用字段"中的"学号""姓名",使其成为选定字段,以设置这两个字段为行标题。

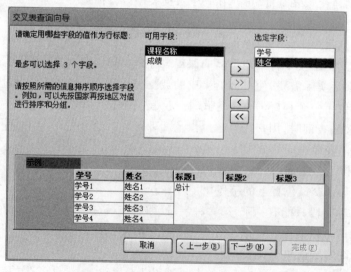

图 3.37 "交叉表查询向导"对话框之二

(5)单击"下一步"按钮,选定"课程名称"作为列标题,如图 3.38 所示。单击"下一步"按钮。

(6)选定"成绩"字段,在"函数"列表框中选择 Last,并取消选中"是,包括各行小计"复选框,如图 3.39 所示,单击"下一步"按钮,在弹出的对话框中输入查询名称"学生的考试成绩_交叉表",单击"完成"按钮,完成操作。系统显示查询结果,如图 3.40 所示。

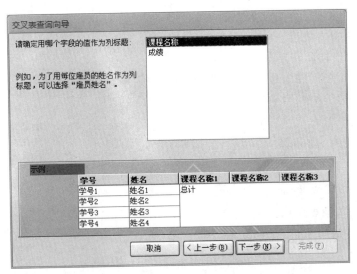

图 3.38 "交叉表查询向导"对话框之三

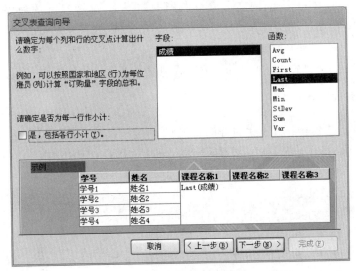

图 3.39 "交叉表查询向导"对话框之四

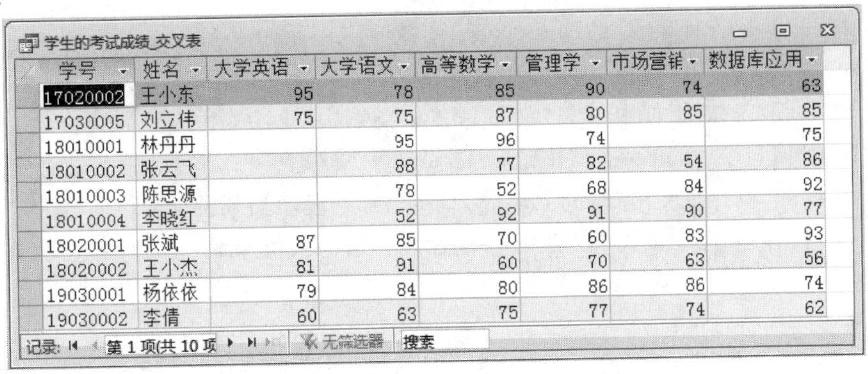

学号	姓名	大学英语	大学语文	高等数学	管理学	市场营销	数据库应用
17020002	王小东	95	78	85	90	74	63
17030005	刘立伟	75	75	87	80	85	85
18010001	林丹丹		95	96	74		75
18010002	张云飞		88	77	82	54	86
18010003	陈思源		78	52	68	84	92
18010004	李晓红		52	92	91	90	77
18020001	张斌	87	85	70	60	83	93
18020002	王小杰	81	91	60	70	63	56
19030001	杨依依	79	84	80	86	86	74
19030002	李倩	60	63	75	77	74	62

记录: ◀ 第 1 项(共 10 项) ▶ ▶▶ 无筛选器 搜索

图 3.40 学生的考试成绩_交叉表

第 3 章

查询的基本操作

2. 使用设计视图创建交叉表查询

例3.15 在例3.8建立的"学生的考试成绩"的基础上,在"设计视图"窗口中建立学生的考试成绩交叉表查询。操作步骤如下。

(1) 在"设计视图"窗口中打开"学生的考试成绩"查询。

(2) 分别双击"学号""姓名""课程名称""成绩"字段。

(3) 单击"设计"选项卡中的"查询类型"组中"交叉表"命令,在"设计视图"窗口的下半部分自动多了"总计"行和"交叉表"行,如图3.41所示。

图3.41 交叉表设计视图

单击"学号"和"姓名"字段的交叉表行右侧的向下箭头,在打开的列表框中选定"行标题";在"课程名称"字段的交叉表行选定"列标题";在"成绩"字段的交叉表行选定"值",然后在"总计"行中选定Last。

(4) 保存查询,将其命名为"学生的考试成绩交叉表"。

3.4.4 参数查询

3.4.1节~3.4.3节中所建立的查询,无论是内容,还是条件都是固定的,如果用户希望根据不同的条件来查找记录,就需要不断建立查询,这样操作比较麻烦,为了方便用户的查询,Access提供了参数查询。参数查询是动态的,它使用对话框提示用户输入参数并检索符合所输入参数的记录或值。

根据查询中参数的数据的不同,参数查询可以分为单参数查询和多参数查询两类。

1. 单参数查询

例3.16 创建单参数查询,根据用户输入的教师编号查询教师的相关信息。运行查询时,显示提示信息"请输入教师编号:"。

操作步骤如下。

(1) 打开"教学管理系统"数据库,选择"创建"选项卡中的"查询"组。

(2) 单击"查询设计"按钮,弹出"显示表"对话框。

(3) 在"显示表"对话框中单击"表"选项卡,在该选项卡中双击"教师"表,将表添加到查询"设计视图"窗口中,单击"关闭"按钮,关闭对话框。

(4) 在查询"设计视图"窗口的上半部分,将全部字段添加到设计网格的"字段"行上。

(5) 在"教师编号"字段列的"条件"区域输入"[请输入教师编号:]",如图3.42所示。

注意:在Access中创建参数查询就是在创建查询时,在查询条件区域中输入用方括号"[ ]"括起来的提示信息。

(6) 切换到查询"数据表视图",弹出"输入参数值"对话框,如图3.43所示。在"请输入教师编号"文本框中输入教师编号"01004",单击"确定"按钮,显示的查询结果如图3.44所示。

图 3.42 单参数查询

图 3.43 输入参数值对话框

图 3.44 单参数查询结果

（7）单击"文件"菜单中"保存"命令，输入文件名"单参数查询"，单击"确定"按钮完成操作。

2. 多参数查询

例 3.17 创建多参数查询。根据用户输入的成绩区间，查询满足条件的学生成绩信息。

操作步骤如下。

（1）打开"教学管理系统"数据库，选择"创建"选项卡中的"查询"组。

（2）单击"查询设计"按钮，弹出"显示表"对话框。

（3）双击"学生"表、"成绩"表和"课程"表，将 3 个表添加到查询"设计视图"窗口中，单击"关闭"按钮，关闭"显示表"对话框。

（4）选择查询"学生"表的"学号""姓名"字段，"课程"表的"课程名称"字段，"成绩"表的"成绩"字段添加到设计网格的"字段"行上。

（5）在"成绩"字段列的"条件"区域输入"Between［最低分］And［最高分］"，如图 3.45 所示。

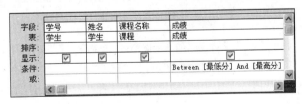

图 3.45 多参数查询

（6）保存查询。将其命名为"多参数查询"。

（7）运行查询。屏幕上会显示第一个"输入参数值"对话框，向"最低分"文本框中输入最低分 80，如图 3.46(a)所示。

（8）单击"确定"按钮，这时屏幕上出现第二个"输入参数值"对话框，向"最高分"文本框中输入最高分 90，如图 3.46(b)所示。

（9）单击"确定"按钮，就可以看到相应的查询结果，如图 3.47 所示。

(a) 第一个"输入参数值"对话框　　(b) 第二个"输入参数值"对话框

图 3.46　"输入参数值"对话框

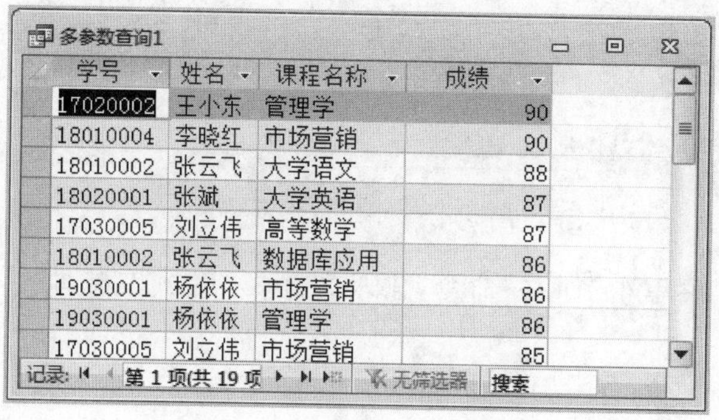

图 3.47　多参数查询结果

例 3.18　修改例 3.16 创建的多参数查询。根据用户输入的学号和课程名称,查询满足条件的学生成绩信息。

操作步骤如下。

(1) 在"设计视图"窗口中打开例 3.16 所建立的"单参数查询"。

(2) 在"学号"对应的"条件"行中输入"[请输入学号:]",在"课程名称"对应的"条件"行中输入"[请输入课程名称:]",并删除"成绩"对应的"条件"行的内容,如图 3.48 所示。

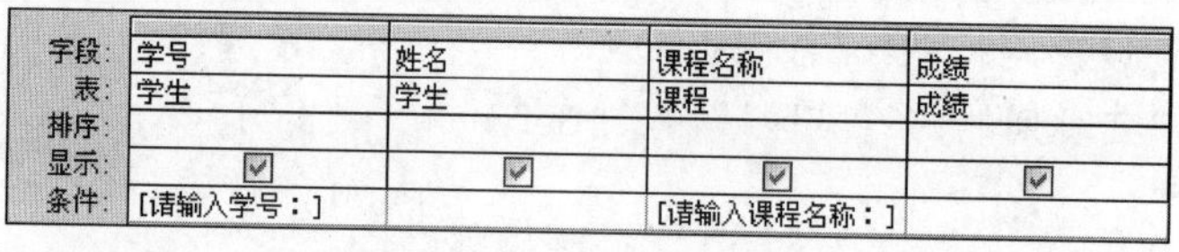

字段:	学号	姓名	课程名称	成绩
表:	学生	学生	课程	成绩
排序:				
显示:	☑	☑	☑	☑
条件:	[请输入学号:]		[请输入课程名称:]	

图 3.48　多参数查询

(3) 单击"文件"菜单下的"另存为"命令,保存查询为"多参数查询 1"。

(4) 运行查询。在左边的"输入参数值"对话框中输入学号"17020002",单击"确定"按钮。在右边的"输入参数值"对话框中输入课程名称"大学语文",单击"确定"按钮,如图 3.49 所示。

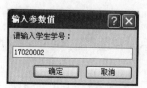 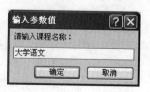

图 3.49　"输入参数值"对话框

（5）单击"确定"按钮，就可以看到相应的查询结果，如图3.50所示。

从例3.18可以看出，建立参数查询实际上就是在"条件"行输入了提示信息，如果在其他字段的"条件"行也输入类似的提示信息，就可以实现多参数查询。在运行一个多参数的查询时，要依次输入多个参数的值。

图3.50　多参数查询结果

3.5　操作表查询

3.4节介绍的几种查询方法，都是根据特定的查询准则，从数据源中提取符合条件的动态数据集，但对数据源的内容并不进行任何的改动。操作查询是指在一个操作中更改许多记录的查询，它是Access提供的5种查询中的一个非常重要的查询，可以在检索数据、计算数据和显示数据的同时更新数据，而且还可以生成新的数据表。

Access中包括4种类型的操作查询。

① 生成表查询📑：创建新表。

② 删除查询✖：从现有表中删除记录。

③ 更新查询✏：替换现有数据。

④ 追加查询➕：在现有表中添加新记录。

由于操作查询将改变数据表的内容，并且这种改变是不可以恢复的，所以某些错误的操作查询可能会造成数据表中数据的丢失。因此，用户在进行操作查询之前，应该先对数据表进行备份。

创建数据表备份的具体操作步骤如下。

（1）单击导航窗格中的表，单击"开始"选项卡中"复制"按钮，或按Ctrl+C组合键。

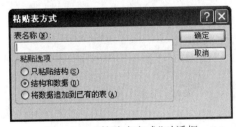

图3.51　"粘贴表方式"对话框

（2）单击"开始"选项卡中的"粘贴"按钮，或按Ctrl+V组合键，弹出"粘贴表方式"对话框，如图3.51所示。

（3）在"表名称"文本框中为备份的数据表指定新表名。

（4）选定"结构和数据"单选按钮，单击"确定"按钮，将新表添加到导航窗格中。用户可以看到，此备份的表和原表完全相同。

3.5.1　生成表查询

生成表查询是将查询的结果保存到一个表中，这个表可以是一个新表，也可以是已存在的表；但如果将查询结果保存在已有的表中，则该表中原有的内容将被删除。

例3.19　创建生成表查询。将"教学管理系统"数据库中成绩不及格的学生记录保存到新的表中。要求显示"学号""姓名""专业""课程名称""成绩"5个字段。

操作步骤如下。

(1) 打开“教学管理系统”数据库,选择“创建”选项卡中的“查询”组。

(2) 单击“查询设计”按钮,弹出“显示表”对话框。

(3) 双击“学生”表、“成绩”表和“课程”表,将 3 个表添加到查询“设计视图”窗口中,单击“关闭”按钮,关闭“显示表”对话框。

(4) 将“学生”表的“学号”“姓名”“专业”字段,“课程”表的“课程名称”字段,“成绩”表的“成绩”字段添加到设计网格的“字段”行上。

(5) 在“成绩”字段列的“条件”区域输入“<60”,如图 3.52 所示。

字段: 学号 姓名 专业 课程名称 成绩
表: 学生 学生 学生 课程 成绩
排序:
显示:
条件: <60
或:

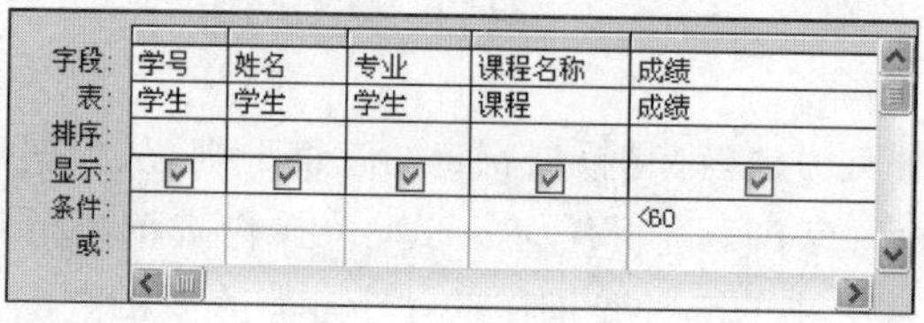

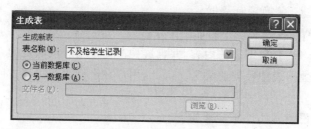

图 3.52 不及格的学生记录

(6) 单击“设计”选项卡“查询类型”组中“生成表”命令,弹出“生成表”对话框。在“表名称”组合框中输入新表名“不及格学生记录”,如图 3.53 所示。单击“确定”按钮,返回查询设计窗口。

生成表
生成新表
表名称(N): 不及格学生记录
确定
取消
当前数据库(C)
另一数据库(A):
文件名(F):
浏览(B)...

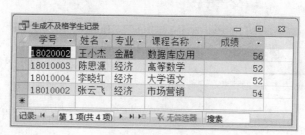

图 3.53 “生成表”对话框

(7) 保存查询为“生成不及格学生记录”,查询建立完毕。

(8) 在“数据表视图”中预览查询结果,如图 3.54 所示。

生成不及格学生记录
学号 姓名 专业 课程名称 成绩
18020002 王小杰 金融 数据库应用 56
18010003 陈思源 经济 高等数学 52
18010004 李晓红 经济 大学语文 52
18010002 张云飞 经济 市场营销 54
记录: 第 1 项(共 4 项) 无筛选器 搜索

图 3.54 查询预览结果

(9) 返回“设计视图”窗口,单击功能区上的“运行”按钮,弹出生成表消息框,如图 3.55 所示。单击“是”按钮,确认生成表操作。在数据库窗口中单击表对象后,可以看到多了一个名为“不及格学生记录”的表。

在本章各节的例子中,预览查询和执行查询的结果是一样的。用户从本例可以看出,对于操作查询,这两个操作是不同的。在"数据表视图"中预览,只是显示满足条件的记录,而执行查询,则是对查找到的记录继续进行添加、删除、修改等操作。也就是说,对于这类查询首先应该是进行查询,然后对查询到的记录进行操作,这就是所谓的操作查询。

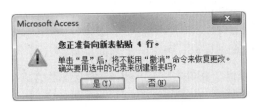

图 3.55　生成表消息框

3.5.2　删除查询

如果用户需要从数据库的某个数据表中有规律地成批删除一些记录,可以使用删除查询来解决。应用删除查询对象成批地删除数据表中的记录,应该指定相应的删除条件,否则就会删除数据表中的全部数据。

如果要从多个表中删除相关记录,必须同时满足以下条件:已经定义了表间的相互关系;在"编辑关系"对话框中选定"实施参照完整性"复选项;在"编辑关系"对话框中选定"级联删除相关记录"复选项。

例 3.20　创建删除查询,删除"学生"表中会计专业的学生记录。由于删除查询要直接删除原来数据表中的记录,为保险起见,本题中建立删除查询之前先将学生表进行备份,指定备份表名为"学生备份",删除操作只对"学生备份"表进行。

操作步骤如下。

(1) 在"设计视图"窗口中创建查询,选定"学生备份"表作为数据源。

(2) 分别双击"学生备份"表中的"学号""姓名""专业"字段。

(3) 在"专业"字段的"条件行"输入:"会计"。

(4) 单击"设计"选项卡"查询类型"选项组中"删除"命令,在"设计视图"窗口的下半部分多了一"删除"行取代了原来的"显示"和"排序"行,如图 3.56 所示。

(5) 保存查询为"删除会计专业学生",查询建立完毕。

(6) 在"数据表视图"中预览查询结果。

(7) 在"设计视图"窗口中,单击功能区上的运行按钮,弹出删除消息框,如图 3.57 所示,确定要删除记录时单击"是"按钮,在"数据表视图"中打开"学生备份"表会发现删除后的结果;放弃删除记录时单击"否"按钮。

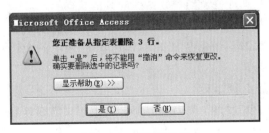

图 3.56　创建删除查询　　　　　图 3.57　删除消息框

从本例可以看出,删除查询将永久地、不可逆地从指定的表中删除记录。因此,在删除之前一定要慎重对待,即先预览后再执行,或将要删除记录的表提前备份。另外,删除查询是删除整条记录,而不是删除指定字段中的数据。

3.5.3 更新查询

更新查询是指对一个或多个表中的一组记录做批量的更改。

例3.21 创建更新查询。将姓"王"的学生的高等数学的成绩增加5分。

操作步骤如下。

(1) 在设计视图中创建查询,添加"学生""成绩""课程"表作为数据源。

(2) 分别双击选择"学生"表的"学号""姓名"字段,"课程"表的"课程名称"字段,"成绩"表的"成绩"字段。

(3) 在"姓名"字段的"条件"行输入:Like "王 * "。在"课程名称"字段的"条件"行输入:"高等数学。"

(4) 选择"设计"选项卡"查询类型"组中"更新"按钮,在"设计视图"窗口的下半部分多出一行"更新到"取代了原来的"显示"和"排序"行。在"成绩"字段的"更新到"单元格中,输入用来更改这个字段的表达式:[成绩]+5,如图3.58所示。

(5) 保存查询为"更改高等数学成绩",查询建立完毕。

(6) 若要查看将要更新的记录列表,可在"数据表视图"中预览查询结果,此列表并不显示新的值。

(7) 运行查询。在弹出如图3.59所示的更新消息框中,单击"是"按钮确认更新数据。打开"成绩"表,数据已被更新。

图3.58 创建更新查询

图3.59 更新消息框

3.5.4 追加查询

追加查询是从外部数据源中导入数据,然后将它们追加到现有的表中,也可以从其他的Access数据库甚至同一数据库的其他表中导入数据。与选择查询和更新查询类似,追加查询的范围也可以利用条件加以限制。

例3.22 创建追加查询。将"学生"表中的会计专业学生记录追加一个结构类似、内容为空的表中。

操作步骤如下。

(1) 创建"学生"表结构的副本(由于只需要复制表的结构,不需要复制数据,所以在"粘贴选项"中选定"只粘贴结构"单选按钮)。将副本命名为"会计专业学生",如图3.60所示。

(2) 在"设计视图"窗口中创建查询,添加"学生"表作为数据源。

（3）分别双击"学生"表中的"＊"星号和"专业"字段。

（4）在"专业"字段的"条件"行中输入"会计"，如图 3.61 所示。

图 3.60　"粘贴表方式"对话框

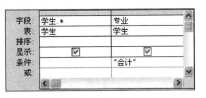

图 3.61　创建追加查询

（5）单击"设计"选项卡"查询类型"组中"追加"按钮，弹出"追加"对话框。单击"表名称"右侧的向下箭头，在打开的下拉列表框中选定"会计专业学生"表，如图 3.62 所示。单击"确定"按钮。

图 3.62　"追加"对话框

（6）回到"设计视图"窗口中，删除"专业"字段中"追加到"行中的内容，如图 3.63 所示。

（7）保存查询为"追加会计专业学生"，查询建立完毕。

（8）在"数据表视图"中可预览要追加到"会计专业学生"表中的记录。

（9）运行查询，在弹出如图 3.64 所示的追加查询消息框中，单击"是"按钮确认追加数据。

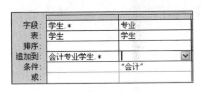

图 3.63　追加查询的设计视图

图 3.64　追加查询消息框

（10）打开"会计专业学生"表，用户可以看出记录已被添加到该表中。

3.6　SQL 查询

在 Access 中，有些查询用各种查询向导和设计器都无法做到，此时需要使用 SQL 查询才可以完成。SQL 语言作为一种通用的数据库操作语言，并不是 Access 用户必须要掌握的，但在实际工作中，有时必须运用 SQL 语言才能完成一些复杂的查询工作。

结构化查询语言（Structured Query Language，SQL）是关系数据库的标准语言，当今所有关系数据库管理系统都是以 SQL 为核心的。SQL 概念的建立起始于 1974 年,随着 SQL 的发展,ISO、ANSI 等国际权威标准化组织都为其制定了标准,从而建立了 SQL 在数据库领域里的核心地位。

SQL 语言充分体现了关系数据语言的优点,其主要特点如下。

① SQL 类似于英语自然语言,简单易学。

② SQL 是一种非过程语言。

③ SQL 是一种面向集合的语言。

④ SQL 既可独立使用,又可嵌入宿主语言中使用。

⑤ SQL 具有查询、操纵、定义和控制一体化功能。

SQL 语言具有以下功能。

(1) 数据定义 DDL。

数据定义用于定义和修改表、定义视图和索引。数据定义语句包括 CREATE(建立)、DROP(删除)和 ALTER(修改)。

(2) 数据操纵 DML。

数据操纵用于对表或视图的数据进行添加、删除和修改等操作。数据操纵语句包括 INSERT(插入)、DELETE(删除)、UPDATE(修改)。

(3) 数据查询 DQL。

数据查询用于检索数据库中的数据。数据查询语句包括 SELECT(选择)。

(4) 数据控制 DCL。

数据查询用于控制用户对数据库的存取权利。数据控制语句包括 GRANT(授权)和 REVOTE(回收权限)。

SQL 有两种使用方式。

(1) 联机交互方式。

在数据库管理系统提供的命令窗口中输入 SQL 命令,交互地进行数据库操作。

(2) 嵌入式。

在高级语言(如 FORTRAN 语言、COBOL 语言、C 语言、VB 语言等)编写的程序中嵌入 SQL 语句,完成对数据库的操作。

在 Access 中,所有通过查询设计器设计出的查询,系统在后台都自动生成了相应的 SQL 语句。用户可在查询的 SQL 视图中看到相关的查询命令。在建立一个比较复杂的查询时,通常是先在查询设计视图中将基本的查询功能都实现了,最后再切换到 SQL 视图通过编写 SQL 语句完成一些特殊的查询。

3.6.1　使用 SQL 修改查询中的准则

使用 SQL 语句,可以直接在 SQL 视图中修改已建查询中的准则。

例 3.23　将例 3.7 已经建立的"获得奖励的女生"查询中的准则改为"获得奖励的男生"。操作步骤如下。

(1) 在"设计视图"窗口中打开已建立的查询"获得奖励的女生",如图 3.65 所示。

(2) 单击功能区上的"视图"按钮下侧的向下箭头按钮,从下拉列表中选择"SQL 视图"选项,打开 SQL 视图窗口,如图 3.66 所示。

图 3.65 "获得奖励的女生"的设计视图

图 3.66 "获得奖励的女生"的 SQL 视图

（3）在图 3.65 所示窗口中选定要进行修改的部分，将条件行中的"女"改为"男"。修改结果如下。

SELECT 学生.学号, 学生.姓名, 学生.性别, 学生.奖励否
FROM 学生
WHERE (((学生.性别) = "男") AND ((学生.奖励否) = True));

（4）单击"视图"按钮，在"数据表视图"中预览查询的结果。

（5）单击"文件"菜单下的"另存为"命令，保存本次查询为"获得奖励的男生"。

3.6.2　数据定义

在 Access 中，数据定义是 SQL 的一种特定查询，用户使用数据定义查询可以在当前数据库中创建、删除、更改表和创建索引，每个数据定义查询只能包含一条数据定义语句。

用 SQL 数据定义查询处理表或索引的具体操作步骤如下。

（1）打开数据库，选择"创建"选项卡中的"查询"组。

（2）单击"查询设计"按钮，弹出"显示表"对话框。

（3）关闭"显示表"对话框。

（4）选择"设计"选项卡的"查询类型"组中的"数据定义"命令，打开数据定义"查询"窗口。

（5）在数据定义"查询"窗口中输入 SQL 语句。

Access 支持下列数据定义语句。

1. 建立数据表

定义数据表命令的格式如下：

CREATE TABLE <表名>
(<字段名 1> <类型名> [(长度)][PRIMARY KEY][NOT NULL]
[,<字段名 2> <类型名>[(长度)][NOT NULL]]…)

功能：创建一个数据表的结构。创建时如果表已经存在，不会覆盖已经存在的同名表，而是返回一个错误信息，并取消这一任务。

说明：

（1）<表名>指要创建的数据表的名称；<字段名><类型名>指要创建的数据表的字段名和字段类型；（长度）指字段长度，它仅限于文本及二进制字段。

（2）字段名与数据类型、数据类型与长度之间必须有空格隔开，各个字段定义之间用逗号分开。

（3）PRIMARY KEY 表示将该字段定义为主键。

（4）NOT NULL 表示不允许字段值为空，而 NULL 表示允许字段值为空。

Access 中支持的常用数据类型说明如表 3.8 所示。

表 3.8 常用数据类型

数 据 类 型	含 义	数 据 类 型	含 义
text 或 char	文本	image	OLE 对象
Integer 或 int	整型	Single 或 real	单精度型
double 或 float	双精度型	Date、time 或 datetime	日期型
String	字符型	Logical 或 bit	是/否型
Currency 或 money	货币型	memo	备注型

例 3.24 建立"职工管理"数据库，在库中建立一个"职工"表，该表由"职工号""姓名""性别""出生日期""婚否"字段组成，并设置"职工号"为主键。

操作步骤如下。

（1）启动 Access，创建"职工管理"数据库。

（2）选择"创建"选项卡中的"查询"组。

（3）单击"查询设计"按钮，弹出"显示表"对话框。

（4）关闭弹出的"显示表"对话框，打开查询"设计视图"窗口。

（5）选择"设计"选项卡的"查询类型"组的"数据定义"按钮，打开"查询"窗口。

（6）在"查询"窗口中输入以下 SQL 语句。

```
CREATE TABLE 职工(职工号 TEXT(4) PRIMARY KEY,姓名 TEXT(4),性别 TEXT(1),出生日期 DATE,婚否
LOGICAL)
```

（7）保存查询为"职工数据表定义"，查询建立完毕。

（8）单击功能区上的"运行"按钮，执行 SQL 语句，完成"职工"表的创建操作。

（9）在导航窗格中选定"表"对象，可以看到在表列表框中多了一个"职工"表。

在"设计视图"窗口中打开"职工"表，显示的表结构如图 3.67 所示。

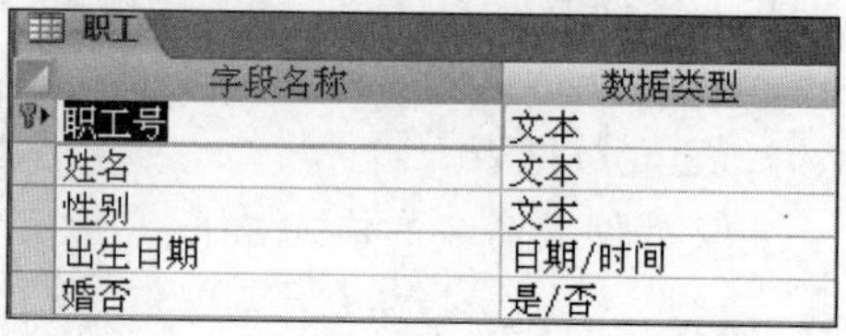

职工	
字段名称	数据类型
职工号	文本
姓名	文本
性别	文本
出生日期	日期/时间
婚否	是/否

图 3.67 "职工"表结构

例 3.25 在"职工管理"数据库中建立一个数据表"工资"，并通过"职工号"字段建立与"职工"表的关系。

本例前五步的操作步骤和例 3.24 的步骤（1）至步骤（5）相同，其 SQL 语句如下：

```
CREATE TABLE 工资(职工号 TEXT(4) PRIMARY KEY REFERENCES 职工,工资 single,应扣 single,实发
single)
```

保存查询为"工资数据表定义",查询建立完毕。运行"工资数据表定义"查询,完成"工资"表的创建操作。

单击"数据库工具"选项卡中"关系"选项组中的"关系"按钮 ，在打开的"关系"窗口中可以看到两个表的结构及表之间已经建立的关系,如图 3.68 所示。

双击表间的连线,在弹出的"编辑关系"对话框中,设置参照完整性,表间的联系成为一对一关系,如图 3.69 所示。

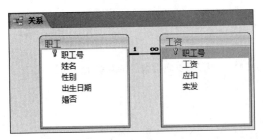
图 3.68 "职工"表与"工资"表

图 3.69 设置表间关系

2. 建立索引

建立索引的命令格式如下:

```
CREATE[UNIQUE]INDEX <索引名> ON <表名>
(<字段名 1>[ASC|DESC][,<字段名 2>[ASC|DESC],…])[WITH PRIMARY]
```

说明:

(1) 该命令可为表创建一个单字段索引或多字段索引。

(2) 选项 UNIQUE 表示创建值唯一的索引。

(3) 选择 ASC 表示建立升序索引;选择 DESC 表示建立降序索引;省略时系统默认升序索引。

(4) 使用 WITH PRIMARY 短语可将该索引字段指定为主键。

例 3.26 为"工资"表按"工资"字段建立一个降序索引 GZ。

本例前五步的操作步骤和例 3.2 的步骤(1)至步骤(5)相同,其 SQL 语句如下:

```
CREATE INDEXGZ ON 工资(工资 DESC)
```

例 3.27 为"职工"表按"性别"和"出生日期"字段建立一个多字段索引 XBCSRQ。

SQL 语句如下:

```
CREATE INDEX XBCSRQ ON 职工(性别,出生日期 ASC)
```

在"设计视图"窗口中打开"职工"表,单击功能区上的"索引"按钮,打开"索引:职工"对话框,如图 3.70 所示。

3. 删除表

在 SQL 语言中,如果创建完成的表不再需要时,可以使用 DROP TABLE 语句删除它。

格式: DROP TABLE <表名>

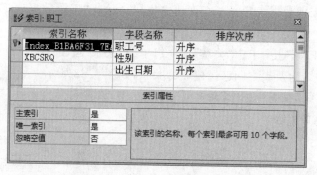

图 3.70 "索引：职工"对话框

功能：删除指定的数据表文件。

说明：一定要慎用 DROP TABLE 语句，一旦使用就无法恢复表或其中的数据，此表上建立的索引也将自动删除，并且无法恢复。

例 3.28 删除"工资备份"表。

操作步骤如下。

(1) 为"工资"表建立一个备份，命名为"工资备份"表。

(2) 打开数据定义"查询"窗口。

(3) 输入删除表的 SQL 语句：

DROP TABLE 工资备份

(4) 单击功能区上的"运行"按钮，执行 SQL 语句，完成删除表的操作，则"工资备份"表将从"职工管理"数据库操作窗口中消失。

4. 修改表的结构

修改数据表的 SQL 语句如下：

ALTER TABLE 表名 ADD 字段名 数据类型

运行该语句后，将在已经存在的数据表中将增加一个新字段。

ALTER TABLE 表名 DROP 字段名

运行该语句后，将在已经存在的数据表中将删除指定的字段。

ALTER TABLE 表名 ALTER 字段名 数据类型

运行该语句后，将修改已经存在的字段。

例 3.29 为"职工"表增加一个"电话号码"字段。

操作步骤如下。

(1) 打开数据定义"查询"窗口。

(2) 输入 SQL 语句：

ALTER TABLE 职工 ADD 电话号码 Char(8)

(3) 单击功能区上的"运行"按钮，执行 SQL 语句，完成修改表的操作，为"职工"表增加一个"电话号码"字段。

例 3.30 删除"职工"表的"电话号码"字段。

SQL 语句如下：

```
ALTER TABLE 职工 DROP 电话号码
```

例 3.31 将"职工"表的"姓名"字段的宽度改为 6。

SQL 语句如下：

```
ALTER TABLE 职工 ALTER 姓名 TEXT(6)
```

3.6.3 数据操作

SQL 语言的数据操作功能主要包括插入、更新、删除数据等相关操作，用 SQL 实现数据操作功能，通常也称为创建操作查询。

1. 插入数据

插入数据是指在数据表的尾部添加一条新记录。

格式：INSERT INTO 表名 [(<字段名清单>)] VALUES(<表达式清单>)

功能：在指定的数据表的尾部添加一条新记录。

说明：

（1）该命令一次可向表中添加一个记录，也可以添加一个记录的几个字段值。

（2）VALUES 短语表达式中的值与字段名对应，未指定的其他字段为 NULL 值。若省略<字段名清单>，则数据表中的所有字段必须在 VALUES 子句中都有相应的值。

例 3.32 在"职工"表尾部添加一条新记录。

操作步骤如下。

（1）在"职工管理"数据库中，打开数据定义"查询"窗口。

（2）在数据定义"查询"窗口中，输入插入数据的 SQL 语句，建立追加查询。

```
INSERT INTO 职工(职工号,姓名,性别,出生日期,婚否)
VALUES("1001","张明","男",#1975-03-09#,yes)
```

（3）单击功能区上的"运行"按钮，执行 SQL 语句，完成插入数据的操作。

例 3.33 在"职工"表尾部插入第二条记录。

SQL 语句如下：

```
INSERT INTO 职工 VALUES("1002","王芳","女",#1992-07-21#,no)
```

在"数据表视图"中打开"职工"表，显示结果如图 3.71 所示。

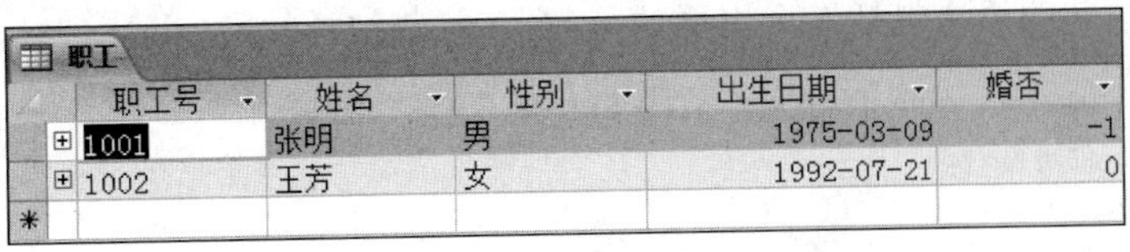

职工				
职工号 ▾	姓名 ▾	性别 ▾	出生日期 ▾	婚否 ▾
⊞ 1001	张明	男	1975-03-09	-1
⊞ 1002	王芳	女	1992-07-21	0
*				

图 3.71 用 SQL 语句添加的"职工"表记录

2. 更新数据

更新数据是指对表中的所有记录或满足条件的记录用给定的值进行替代。

格式：

UPDATE <表名> SET <字段名 1> = <表达式 1>[,<字段名 2> = <表达式 2>···][WHERE <条件>]

功能：根据 WHERE 子句指定的条件，对指定记录的字段值进行更新。

说明：

（1）用<表达式>的值替代<字段名>的值，一次可更新多个字段的值。若省略 WHERE 子句，则更新全部记录。

（2）一次只能在单一的表中更新记录。

例 3.34 计算"工资"表中的实发数。

操作步骤如下。

（1）在"职工管理"数据库窗口中，打开数据定义"查询"窗口。

（2）在"查询"窗口中，输入更新数据的 SQL 语句，建立一个更新查询。

UPDATE 工资 SET 实发 = 工资 - 应扣

（3）单击功能区上的"运行"按钮，执行 SQL 语句，完成更新数据的操作。

3. 删除数据

删除数据是指对表中的所有记录或满足条件的记录进行删除操作。

格式：DELETE FROM <表名> [WHERE <条件>]

功能：根据 WHERE 子句指定的条件，删除表中指定的记录。

说明：若省略 WHERE 子句，则删除表中全部记录。

例 3.35 将"职工"表中女职工的记录删除。

操作步骤如下。

（1）在"职工管理"数据库窗口中，打开数据定义查询窗口。

（2）在数据定义查询窗口中，输入删除数据的 SQL 语句，建立一个删除查询。

DELETE FROM 职工 WHERE 性别 = "女"

（3）单击功能区上的"运行"按钮，执行 SQL 语句，完成删除数据的操作。

3.6.4 数据查询

在 SQL 查询中，SELECT 语句构成了 SQL 的核心语句，其主要功能是实现数据源数据的筛选、投影和连接操作，并能够完成筛选字段的重命名、对数据源数据的组合、分类汇总、排序等具体操作，具有非常强大的数据查询功能。

SELECT 语句的语法包括 5 个主要的子句，其一般结构如下。

```
SELECT [ALL|DISTINCT|TOP n[PERCENT]] <字段列表>
FROM <表或查询列表>
[WHERE <条件表达式>]
[GROUP BY <分组字段表>[HAVING <过滤条件>]]
[ORDER BY <排序关键字 1> [ASC|DESC][,<排序关键字 2> [ASC|DESC]···]]
```

在 SELECT 语法格式中，方括号所括部分为可选内容，尖括号所括部分为必选内容。各个参量的说明如下。

- WHERE：只筛选满足给定条件的记录。
- GROUP BY：根据所列字段名分组。
- HAVING：分组条件，设定 GROUP BY 后，设定应显示的记录。
- ORDER BY：根据所列字段名排序。

用户可以利用 SQL 查询实现各种查询。

1. 选择查询

例 3.36　查询"学生"表的全部字段。

操作步骤如下。

(1) 打开"教学管理系统"数据库。

(2) 选择"创建"选项卡中的"查询"组。

(3) 单击"查询设计"按钮，弹出"显示表"对话框。

(4) 关闭弹出的"显示表"对话框，打开查询"设计视图"窗口。

(5) 选择"设计"选项卡的"结果"组中的"视图"按钮，在下拉菜单中选择"SQL 视图"命令，打开 SQL"查询"窗口。

(6) 在"查询"窗口中输入以下 SQL 语句：

SELECT * FROM 学生

(7) 在"数据表视图"窗口中查看查询结果。保存查询，查询建立完毕。

(8) 在"设计视图"窗口中，单击功能区上的"运行"按钮，屏幕显示运行查询的结果。

例 3.37　在"学生"表中查询"学号""姓名"字段。

其操作步骤与例 3.36 相同，其 SQL 语句如下：

SELECT 学号,姓名 FROM 学生

例 3.38　查询"学生"表的全部学生的"姓名"和"年龄"，去掉重名。

SQL 语句如下：

SELECT DISTINCT 姓名,YEAR(DATE()) − YEAR(出生日期) AS 年龄 FROM 学生

说明：

(1) DISTINCT 选项忽略在选定字段中包含重复数据的记录。

(2) AS 选项表示其后的是一个自己命名的列标题名，又称别名。

例 3.39　查询"学生"表学号为 1401001 和 1402001 的记录。

SQL 语句如下：

SELECT * FROM 学生 WHERE 学号 IN("14010001","14020001")

或：

SELECT * FROM 学生 WHERE 学号 = "14010001" OR 学号 = "14020001"

例 3.40　查询"成绩"表中成绩在 70～90 的学生记录。

SQL 语句如下：

SELECT * FROM 成绩 WHERE 成绩 BETWEEN 70 AND 90

或：

```
SELECT * FROM 成绩 WHERE 成绩>=70 AND 成绩<=90
```

例 3.41 查询"学生"表中姓"王"的男学生的记录。

SQL 语句如下：

```
SELECT * FROM 学生 WHERE 姓名 LIKE "王*" AND 性别="男"
```

或：

```
SELECT * FROM 学生 WHERE LEFT(姓名,1)="王" AND 性别="男"
```

2. 计算查询

计算查询是对整个表的查询，一次查询只能得出一个计算结果。

例 3.42 在"学生"表中统计学生人数。

SQL 语句如下：

```
SELECT COUNT(*) AS 学生人数 FROM 学生
```

例 3.43 在"学生"表中统计会计专业学生人数。

SQL 语句如下：

```
SELECT COUNT(*) AS 会计专业学生人数 FROM 学生 WHERE ((学生.专业)="会计")
```

3. 分组查询

使用分组计算查询则可以通过一次查询获得多个计算结果。分组查询是通过 GROUP BY 子句实现的。

例 3.44 统计"成绩"表中不同课程的"成绩"字段的最大值和最小值。

SQL 语句如下：

```
SELECT 课程号, MAX(成绩) AS 最高分, MIN(成绩) AS 最低分
FROM 成绩
GROUP BY 课程号
```

例 3.45 统计"学生"表男女学生的人数。

SQL 语句如下：

```
SELECT 性别, Count(性别) AS 人数 FROM 学生 GROUP BY 性别
```

例 3.46 按"学号"升序查询"学生"表中的记录。

```
SELECT * FROM 学生 ORDER BY 学号 ASC
```

例 3.47 在"成绩"表中统计有 4 个以上学生选修的课程。

SQL 语句如下：

```
SELECT 课程号,COUNT(*) AS 选课人数
FROM 成绩
GROUP BY 课程号 HAVING COUNT(*)>=4
```

显示结果如图 3.72 所示。

本查询的执行过程是，首先对所有记录按"课程号"分组统计，然后对分组结果进行筛

选,选修人数没有达到 4 人以上的课程被筛选掉。

HAVING 与 WHERE 的区别在于：WHERE 是对表中所有记录进行筛选，HAVING 是对分组结果进行筛选；在分组查询中如果既选用了 WHERE，又选用了 HAVING，执行的顺序是先用 WHERE 限定记录，然后对筛选后的记录按 GROUP BY 指定的分组关键字分组，最后用 HAVING 子句限定分组。

图 3.72　例 3.47 查询结果

例 3.48　显示年龄最小的 20% 的学生信息。

SQL 语句如下：

```
SELECT TOP 20 PERCENT * FROM 学生 ORDER BY 出生日期 DESC
```

4. 多表查询

在数据查询中，经常涉及提取两个或多个表的数据，来完成综合数据的检索，因此就用到连接操作来实现若干个表数据的查询。SELECT 语句提供了专门的 JOIN 子句实现连接查询。

语句格式：

```
SELECT <字段名表>
FROM <表名 1> [INNER JOIN <表名 2> ON <连接条件>]
```

说明：

INNER JOIN 用来连接左右两个<表名>指定的表，ON 用来指定连接条件。

例 3.49　在"学生"表、"成绩"表和"课程"表中，查询"学号""姓名""课程名称""成绩"字段，并将查询结果按"学号"排序。

SQL 语句如下：

```
SELECT 学生.学号, 学生.姓名, 课程.课程名称, 成绩.成绩
FROM 学生,课程,成绩
WHERE 课程.课程号 = 成绩.课程号 AND 学生.学号 = 成绩.学号
ORDER BY 学生.学号
```

例 3.50　查询课程考试成绩在前 3 名的学生的学号、姓名、课程名称、成绩信息。

```
SELECT TOP 3 学生.学号, 学生.姓名, 课程.课程名称, 成绩.成绩
FROM 学生 INNER JOIN (课程 INNER JOIN 成绩 ON 课程.课程号 = 成绩.课程号) ON 学生.学号 = 成绩.学号
ORDER BY 成绩.成绩 DESC
```

例 3.51　查询选修"大学语文"课程学生的学号、姓名、成绩、教师姓名。

SQL 语句如下：

```
SELECT 学生.学号, 学生.姓名, 成绩.成绩, 教师.姓名
FROM 教师 INNER JOIN (课程 INNER JOIN (学生 INNER JOIN 成绩 ON 学生.学号 = 成绩.学号) ON 课程.课程号 = 成绩.课程号) ON 教师.教师编号 = 成绩.教师编号
WHERE ((课程.课程名称)="大学语文")
```

5. 参数查询

例 3.52　按输入的学号和课程名称查询学生成绩信息。

SQL 语句如下：

查询的基本操作

```
SELECT 学生.学号, 学生.姓名, 课程.课程名称, 成绩.成绩
FROM 学生 INNER JOIN (课程 INNER JOIN 成绩
ON 课程.课程号 = 成绩.课程号) ON 学生.学号 = 成绩.学号
WHERE (学生.学号 = [请输入学号:]) AND (课程.课程名称 = [请输入课程名称:])
```

6. 联合查询

联合查询可以将两个或两个以上的表或查询所对应的多个字段的记录合并为一个查询表中的记录。在执行联合查询时,将返回所包含的表或查询中对应字段的记录。创建联合查询的唯一方法是使用 SQL 窗口。

语句格式:

```
<SELECT 语句 1>
UNION [ALL]
<SELECT 语句 2>
```

说明:ALL 选项缺省时,自动去掉重复记录,否则合并全部结果。

例 3.53 创建联合查询,查询学生成绩大于 80 或小于 60 的学生记录。

操作步骤如下:

(1) 打开"教学管理系统"数据库。

(2) 选择"创建"选项卡中的"查询"组。

(3) 单击"查询设计"按钮,弹出"显示表"对话框。

(4) 关闭弹出的"显示表"对话框,打开查询"设计视图"窗口。

(5) 单击"设计"选项卡的"查询类型"组中的"联合"按钮,打开"查询"窗口。

(6) 在"查询"窗口中输入以下 SQL 语句:

```
SELECT * FROM 成绩 WHERE 成绩>= 80
UNION
SELECT * FROM 成绩 WHERE 成绩< 60
```

(7) 保存查询,并在数据表视图中查看查询结果。

(8) 在"设计视图"窗口中,单击"运行"按钮,屏幕显示运行查询的结果。

注意:要求合并的两个 SELECT 语句必须输出相同的字段个数,并且对应的字段必须具有相同的数据类型和长度。此时,Access 不会关心每个字段的名称,当字段的名称不相同时,查询会使用来自第一个 SELECT 语句的名称。

7. 嵌套查询

在 SQL 语言中,当一个查询是另一个查询的条件时,即在一个 SELECT 语句的 WHERE 子句中出现另一个 SELECT 语句,这种查询称为嵌套查询。通常,把内层的查询子句称为子查询,把调用子查询的查询语句称为父查询。SQL 语言允许多层嵌套查询,即一个子查询中还可以嵌套其他子查询。需要特别指出的是,子查询的 SELECT 语句中不能使用 ORDER BY 子句,ORDER BY 子句只能对最终查询结果排序。

例 3.54 查询选修了"课程名称"为"大学英语"的学生的学号。

SQL 语句如下:

```
SELECT 学号 FROM 成绩 WHERE 课程号 IN
    (SELECT 课程号 FROM 课程 WHERE 课程名称 = "大学英语")
```

例 3.55 查询选修"大学英语"或"高等数学"的所有学生的学号。

SQL 语句如下：

```
SELECT 学号 FROM 成绩 WHERE 课程号 = ANY
    (SELECT 课程号 FROM 课程
    WHERE 课程名称 = "大学英语" OR 课程名称 = "高等数学")
```

例 3.56 查询选修"101"课的学生中成绩比选修"102"课最低成绩高的学生的学号和成绩。

SQL 语句如下：

```
SELECT 学号,成绩 FROM 成绩 WHERE 课程号 = "101" AND 成绩> ANY
    (SELECT 成绩 FROM 成绩 WHERE 课程号 = "102")
```

例 3.57 查询选修"101"课的学生中成绩比选修"102"课最高成绩高的学生的学号和成绩。

SQL 语句如下：

```
SELECT 学号,成绩 FROM 成绩 WHERE 课程号 = "101" AND 成绩> ALL
    (SELECT 成绩 FROM 成绩 WHERE 课程号 = "102")
```

例 3.58 查询"学生"表中有哪些学生已在"成绩"表中选修了课程。

SQL 语句如下：

```
SELECT 学号,姓名 FROM 学生 WHERE EXISTS
    (SELECT * FROM 成绩 WHERE 成绩.学号 = 学生.学号)
```

例 3.59 查询"学生"表中有哪些学生没有在"成绩"表中选修课程。

SQL 语句如下：

```
SELECT 学号,姓名 FROM 学生 WHERE NOT EXISTS
    (SELECT * FROM 成绩 WHERE 成绩.学号 = 学生.学号)
```

8. 生成表查询

例 3.60 生成包含"学号""姓名""专业""课程名称""成绩"字段的"不及格学生记录"表。

SQL 语句如下：

```
SELECT 学生.学号, 学生.姓名, 学生.专业, 课程.课程名称, 成绩.成绩
INTO 不及格学生记录
FROM 学生 INNER JOIN (课程 INNER JOIN 成绩 ON 课程.课程号 = 成绩.课程号) ON 学生.学号 = 成绩.学号
WHERE ((成绩.成绩)<60)
```

9. 传递查询

Access 的传递查询是自己并不执行,而是传递给另一个数据库执行。这种类型的查询直接将命令发送到 ODBC 数据库服务器,如 Visual FoxPro、SQL Server 等。使用传递查询,可以直接使用服务器上的表,而不需要建立链接。

创建传递查询,一般要完成两项工作,一是设置要连接的数据库;二是在 SQL 窗口中输入 SQL 语句。SQL 语句的输入与在本地数据库中的查询是一样的,因此传递查询的关

键是设置连接的数据库。

使用传递查询会为查询添加以下 3 个新属性。

（1）ODBC 连接字符串：指定 ODBC 连接字符串，默认值为 ODBC。

（2）返回记录：指定查询是否返回记录，默认值为"是"。

（3）日志消息：指定 Access 是否将来自服务器的警告和信息记录在本地表中，默认值为"否"。

创建传递查询的具体操作步骤如下。

（1）在数据库操作窗口选择"创建"选项卡中的"查询"组。

（2）单击"查询设计"按钮，弹出"显示表"对话框。

（3）关闭弹出的"显示表"对话框，打开查询设计视图窗口。

（4）选择"设计"选项卡的"查询类型"组中的"传递"命令，打开"查询"窗口。

（5）选择"显示/隐藏"组中的"属性表"按钮，弹出"属性表"对话框，设置"ODBC 连接字符串"属性。该属性将指定 Access 执行查询所需的连接信息，如图 3.73 所示。用户可以输入连接信息，也可以单击"生成器"按钮，获得关于要连接的服务器的必要信息。

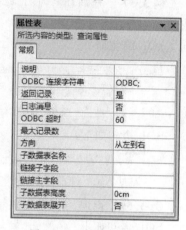

（6）设置要连接的数据库。在"属性表"对话框中，单击"ODBC 连接字符串"的"生成器"按钮 ⋯，弹出"选择数据源"对话框，选定"机器数据源"选项卡，如图 3.74 所示。如果要选择的数据源已经显示在列表框中，则可以直接在列表框中选定；如果不存在，则单击"新建"按钮，在弹出的对话框中输入要连接的服务器信息。

（7）在 SQL 传递查询窗口中输入 SQL 查询命令。

（8）单击"运行"按钮，执行该查询。

图 3.73 "属性表"对话框

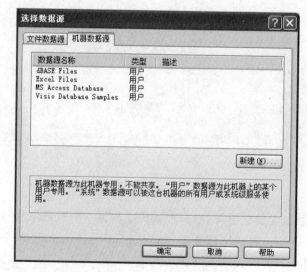

图 3.74 "选择数据源"对话框中的"机器数据源"选项卡

思 考 题

1. 什么是查询？查询有什么功能？
2. 查询有几种类型？
3. 常用的查询向导有几种？
4. 建立查询一般经过几个阶段？
5. 如何使用查询的设计视图？
6. 操作查询分为几种？
7. SQL 语言的功能和特点是什么？

第4章　窗体的基本操作

　　窗体是显示在屏幕上的界面。通常,用户通过窗体可以完成对数据库的相关操作。窗体可用于接收用户输入的数据或命令,编辑、显示数据库中的数据,构造方便、美观的输入/输出界面,还可以用来控制应用软件的流程。窗体通过称为控件的图形元素实现与数据库表、查询以及 SQL 命令的结合。用户可对窗体中的各种控件进行设置与操作,完成各种任务。Access 2010 提供了各种方便、快速地创建窗体的方式,同时提供了大量的控件方便用户进行窗口的定制设计。

4.1　窗体的基本概念

4.1.1　窗体的组成与结构

　　一个完整的窗体由窗体页眉、页面页眉、主体、页面页脚、窗体页脚 5 个部分(也称为"节")构成,如图 4.1 所示。窗体的各个节在窗体"设计视图"中依次排列为一些矩形区域,节的名称出现在对应矩形区域的左上方。在窗体设计时,可将要显示的信息放置于不同的矩形区域中,呈现出不同的设计效果。另外,节的大小也是可以调节的。

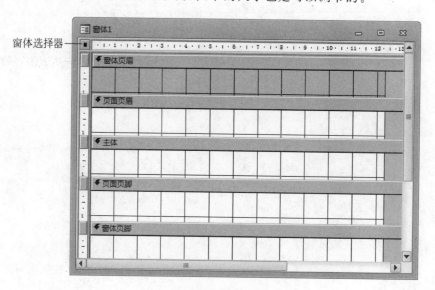

图 4.1　窗体的组成与结构

注意：窗体在新建时，默认只有主体节。

1. 窗体中节的特点

窗体中各个节的用途各不相同（见表4.1），用户在进行窗体设计时，可根据信息显示的特点将其放置于合适的节中。

表4.1 窗体中各个节的用途

节	说　明
窗体页眉	它位于窗体顶部位置，一般用于设置窗体的标题、窗体使用说明或打开相关窗体及执行其他任务的命令按钮等
页面页眉	它一般用于设置窗体在打印时每页的页头信息，如每页的标题等
主体	它通常用来显示记录数据，可以在屏幕或页面上只显示一条记录，也可以显示多条记录
页面页脚	它一般用来设置窗体在打印时每页底部的页脚信息，如日期、页码等
窗体页脚	它位于窗体的底部，一般用于显示对所有记录要显示的内容、使用命令的操作说明等信息

2. 向窗体中添加或删除节

除了默认的主体节外，其他的节可根据需要进行选取。在窗体"设计视图"中右击，弹出如图4.2所示的快捷菜单，选择"窗体页眉/页脚"选项，将同时在窗体中添加窗体页眉和窗体页脚两个节。当再次选择"窗体页眉/页脚"选项时，将删除窗体页眉和窗体页脚节。同样的操作，也可以完成页面页眉和页面页脚的添加与删除。

注意：页眉和页脚只能成对地添加和删除。如果只需要页眉，而不需要页脚，可以将页脚的高度调整为0。当删除页眉、页脚时，相应节中的内容将同时被删除。

例4.1 创建一个空白窗体，向窗体中依次添加窗体页眉节、窗体页脚节、页面页眉节、页面页脚节，最后删除页面页眉节和页面页脚节。

图4.2 快捷菜单

操作步骤如下。

（1）打开"教学管理系统"数据库。

（2）选择"创建"选项，单击"窗体"组中的"窗体设计"按钮，出现如图4.3所示的一个只有主体节的空白窗体，其默认在"设计视图"中打开。

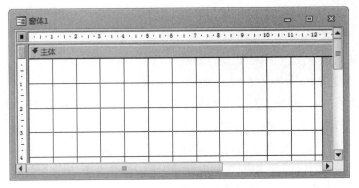

图4.3 只有主体节的空白窗体

（3）在窗体的设计区中右击,在弹出的快捷菜单中执行"窗体页眉/页脚"命令,完成窗体页眉和窗体页脚的添加。如果用户看不到添加的节,可以上下拖动窗体的垂直滚动条进行查看。

（4）在窗体的设计区中右击,在弹出的快捷菜单中执行"页面页眉/页脚"命令,完成页面页眉和页面页脚的添加。

（5）在窗体的设计区中再次右击,在弹出的快捷菜单中再次执行"页面页眉/页脚"命令,完成页面页眉和页面页脚的删除。

3. 调整窗体各个节的大小

适当的调整窗体中各个节的高度和宽度可以定制窗体的大小和外观,如图 4.4 所示。

（1）调整宽度。

将鼠标指针置于节的右边缘处,如图 4.4(a)所示,当鼠标指针变成双向箭头时,按住鼠标左键左右拖动,可改变窗体的宽度。

（2）调整高度。

将鼠标指针置于节的下边缘处,如图 4.4(b)所示,当鼠标指针变成双向箭头时,按住鼠标左键上下拖动,可改变当前节的高度,也可以将节的高度调整为 0。

（3）同时调整高度和宽度。

将鼠标指针置于节的右下角处,如图 4.4(c)所示,当鼠标指针变成四向箭头时,按住鼠标左键并沿对角按任意方向进行拖动,可同时改变当前节的高度和宽度。

(a)

(b)

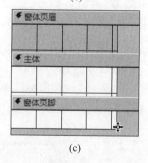

(c)

图 4.4 节的高度与宽度的调节

4.1.2 窗体的视图

窗体的视图是窗体的外观表现形式,窗体的不同视图具有不同的功能和应用范围。在 Access 2010 中,共有 6 种窗体视图:窗体视图、设计视图、布局视图、数据表视图、数据透视表视图和数据透视图视图。

当窗体打开后,用户使用以下操作之一可实现窗体视图的相互切换。

（1）在打开的数据库中选择"开始"选项卡,打开"视图"组中的"视图"下拉菜单,如图 4.5 所示,选择相应的选项。

（2）右击窗体的标题栏,在弹出如图 4.6 所示的快捷菜单中选择相应的选项。

1. 窗体视图

"窗体视图"用于显示记录数据,它是窗体运行时的显示格式,主要用于添加或修改表中的数据。在窗体视图中一次只能查看一条记录,使用窗体左下方的导航按钮可以在不同的记录页之间进行快速切换,如图 4.7 所示。

图 4.5 "视图"下拉菜单　　　　　图 4.6 视图切换快捷菜单

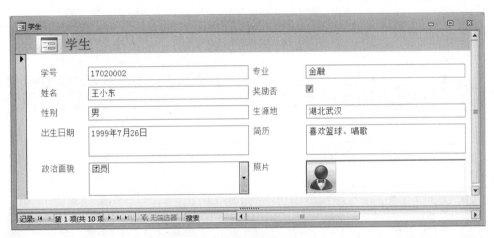

图 4.7 窗体的"窗体视图"

在数据库的导航窗格中右击要打开的"窗体"对象,在弹出的快捷菜单中执行"打开"命令,将以"窗体视图"方式打开窗体。用户也可以在导航窗格中双击要打开的"窗体"对象,从而以"窗体视图"方式打开窗体。

2. 设计视图

"设计视图"用于窗体的创建与修改,其中显示的是各种称为控件的图形元素。在"设计视图"中,用户可以设置窗体节的高度和宽度、添加或删除控件、对齐控件、设置字体以及大小、颜色等,完成各种个性化窗体的设计工作。在"设计视图"中创建或修改的窗体,可以在其窗体视图或布局视图中进行查看,如图 4.8 所示。

在数据库导航窗格中右击要打开的"窗体"对象,在弹出的快捷菜单中执行"设计视图"命令,将直接以"设计视图"方式打开窗体。

3. 布局视图

用户也可以在"布局视图"中对窗体进行修改操作。与"设计视图"不同的是,在"布局视图"中,窗体实际上正在运行,所以用户看到的数据与最终浏览结果的外观非常相似,如

第 4 章

窗体的基本操作

图 4.9 所示。由于在"布局视图"中修改窗体时，可以同时看到数据内容，所以非常便于设置控件大小或执行其他影响窗体外观的操作。

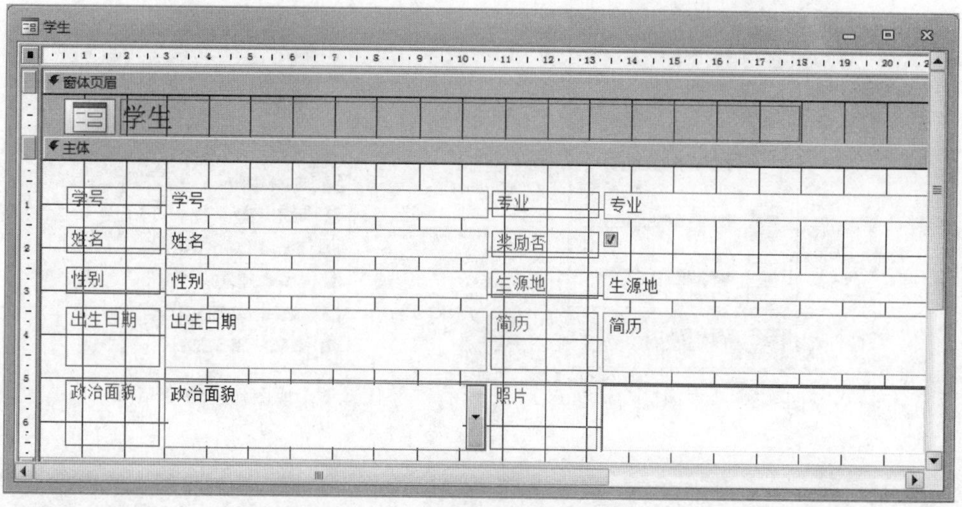

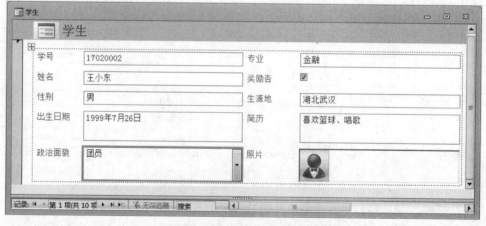

图 4.8　窗体的"设计视图"

图 4.9　窗体的"布局视图"

在数据库的导航窗格中右击要打开的"窗体"对象，在弹出的快捷菜单中执行"布局视图"命令，将直接以"布局视图"方式打开窗体。

4. 数据表视图

"数据表视图"以行列格式显示表、查询或窗体数据，因此，用户一次可以查看多条记录，如图 4.10 所示。在"数据表视图"中，用户可以编辑字段、添加和删除数据、查找数据，使用数据表视图窗口左下角的导航按钮可以在不同的记录行之间进行快速切换。

5. 数据透视表视图

窗体的"数据透视表视图"用于汇总和分析数据表或查询中的数据，将由指定视图的行字段、列字段和汇总字段来形成新的显示数据记录。

图 4.10　窗体的"数据表视图"

6. 数据透视图视图

窗体的"数据透视图视图"使用图形方式来显示数据,用于显示数据表或查询中数据的图形分析结果。

4.1.3　窗体的分类

1. 纵栏式窗体

纵栏式窗体又称为单项目窗体。窗体通常用于输入数据,如图 4.11 所示。在纵栏式窗体中每次只显示表或查询中的一条记录,记录中各字段纵向排列,每个字段的字段名称一般都放在字段左边。

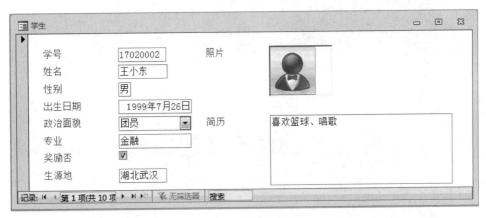

图 4.11　纵栏式窗体

2. 表格式窗体

表格式窗体也称为多项目窗体。表格式窗体可以显示表或查询中的所有记录,如图 4.12 所示。在表格式窗体中,记录中的字段横向排列,记录纵向排列,每个字段的字段名称都放在窗体顶部。通过滚动条可以查看和维护其他记录。

3. 数据表窗体

数据表窗体从外观上看与数据表和查询显示数据的界面相同。数据表窗体的主要作用是作为一个窗体的子窗体,如图 4.10 所示。数据表窗体中每条记录显示为一行,每个字段显示为一列,字段的名称显示在每一列的顶端。

窗体的基本操作

图 4.12　表格式窗体

4. 主/子窗体

窗体中的窗体称为子窗体，包含子窗体的窗体称为主窗体。主/子窗体通常用于显示多个具有一对多关系的表或查询中的数据。其中，主窗体只能显示为纵栏式的窗体，子窗体可以显示为数据表窗体，也可以显示为表格式窗体。子窗体中还可以创建二级子窗体。

图 4.13 显示了一个带有子窗体的"学生成绩"窗体，主窗体中以纵栏格式显示了学生的学号、姓名和专业。子窗体中显示的是该学生所修的全部课程的课程号、教师编号和成绩信息。用户可以看到，主窗体和子窗体中拥有各自的导航按钮。

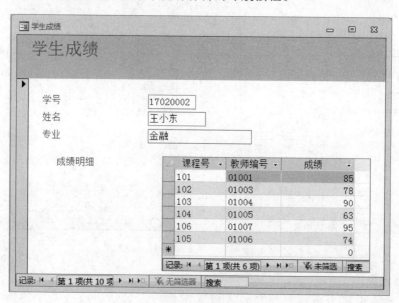

图 4.13　主/子窗体

5. 图表窗体

图表窗体利用 Microsoft Graph，以图表方式显示数据表和查询的数据。图表窗体可以单独使用，也可以嵌入其他窗体中作为子窗体来增强主窗体的使用功能。Access 提供了多种图表，包括折线图、柱形图、饼图、圆环图、面积图、三维条形图等。

图 4.14 所示的图表窗体中显示的是根据"教学管理系统"数据库中的数据生成的关于各专业党员、群众、团员人数统计情况。

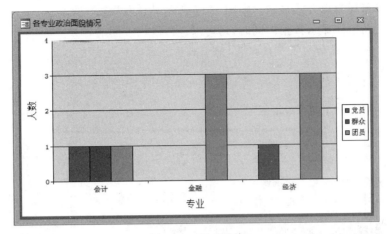

图 4.14　图表窗体

6. 数据透视表窗体

数据透视表窗体是一种交互式表,用户可以改变透视表的布局,以满足不同的数据分析方式和要求。数据透视表窗体只有在数据透视表视图下才能显示,若切换到其他视图将不能显示。

图 4.15 为在数据透视表视图下创建的数据透视表窗体,该窗体显示了不同专业的学生受到奖励的具体情况,包括各专业受奖励学生的人数、各专业未受过奖励的学生人数、受过奖励的学生总人数、未受过奖励的学生总人数等。

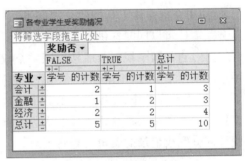

图 4.15　数据透视表窗体

4.2　创建窗体

4.2.1　使用工具创建窗体

Access 2010 提供了多种快速创建窗体的工具。在打开的数据库中选择"创建"选项,单击"窗体"组中相应的按钮,可以启动相应的工具进行窗体的快速创建,如图 4.16 所示。

图 4.16　"创建"选项卡中的"窗体"组

1. 使用窗体工具直接创建窗体

使用窗体工具,只需单击"窗体"命令即可创建窗体,该窗体上放置了来自数据源的所有字段的数据。

例 4.2　在"教学管理系统"数据库中,根据"课程"表信息,使用窗体工具自动创建窗体。

操作步骤如下。

(1) 打开"教学管理系统"数据库,在导航窗格中选中"课程"表对象。

(2) 选择"创建"选项,单击"窗体"组中的"窗体"按钮,即可自动创建基于"课程"表的窗体,窗体默认以布局视图方式显示。如图 4.17 所示,"课程"表中的所有字段信息都放置在该窗体上,并且在窗体显示数据的同时,还可以进行设计方面的更改。

说明:若"课程"表插入了子数据表,则子数据表的数据也会自动显示在该窗体中。

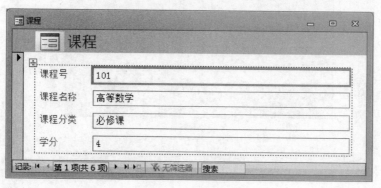

图 4.17　"课程"窗体

2. 使用分割窗体工具创建分割窗体

分割窗体可以同时提供数据的窗体视图和数据表视图两种显示方式。分割窗体不同于主/子窗体,它的两个视图都联接到同一个数据源,并总是保持同步。如果在窗体的一个部分中选择了一个字段,则窗体另一部分的相同字段也将被选中,并且从任一部分进行数据的添加、编辑或删除操作,窗体另一部分中的数据也将同时发生改变。使用分割窗体可以在一个窗体中同时利用两种窗体类型的优势。例如,使用数据表视图进行记录的快速定位,在窗体视图部分完成记录的编辑与查看。

例 4.3　在"教学管理系统"数据库中,根据"学生"表信息创建分割窗体。

操作步骤如下。

(1) 打开"教学管理系统"数据库,在导航窗格中选中"学生"表对象。

(2) 选择"创建"选项,单击"窗体"组中的"其他窗体"按钮,在弹出的下拉菜单中选择"分割窗体"命令,即可自动创建基于"学生"表的分割窗体,该窗体默认以布局视图方式显示。

如图 4.18 所示,窗体的上半部分为窗体视图,下半部分为数据表视图,两个视图中当前选中并可以进行编辑的记录均为"王小东"的记录。

3. 使用多个项目工具创建多项目窗体

使用窗体工具创建窗体时,Access 创建的窗体一次仅显示一个记录。而使用多个项目工具创建的窗体一次可以查看多个记录,数据排列成行和列的形式。多项目窗体除了提供类似数据表的形式,还提供了向窗体添加图形元素、按钮和其他控件的功能。

例 4.4　在"教学管理系统"数据库中,根据"学生"表信息创建多项目窗体。

操作步骤如下。

(1) 打开"教学管理系统"数据库,在导航窗格中选中"学生"表对象。

(2) 选择"创建"选项,单击"窗体"组中"其他窗体"按钮,在弹出的下拉菜单中执行"多个项目"命令,即可自动创建基于"学生"表的多项目窗体,该窗体默认以布局视图方式显示。

如图 4.19 所示,使用多个项目工具创建的窗体为表格式窗体。

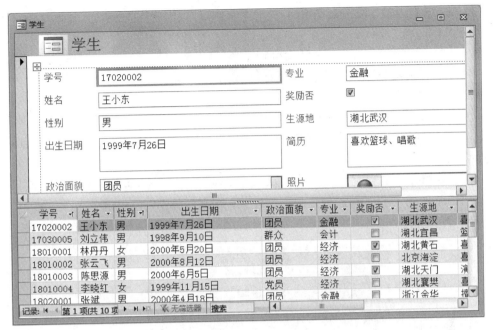

图 4.18　分割窗体

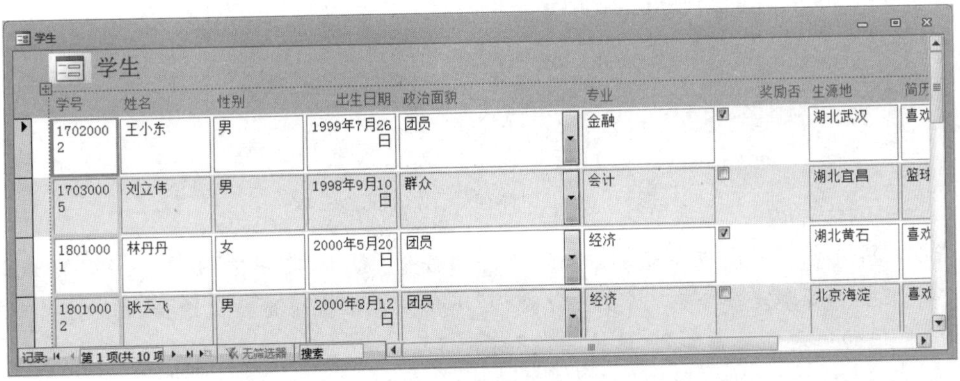

图 4.19　多项目窗体

4.2.2　使用"窗体向导"创建窗体

1. "窗体向导"的启动

在打开的数据库中选择"创建"选项,单击"窗体"组中的"窗体向导"按钮,将启动"窗体向导"。

2. 使用"窗体向导"创建窗体的步骤

"窗体向导"引导用户通过以下 3 个步骤完成窗体的创建工作。

(1)确定窗体上数据的来源。确定窗体上使用的表或查询中的字段,窗体上使用的数据可以来源于多个不同的表或查询。

(2)确定窗体布局。Access 2010 提供了纵栏表、表格、数据表、两端对齐 4 种布局方式供用户选择。

（3）指定窗体标题。窗体标题用于指定当窗体以"窗体视图"显示时，标题栏中出现的文字以及窗体页眉区默认显示的文字信息。

例4.5   使用"窗体向导"，在"教学管理系统"数据库中创建一个名为"学生基本信息"的"纵栏式"窗体显示"学生"表信息，窗体标题为"学生基本信息"。

操作步骤如下。

（1）打开"教学管理系统"数据库。

（2）启动"窗体向导"。选择"创建"选项，单击"窗体"组中的"窗体向导"按钮，弹出"窗体向导"对话框。

（3）设置窗体上的数据源为"学生"表的全部字段。在"表/查询"下拉列表框中选择"表：学生"选项，在"可用字段"列表中将出现"学生"表的所有字段供用户选择。单击 >> 按钮，"学生"表的所有字段将出现在"选定字段"列表中。单击"下一步"按钮，如图4.20所示。

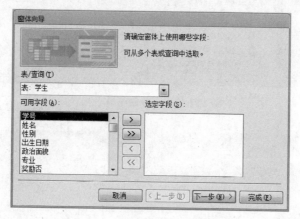

图4.20 "窗体向导"对话框之一

说明：用户也可以通过单击 > 按钮或 < 按钮，向"选定字段"列表框中添加或删除字段。如果数据源涉及多个表，则在"表/查询"下拉列表框中进行多次选择，依次将"可用字段"列表框中的选定字段添加到"选定字段"列表框中。

（4）确定窗体布局为纵栏式。在"请确定窗体使用的布局"选项组中选择"纵栏表"单选按钮，单击"下一步"按钮，如图4.21所示。

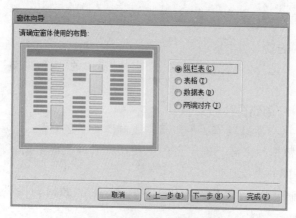

图4.21 "窗体向导"对话框之二

（5）指定窗体标题。在"请为窗体指定标题"文本框中输入窗体标题"学生基本信息"。默认情况下，"打开窗体查看或输入信息"单选按钮处于被选中状态，此时单击"完成"按钮，将在窗体视图中打开窗体，结果如图 4.23 所示。如果希望修改窗体的设计，则可在如图 4.22 所示的对话框中选择"修改窗体设计"单选按钮，单击"完成"按钮，窗体将在设计视图中打开。

注意：使用窗体向导创建窗体时，默认使用窗体标题作为窗体对象的名字。

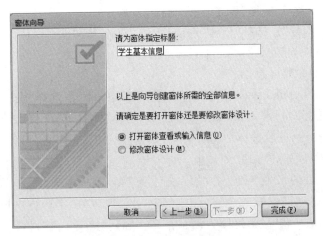

图 4.22　"窗体向导"对话框之三

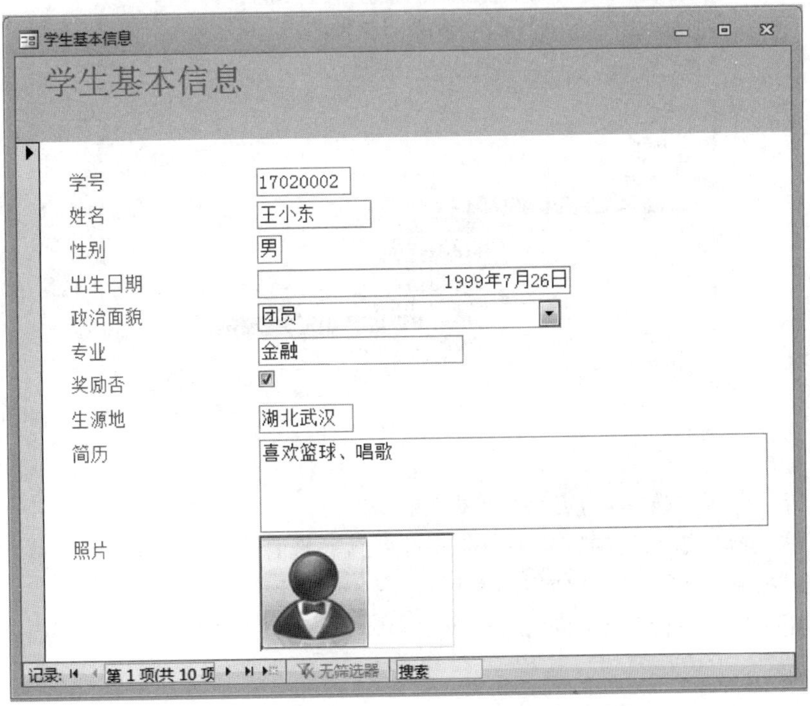

图 4.23　"窗体向导"生成的"学生基本信息"窗体

例 4.5 所创建的窗体中的数据来源于一个数据表，下面使用"窗体向导"创建一个复杂一些的窗体，该窗体上的数据分别来自于"学生"表和"成绩"表。

第4章

窗体的基本操作

例 4.6 使用"窗体向导",在"教学管理系统"数据库中创建一个如图 4.13 所示的"学生成绩"主/子窗体。其中:学号、姓名和专业来源于"教学管理系统"数据库的"学生"表,成绩明细中的课程号、教师编号和成绩信息来源于数据库中的"成绩"表。

注意:在创建该窗体之前,必须先建立"学生"表与"成绩"表之间的关系。

操作步骤如下。

(1) 打开"教学管理系统"数据库。

(2) 建立"学生"表与"成绩"表之间的一对多关系。

(3) 启动"窗体向导"。选择"创建"选项,单击"窗体"组中的"窗体向导"按钮,启动"窗体向导",弹出"窗体向导"对话框,如图 4.20 所示。

(4) 设置窗体上的数据源。

① 选择"学生"表的相关字段。在"表/查询"下拉列表框中选择"表:学生"选项,在"可用字段"列表框中选择"学号"选项,单击 ▷ 按钮,选择"姓名"选项,单击 ▷ 按钮,选择"性别"选项,单击 ▷ 按钮,最后选择"专业"选项,单击 ▷ 按钮。至此,"学生"表的"学号""姓名""专业"字段出现在"选定字段"列表中。

② 选择"成绩"表的相关字段。在"表/查询"下拉列表框中选择"表:成绩"选项,在"可用字段"列表框中选择"课程号"选项,单击 ▷ 按钮,"课程号"字段将出现在"选定字段"列表中,以同样的操作依次将"教师编号""成绩"字段添加到"选定字段"列表中,如图 4.24 所示。

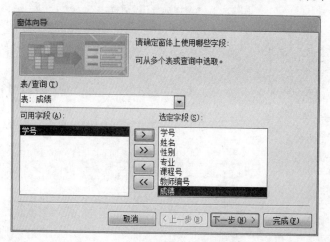

图 4.24 "窗体向导"对话框之一

(5) 单击"下一步"按钮,确定查看数据的方式。

系统默认选择查看数据的方式为"通过 学生",并选择"带有子窗体的窗体"单选按钮,单击"下一步"按钮,确定子窗体使用的布局,如图 4.25 所示。

(6) 在此选择子窗体使用的布局为"数据表",单击"下一步"按钮,为窗体指定标题,如图 4.26 所示。

(7) 输入主窗体标题为"学生成绩",子窗体标题为"成绩明细",单击"完成"按钮,如图 4.27 所示。如图 4.13 所示的学生成绩主/子窗体创建完毕。此时,在数据库的导航窗格中,用户可以看到新添加了"成绩明细"和"学生成绩"两个窗体对象,并且前者是后者的子窗体。

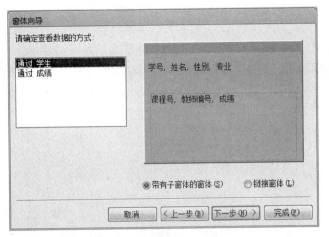

图 4.25 "窗体向导"对话框之二

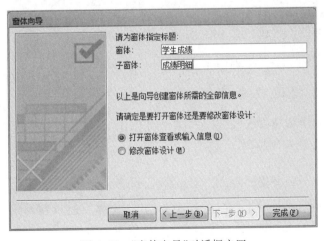

图 4.26 "窗体向导"对话框之三

图 4.27 "窗体向导"对话框之四

窗体的基本操作

4.2.3　使用空白窗体工具创建窗体

空白窗体工具也是一种非常快捷创建窗体的方式。它可创建一个新的、无任何内容的空白窗体。根据创建的需要，可以向空白窗体上添加适当的内容，并进行格式的设置。

例 4.7　在"教学管理系统"数据库中创建如图 4.28 所示的窗体，窗体以表格方式显示"学生"表的"学号""姓名""性别""专业"信息。

图 4.28　表格式窗体的窗体视图

操作步骤如下。

（1）打开"教学管理系统"数据库，在导航窗格中选中"学生"表对象。

（2）选择"创建"选项，单击"窗体"组中的"空白窗体"按钮，创建一个空白窗体，默认在"布局视图"中打开。

（3）向窗体中添加相应字段数据。在"字段列表"窗体中，单击"显示所有表"按钮，然后打开"学生"表的字段，依次双击"学号""姓名""性别""专业"字段，如图 4.29(a)所示。

（4）设置为表格式。在图 4.29(a)中单击 ⊞ 选中所有对象，结果如图 4.29(b)所示。单击"窗体布局工具"下的"排列"选项卡的"表"组中的"表格"按钮 ▦ ，结果如图 4.29(c)所示。适当调整后，结果如图 4.29(d)所示。

（5）设置窗体为"连续窗体"。切换到设计视图，双击"窗体选择器"区，如图 4.1 所示。单击"窗体"组中的"属性表"对话框，单击"格式"选项卡，将"默认视图"属性设为"连续窗体"。

（6）切换到窗体视图，结果如图 4.28 所示。

4.2.4　创建数据透视表窗体

例 4.8　在"教学管理系统"数据库中创建如图 4.15 所示的数据透视表窗体，窗体对象名称为"各专业学生受奖励情况"。

操作步骤如下。

（1）打开"教学管理系统"数据库，在导航窗格中选中"学生"表对象。

（2）选择"创建"选项，单击"窗体"组中的"其他窗体"按钮，在弹出的下拉菜单中执行"数据透视表"命令，打开如图 4.30 所示的数据透视表视图和如图 4.31 所示的"数据透视表字段列表"对话框。

说明：数据透视表分为"筛选区域""行区域""列区域""明细区域"4 个区域。

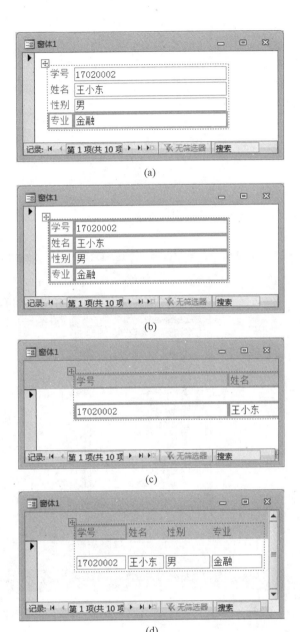

(a)

(b)

(c)

(d)

图 4.29　使用空白窗体工具创建窗体

- 筛选区域：通过该区域中的字段对数据进行第一次筛选,将符合条件的数据进行汇总计算。
- 行区域：在该区域中可以有多个行字段。
- 列区域：在该区域中可以有多个列字段。
- 明细区域：在该区域中可以同时显示明细数据和汇总数据。

（3）从"数据透视表字段列表"对话框中将"专业"字段拖到数据透视表的行字段位置,将"奖励否"字段拖到列区域位置,结果如图 4.32 所示。

145

第 4 章

窗体的基本操作

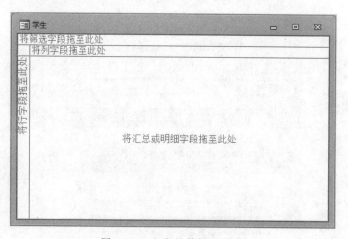

图 4.30　空白的数据透视表

图 4.31　"数据透视表字段列表"对话框

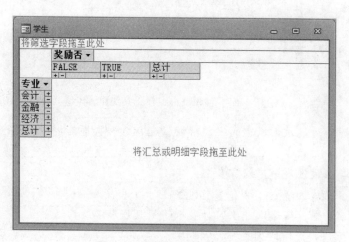

图 4.32　设置行列位置的字段

(4) 将"学号"字段和"姓名"字段依次拖到汇总或明细位置,结果如图 4.33 所示。

(5) 将"学号"字段拖曳到"总计"列中,结果如图 4.34 所示。

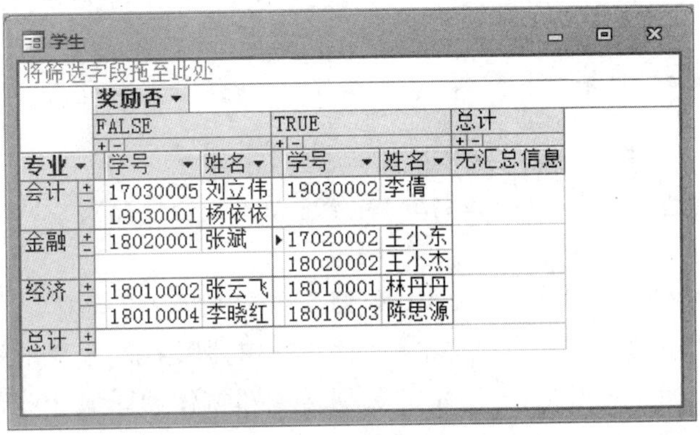

图 4.33　设置汇总或明细数据

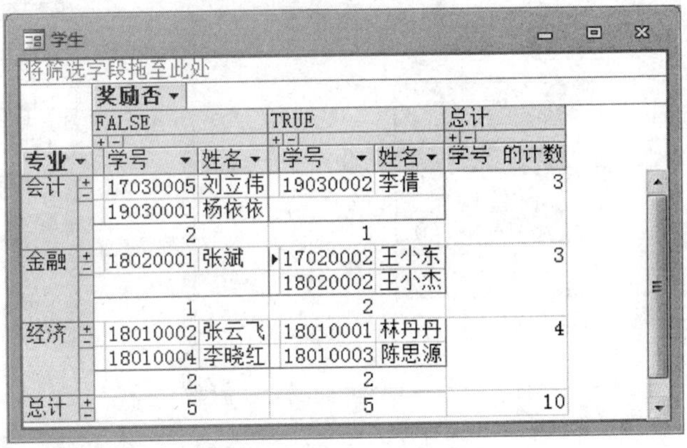

图 4.34　设置总计数据列

　　说明:单击数据透视表中的"一"按钮可以隐藏明细数据。隐藏所有明细的结果如图 4.35 所示;单击数据透视表中的"十"按钮可再次显示明细数据。

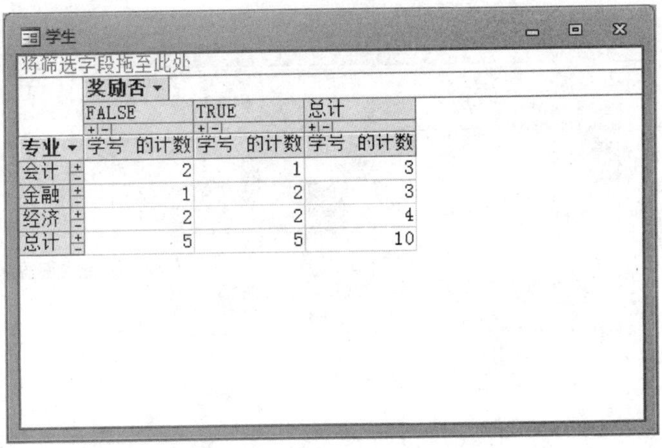

图 4.35　隐藏明细数据后结果

（6）保存窗体。单击"保存"按钮 ▣，在弹出如图 4.36 所示的"另存为"对话框中输入窗体的名称"各专业学生受奖励情况"，单击"确定"按钮。

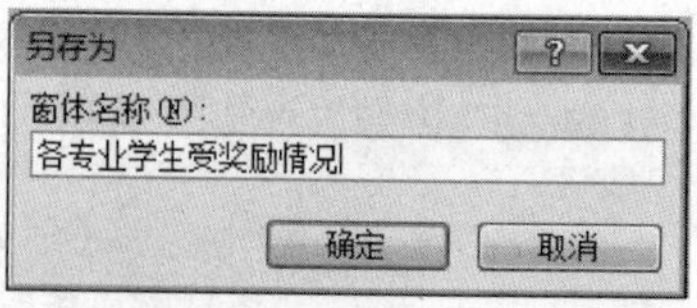

图 4.36 "另存为"对话框

4.2.5 创建数据透视图窗体

例 4.9 在"教学管理系统"数据库中创建一个如图 4.14 所示的数据透视图窗体，窗体名为"各专业政治面貌情况"。

操作步骤如下。

（1）打开"教学管理系统"数据库，在导航窗格中选中"学生"表对象。

（2）选择"创建"选项，单击"窗体"组中的"其他窗体"按钮，在弹出的下拉菜单中选择"数据透视图"选项，打开如图 4.37 所示的数据透视图窗体和图 4.38 所示的"图表字段列表"对话框。

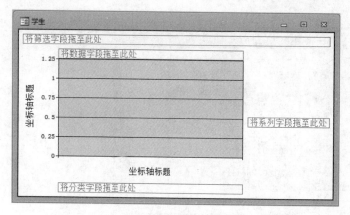

图 4.37 空白的数据透视图

图 4.38 "图表字段列表"对话框

（3）将各字段分别从"图表字段列表"对话框中拖动到数据透视图窗体的相应位置。在此将"专业"字段拖曳到"分类"区，将"政治面貌"字段拖曳到"系列"区，将"学号"字段拖曳到"数据"区，结果如图 4.39 所示。

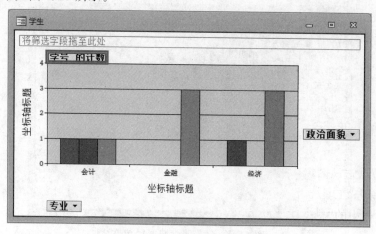

图 4.39 设置各区数据结果

（4）设置纵坐标、横坐标的标题。

① 选择数据透视图窗体左侧的"坐标轴标题"区域,然后选择"数据透视图工具"下的"设计"选项,单击"工具"组中的"属性表"按钮,弹出"属性"对话框,如图 4.40(a)所示。选择"属性"对话框的"格式"选项卡,将"标题"后输入"人数",如图 4.40(b)所示。

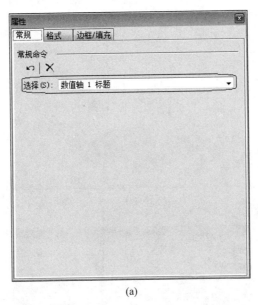

(a)

(b)

图 4.40 设置数值轴标题

② 选中数据透视图窗体底部的"坐标轴标题"区域,然后选择"数据透视图工具"下的"设计"选项,单击"工具"组中的"属性表"按钮,弹出"属性"对话框,如图 4.41(a)所示。选择"属性"对话框中的"格式"选项卡,将标题改为"专业",如图 4.41(b)所示。

窗体的基本操作

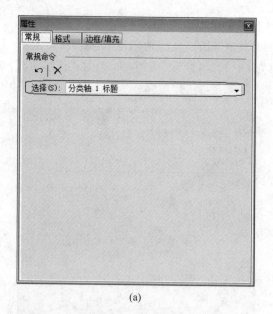

(a)

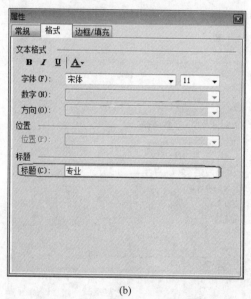

(b)

图 4.41　设置分类轴标题

（5）单击"显示/隐藏"组中的"图例"按钮，设置以图例方式显示"系列"数据。

（6）取消"显示/隐藏"组中的"拖放区域"的选择状态。

（7）单击"保存"按钮，将窗体保存为"各专业政治面貌情况"。

4.3　使用设计器创建窗体

　　窗体的设计视图是创建窗体以及编辑窗体的窗口。使用设计视图创建窗体是一种比较灵活的方法，用户可以根据需要选取所需的字段（不一定是数据表的全部字段），根据需要在窗体上绘制不同的控件，并根据需要设置窗体的布局（包括字体、颜色、边框的设置）。

在打开的数据库中选择"创建"选项,单击"窗体"组中的"窗体设计"按钮,将在设计视图中创建一个只有主体节的空白窗体,用户可使用"窗体设计工具"中的各种工具进行窗体的设计工作。

若用户要对一个已经存在的窗体进行编辑,可以在数据库的导航窗格中右击该窗体对象,在弹出的快捷菜单中选择"设计视图"选项,可在设计视图中打开该窗体对象。

4.3.1 控件工具组

当窗体以设计视图打开时,功能区中出现"窗体设计工具"选项卡。"窗体设计工具"选项卡中包括 3 个子选项卡,分别是"设计""排列"和"格式"。其中,"设计"选项卡主要用于向窗体中添加各种界面元素、设置窗体主题、页眉/页脚等;"排列"选项卡主要用于设置窗体的布局;"格式"选项卡主要用于设置窗体中对象的格式。

在"设计"选项卡的"控件"组中单击"其他"按钮 ,弹出如图 4.42 所示的各种控件按钮。

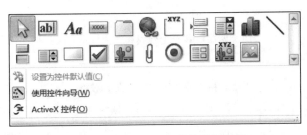

图 4.42　Access 2010 的控件工具箱

通过以上控件按钮,用户可以向窗体中添加各种被称为控件的图形元素,各控件的具体功能如表 4.2 所示。

表 4.2　控件工具组中的控件按钮及其功能

按钮	名　称	功　能
	控件向导	按钮处于选中状态时,添加控件时可启动控件向导
	设置为控件默认值	用于将所选控件的属性设置为默认值
	插入 ActiveX 控件	用于向窗体或报表中添加 ActiveX 控件
	选择对象	按钮处于选中状态时,可以对控件进行选择、调整、移动和编辑
	标签	用于创建包含固定文本的标签控件
	按钮	用于创建能够激活宏或 Visual Basic 过程的命令按钮
	选项卡	用于在窗体中创建一系列选项卡,每个选项卡页可包含其他的控件

按钮	名　称	功　能
	插入超链接	用于创建指向网页、图片、电子邮件地址或程序的链接
	Web 浏览器控件	用于在窗体上显示网页
	导航控件	用于在窗体上快速添加基本导航功能，实现表单与报表之间的快速切换
	选项组	用于创建选项组控件，其中可包含多个切换按钮、选项按钮或复选框
	插入分页符	用于向多页窗体的页间添加分页符
	组合框	用于创建包含一个列表和一个可编辑文本框的组合框控件
	插入图表	用于向窗体或报表中插入图表对象
	直线	用于向窗体添加直线
	切换按钮	用于创建切换按钮控件
	列表框	用于创建包含一系列选项的列表框控件
	矩形	用于向窗体中添加填充的或空的矩形
	复选框	用于创建复选按钮控件。当处于选中状态时，显示为含有对号的正方形
	未绑定对象框	用于添加来自其他应用程序的对象，包括图表、图像、视频、声音文件
	附件	用于添加附件控件，可以绑定具有附件功能的字段
	选项按钮	用于创建单选按钮控件。当处于选中状态时，显示为带圆点的圆圈

按钮	名　称	功　能
	子窗体/子报表	用于向当前窗体中嵌入另一个窗体
	绑定对象框	用于在窗体中使用 ActiveX 对象
	图像	用于在窗体中放置静止的图片
	插入页	用于向选项卡中添加新的页

4.3.2　字段列表

通过使用"字段列表",用户可以非常方便地向窗体中添加数据绑定型控件(相关概念见 4.4.1 节)。在窗体的设计视图中,单击"设计"选项卡的"工具"组中的"添加现有字段"按钮，打开"字段列表"对话框。

例4.10　使用窗体设计器创建一个"学生信息浏览"窗体,显示"学生"表中学号、姓名、性别、奖励否信息。窗体运行结果如图 4.43 所示。

图 4.43　"学生信息浏览"窗体的运行结果

操作步骤如下。

(1) 打开"教学管理系统"数据库。

(2) 选择"创建"选项,单击"窗体"组中的"窗体设计"按钮,在设计视图中创建一个只有主体节的空白窗体。

(3) 选择"设计"选项,单击"工具"组中的"添加现有字段"按钮，将显示"字段列表"对话框。若如图 4.44(a)所示,表示目前没有可用于当前窗体的字段。在"字段列表"对话框中单击"显示所有表"按钮,并展开"学生"表的所有字段,如图 4.44(b)所示,显示可用于当前窗体的其他表中的字段。

154

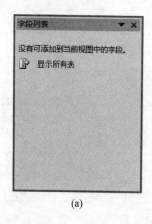
(a)

(b)

图 4.44 "字段列表"对话框

（4）将"字段列表"对话框中的"学号"字段拖曳到窗体的"主体"节区域,结果如图 4.45
所示。

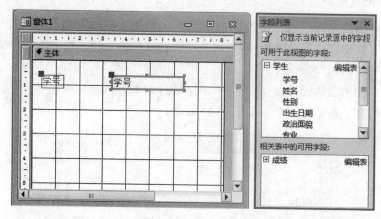

图 4.45 添加字段

依次将"字段列表"对话框中的"姓名""性别""奖励否"字段拖到"主体"节的适当位置,
如图 4.46 所示,共添加四个标签、三个文本框和一个复选框控件对象。

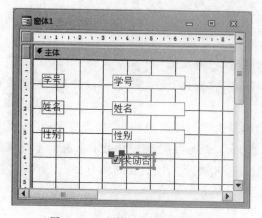

图 4.46 "窗体 1"窗体设计结果

（5）单击"保存"按钮，将窗体保存为"学生信息浏览"。

（6）查看窗体的运行结果。右击"设计视图"窗口的标题栏，在弹出的快捷菜单中选择"窗体视图"选项，适当调整窗体的大小后，结果如图 4.43 所示。

注意：该窗体的标题栏上显示的窗体标题为"学生信息浏览"，与该窗体对象的名称相同。

在"学生信息浏览"窗体中，用户可以通过单击导航按钮进行记录的浏览、添加等操作，还可以对当前窗体中显示的记录进行修改，所有被修改、添加的记录都会保存到"学生"表中。

4.3.3 "属性表"对话框

窗体、窗体的每个组成部分（节）、窗体上的每个控件对象，都有一系列与之相关的属性，例如：大小、颜色、字体、高度、宽度。用户可以通过"属性表"对话框（见图 4.47 和图 4.48）查看控件对象的属性，并对属性值进行设置与修改。

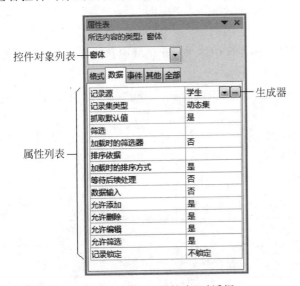

图 4.47 窗体的"属性表"对话框

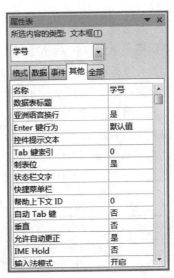

图 4.48 文本框控件的"属性表"对话框

1. 打开"属性表"对话框

打开控件的"属性表"对话框的途径有很多，具体方法如下。

（1）右击设计区中的控件，在弹出的快捷菜单中选择"属性"选项。

（2）在窗体设计区选定控件对象，单击"设计"选项卡的"工具"组中的"属性表"按钮 。

（3）在窗体设计区中选定控件对象，按 F4 键。

（4）双击某个控件对象，将打开该控件对象的"属性表"对话框。

（5）右击窗体，在弹出的快捷菜单中选择"表单属性"命令。

（6）双击窗体的"窗体选择器"区域，如图 4.1 所示。

注意：以上操作均在窗体的设计视图中完成。

2. "属性表"对话框的构成

在"属性表"对话框上部分的"控件对象列表"中可以选择不同的控件对象。"控件对象列表"中显示的是当前被选中的对象的名称,"控件对象列表"上方文字显示的是当前被选中对象的类型。如图 4.47 所示的"属性表"对话框显示的是当前"窗体"对象的属性,而如图 4.48 所示的"属性表"对话框显示的是一个名为"学号"的文本框对象的属性。

说明:在"属性表"对话框的"控件对象列表"中被选中的控件对象,其在窗体的设计视图中的图形元素也会被相应选中,会被一些控制方块所包围。

"属性表"对话框的主体部分由 5 个选项卡构成。

(1)"格式"选项卡:列出了控件与格式有关的所有属性。

(2)"数据"选项卡:列出了控件与数据有关的所有属性。

(3)"事件"选项卡:列出了能对控件事件做出反应的所有属性。

(4)"其他"选项卡:列出了不属于格式、数据和事件选项卡的一些辅助属性。

(5)"全部"选项卡:列出了前 4 个选项卡中的所有属性。

3. 属性值的设置

(1) 直接输入属性值。

在属性列表中单击要设置的属性,通过在属性框中输入一个值或表达式可以设置该属性。

(2) 从下拉列表中选择一个值。

如果属性框中显示有下拉箭头 ▾ ,用户也可以单击该箭头,从下拉列表框中选择一个值。

(3) 使用"生成器"对话框设置属性值。

如果属性框的旁边显示有"生成器"按钮 … ,单击该按钮可以显示一个生成器或显示一个可以选择生成器的对话框,通过"生成器"对话框进行属性值的设置。

表 4.3 中列出了窗体的部分重要属性及其说明。

表 4.3　窗体属性及其说明

属　　性	说　　明
记录源	用于指定窗体的数据来源,可以是表或查询的名称
标题	指定窗体运行时窗体标题栏上显示的信息
默认视图	用于指定窗体中记录显示的情况。其中:"单个窗体"方式中窗体中一次只能显示一条记录;"连续窗体"方式中窗体中可同时显示多条记录
图片	用于设置窗体的背景图片
边框样式	用于设置窗体边框样式,默认值为"可调边框"。若设置为"对话框样式",则窗体无垂直和水平滚动条、无最大化最小化按钮、不可以调整大小
记录选择器	用于设置是否显示记录选择器,默认值为"是"
导航按钮	用于设置是否显示导航按钮,默认值为"是"
分隔线	用于设置是否显示记录分隔线,默认值为"否"
滚动条	用于指定滚动条的形式
关闭按钮	用于指定是否显示窗体的关闭按钮,默认值为"是"
最大最小化按钮	用于指定是否显示窗体最大化、最小化按钮,默认值为"两者都有"
允许编辑	用于设置是否可通过窗体控件对记录数据进行编辑操作,默认值为"是"
允许删除	用于设置是否可通过窗体控件对记录数据进行删除操作,默认值为"是"
允许添加	用于设置是否可通过窗体控件对记录数据进行添加操作,默认值为"是"
数据输入	用于设置是否在打开窗体时增加一条空白记录,默认值为"否"

下面将以窗体对象为例,介绍"属性表"对话框中属性值的设置。

例 4.11 对例 4.10 中创建的"学生信息浏览"窗体,按要求做如下修改:将窗体的标题设置为"学生基本信息";取消窗体上的滚动条;取消记录的选定标记;设置该窗体只能进行记录的查看;不能进行记录的添加、编辑和删除操作;使窗体运行时自动出现在主窗体的正中间。

操作步骤如下。

(1) 在设计视图中打开"学生信息浏览"窗体。在数据库的导航窗格中右击"学生信息浏览"窗体对象,在弹出的快捷菜单中选择"设计视图"。

(2) 打开窗体的"属性表"对话框。双击窗体的"窗体选择器"区域,系统默认显示的是窗体的"属性表"对话框。

(3) 设置窗体的格式属性。在"属性表"对话框中选择"格式"选项卡,如图 4.49(a)所示,在"标题"栏中输入"学生基本信息",在"自动居中"的下拉列表框中选择"是"选项。如图 4.49(b)所示,在"记录选择器"下拉列表框中选择"否"选项,在"滚动条"下拉列表框中选择"两者均无"选项。

(a)

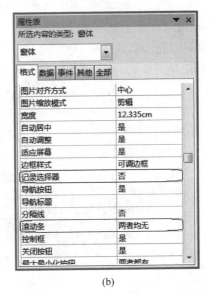
(b)

图 4.49 设置窗体的格式属性

(4) 设置窗体的数据属性。在"属性表"对话框中选择"数据"选项,如图 4.50 所示,在"允许添加""允许删除""允许编辑"属性的下拉列表框中均选择"否"选项。

(5) 单击"保存"按钮,保存对窗体所做的修改,关闭当前窗体。

(6) 查看窗体的运行效果。双击数据库导航窗格中的"学生信息浏览"窗体对象,将在主窗体正中间弹出"学生信息浏览"窗体,适当调整大小后,结果如图 4.51 所示。

说明:对比修改前后窗体运行的结果,用户可以看到窗体标题已经更改为"学生基本信息",窗体的滚动条已经不见了,窗体左边的记录选定区也没有了,导航按钮中的"新(空白)记录"按钮 ▶* 已经变成 ▶ ,表明不可进行记录的添加,而且窗体上的信息只能查看不能修改,该窗体成为一个真正意义上的只能进行记录浏览的窗体。

158

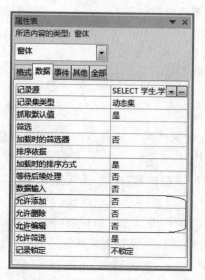

图 4.50　设置窗体的数据属性

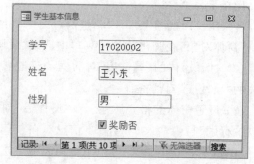

图 4.51　修改后的"学生信息浏览"窗体运行效果

例 4.12　对例 4.10 创建的"学生信息浏览"窗体继续进行修改,使其以如图 4.52 所示的方式显示信息。该窗体中字段的标题显示在窗体的上部,窗体上显示多条记录内容,每条记录以行的排列显示,美化窗体为窗体添加背景,结果另存为"学生信息浏览-表格式"。

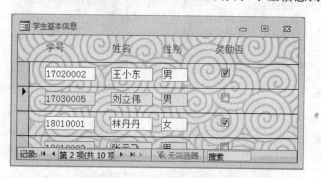

图 4.52　"学生信息浏览-表格式"窗体的运行结果

具体操作步骤如下。

(1) 在"教学管理系统"数据库的导航窗格中右击"学生信息浏览"窗体对象,在弹出的快捷菜单中选择"设计视图"选项,在设计视图中打开该窗体,将窗体另存为"学生信息浏览-表格式"。

(2) 在窗体中添加窗体页眉/页脚。右击窗体的"主体"节区域,在弹出的快捷菜单中选择"窗体页眉/页脚"选项,向窗体中添加窗体页眉和窗体页脚节。

(3) 按住 Shift 键不放,依次单击主体节中的各个标签控件,将其全部选中,如图 4.53 所示。

(4) 将选定的标签从主体节挪到窗体页眉中。按 Ctrl+X 组合建,从主体节中将所有的标签控件剪切,然后在窗体页眉区单击,按 Ctrl+V 组合键,将剪切的标签粘贴到窗体页眉区。

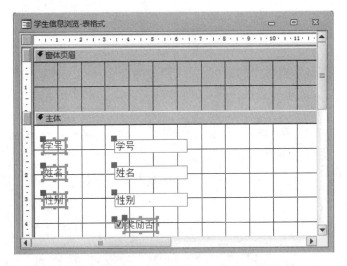

图 4.53　选择所有的标签控件

（5）适当调整窗体页眉区标签的位置、大小，调整页眉的高度。适当调整主体节中各数据绑定控件的位置、大小，以及主体节的高度。由于窗体页脚中没有内容，可将窗体页脚的高度调整为 0，结果如图 4.54 所示。

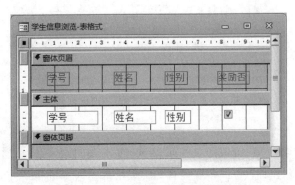

图 4.54　"学生信息浏览"窗体的修改结果

（6）设置窗体的相关属性。在窗体的"属性表"对话框的"格式"选项卡中，将窗体的"默认视图"属性（默认为"单个窗体"）设置为"连续窗体"，"分隔线"属性设置为"是"，将"记录选择器"属性设置为"是"，设置"图片"属性为"背景 1.jpg"。

（7）保存所做的修改，在窗体视图中查看结果。

说明：本例涉及控件的基本操作，相关知识点请参见 4.4.1 节。

4.4　窗体控件

在例 4.10 中，已经见到并使用到了部分控件，如标签控件、文本框控件以及复选框控件。那么，什么是控件，如何使用控件？本节将对此进行详细的介绍。

4.4.1 控件及其基本操作

1. 控件类型

控件是一种用来显示窗体中的数据,完成预定的命令或调整布局的图形元素。控件的类型可以分为绑定控件、非绑定控件与计算控件。

(1)绑定控件。

绑定控件主要用于显示、输入、更新数据库中的字段。如例 4.10 中向窗体添加的三个文本框对象(见图 4.55)就是绑定控件,它们分别与"学生"表的"学号""姓名""性别"字段内容绑定,可以实现"学号""姓名""性别"字段内容的浏览。当修改文本框中的内容时,修改的结果也将同时反映到"学生"表中。绑定控件有"控件来源"属性,属性值为表或查询中的字段的名称。

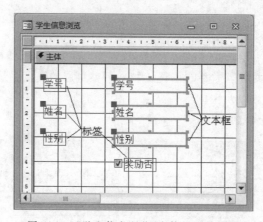

图 4.55 "学生信息浏览"窗体的设计视图

(2)非绑定控件。

非绑定控件没有数据源,可以用来显示信息、线条、矩形或图像。如例 4.10 中窗体上的四个标签(见图 4.55)对象就是非绑定控件,即没有和数据源进行绑定,它们的内容不会因为记录的变化而变化。

(3)计算控件。

计算控件用表达式作为数据源。在表达式中可以使用表或查询字段中的数据,也可以使用其所在窗体上其他控件的数据。计算控件也有"控件来源"属性,但其值为表达式(必须是以等号开头的合法的 Access 表达式)。

使用控件的基本步骤:添加控件→设置控件的属性→调整控件。

2. 添加控件

在窗体的设计视图中选择"设计"选项卡,在"控件"组中单击要添加的控件按钮后,在窗体中欲放置控件的位置单击,即可完成控件的添加。若添加控件时,"控件"组中的"⚒使用控件向导"按钮处于选中状态,则向窗体上添加文本框、命令按钮、列表框、组合框等控件时,Access 将自动打开相应控件的向导,用户可根据控件向导的提示完成控件的添加以及属性值的设置。

说明:在添加控件时,如果不使用"控件向导",应使"控件向导"按钮为弹起状态。

3．设置控件属性

（1）用户可以在控件的"属性表"对话框中进行控件属性的设置。关于在"属性表"对话框中设置属性值的方法，在 4.3.3 节中已经详细介绍，此处不再赘述。

（2）用户可以在"控件向导"中设置控件的属性。

（3）用户可以通过"窗体设计工具"中的相关工具对控件的格式、布局、对齐方式、大小、位置等属性进行设置。在"格式"选项卡的"字体"组中，可对控件的字体、字体前景色 A、背景色、粗体 B、斜体 I、下画线 U、左对齐、居中、右对齐等属性进行设置。在"格式"选项卡的"控件格式"组中，可对控件形状的填充色、轮廓线的宽度和类型、效果等属性进行设置。

4．调整控件

如果用户对窗体中控件的布局、大小以及间距等设置不满意，可以选中需要调整的控件，打开控件的"属性表"对话框，对相关的格式属性进行调整，也可以直接使用"窗体设计工具"的"排列"选项卡（见图 4.56）中的工具进行调整。

图 4.56 "窗体设计工具"的"排列"选项卡

（1）选择控件。

单击窗体中控件的任意位置即可选中控件，若控件有附加标签，则会同时选中附加标签。如例 4.10 中创建的"学生信息浏览"窗体，当选中"性别"文本框时，对应的标签也会被同时选中。如图 4.57 所示，被选中的控件将被 8 个控制块所包围。

图 4.57 控件处于选中状态

若要选择多个控件，可按住 Shift 键不放，依次单击需要选择的控件。用户也可通过拖动鼠标画出一个方框方式进行多个控件的选定，在方框内或与方框相交的控件都将被选中。

单击控件对象之外的任意位置，可取消已选中的控件。

（2）移动控件。

① 单个控件的移动。当控件被选中后，控件四周会显示多个控制方块。将鼠标移动到控件左上角的较大控制方块上，按下鼠标左键不放，进行拖动，即可实现该控件的移动。

如果要将控件的附加标签移动到不同的窗体节中，则必须使用剪切再粘贴的方法。具体步骤为右击附加标签，在弹出的快捷菜单中选择"剪切"选项，然后在目标节中右击，在弹出的快捷菜单中选择"粘贴"选项。移动后，附加标签将不再与原控件相关联。

② 多个控件的移动。选中多个控件后，将鼠标移动到控件上，按下鼠标左键不放，然后进行拖动即可。

（3）调整大小。

选中控件后，拖动控件四周的较小控制方块可以调整控件大小，通过 Shift＋方向键可以对选中控件的大小进行微调。

用户还可以单击"排列"选项卡的"调整大小和排列"组中的"大小/空格"按钮，在下拉菜

窗体的基本操作

单中单击相应按钮(见表 4.4),参照调整多个选定控件的大小。

表 4.4 "大小/空格"下拉菜单中按钮及其功能

按　钮	功　能
正好容纳(F)	调整标签、命令按钮、图像控件或未绑定对象的大小,使其正好容纳其内容
至最高(T)	使选定的所有控件与其中的最高控件同高度
至最短(S)	使选定的所有控件与其中的最矮控件同高度
对齐网格(O)	使控件的高度和宽度适合网格上最近的点
至最宽(W)	使选定的所有控件与其中的最宽控件同宽度
至最窄(N)	使选定的所有控件与其中的最窄控件同宽度

(4) 对齐控件。

控件的对齐方式有"对齐网格""靠左""靠右""靠上""靠下"。如果用户要使控件对齐,首先需要选中要对齐的控件(至少两个),然后在"排列"选项卡的"调整大小和排列"组中,单击"对齐"下拉菜单,在下拉菜单中单击相应按钮进行设置(见表 4.5)。

表 4.5 "对齐"下拉菜单中按钮及其功能

按　钮	功　能
对齐网格(G)	将选中控件的左上角与最近的网络点对齐
靠左(L)	以选中控件中最左边的控件为基准,使其他选中控件与该控件的左边界对齐
靠右(R)	以选中控件中最右边的控件为基准,使其他选中控件与该控件的右边界对齐
靠上(T)	以选中控件中最上边的控件为基准,使其他选中控件与该控件的上边界对齐
靠下(B)	以选中控件中最下边的控件为基准,使其他选中控件与该控件的下边界对齐

说明:默认情况下,窗体的设计视图中会显示网格线。通过在"调整大小和排列"组中的"大小/空格"下拉菜单中,单击"网格"按钮,可以取消显示或显示网格线。

(5) 间距调整。

用户通过单击"调整大小和排序"组中的"大小/空格"下拉菜单,在下拉菜单中选择相应的命令按钮,可调整多个控件之间的间距。用户通过单击"水平增加"或"水平减少"按钮,可以调整多个(至少 2 个)选定控件的水平间距;单击"水平相等"按钮可以调整多个(至少 3 个)选定控件,此时位于两端的控件位置不动,位于中间的控件自动调整,使得选定的所有控件等间距排列。

同理,单击"垂直增加"或"垂直减少"或"垂直相等"按钮可以调整多个选定控件的垂直间距。

4.4.2 标签

标签主要用来显示说明性文本,如抬头、标题或简短的提示。标签不能接收输入,也不能绑定到某个字段,但可以作为文字说明附加到其他绑定控件。如在例 4.10 中使用"字段列表"向窗体中添加学号文本框控件时,将同时添加一个标签控件。该标签控件作为文本框控件的文字说明,默认显示该文本框所绑定的数据字段的标题。

1. 主要属性

(1) 名称。

添加到窗体上的每个控件对象都有名称,名称是用来标识每个不同控件对象的唯一属性。在向窗体添加标签控件时,系统会默认按照添加的顺序,依次命名标签控件为 Label0、Label1、Label2……

(2) 标题。

标题是标签控件的主要属性,用于设置或返回标签显示的文本。在"属性表"对话框中可通过修改"标题"属性来改变标签显示的文本。当使用"字段列表"向窗体添加绑定控件时,控件的附加标签的标题默认为绑定控件的控件来源字段的名称。

(3) 部分格式相关属性。

标签控件的绝大多数属性与格式设置有关。

① 上边距和左(边距)属性。该属性用于设置或反映标签控件距离窗体显示区左上角的距离。

② 宽度和高度属性。该属性用于设置或反映标签控件的大小。

③ 文本上边距、下边距、左边距、右边距属性。该属性用于设置标签控件上文本编辑区距离控件边框的四个内边界的距离。

④ 边框样式、边框颜色和边框宽度属性。该属性用于对边框进行设置。

⑤ 背景样式和背景色。该属性用于对标签的背景进行设置。

⑥ 前景色。该属性用于设置标签控件上显示的标题文本的颜色,如♯0000FF 为蓝色,♯00FF00 为绿色,♯FF0000 为红色。

2. 将标签附加到其他控件

默认添加的标签通常都是独立标签,当窗体中有其他的绑定控件时,设计视图中独立标签的左上角会显示一个绿色的三角形标记。

将标签附加到其他控件上的具体步骤如下。

(1) 向窗体添加一个标签控件,输入标签标题,若窗体中存在绑定控件,则标签的左上角出现绿色的三角形标记。

(2) 单击选中标签,在出现的 ⊕· 记号上单击"箭头",在下拉菜单中选择"将标签与控件关联"选项。

(3) 在弹出的"关联标签"对话框中,选择要与该控件关联的控件,单击"确定"按钮,即可建立该标签与指定控件的关联关系。

例 4.13 将例 4.11 中创建的"学生信息浏览"窗体另存为"学生信息浏览-1"。向"学生信息浏览-1"窗体的窗体页眉部分添加标题"学生基本信息一览",设置其字体为"华文行楷",字号为 22 磅,斜体,有下画线,文字颜色为蓝色(♯0000FF),调整页脚高度为 0。同时,将"奖励否"标签和对应的复选框控件的位置进行调整,窗体运行结果如图 4.58 所示。

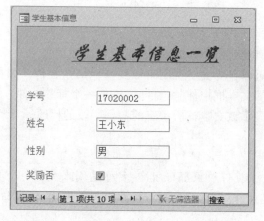

图 4.58　"学生信息浏览-1"窗体运行结果

操作步骤如下。

（1）打开"教学管理系统"数据库，将"学生信息浏览"窗体另存为"学生信息浏览-1"窗体。

（2）向窗体添加窗体页眉/页脚。在设计视图中打开"学生信息浏览-1"窗体，在任意位置右击，在弹出的快捷菜单中选择"窗体页眉/页脚"选项。

（3）向窗体页眉中添加标题信息。

① 单击"控件"组中的标签按钮 **Aa**，移动鼠标到窗体的页眉部分，此时鼠标箭头显示为 ⁺**A**，按下鼠标左键并拖动，在窗体页眉区绘制一个矩形，在其中输入"学生基本信息一览"，结果如图 4.59(a) 所示。

② 在矩形区外的任意位置单击，单击该矩形区，重新选中该标签控件，在"窗体设计工具"下的"格式"选项卡的"字体"组中选择字体为"华文行楷"，字号为"22"磅，使 **I** 按钮和 **U** 按钮为选中状态。

③ 设置标题文字为蓝色。在"颜色设置"按钮 **A** 的下拉菜单中选择蓝色，或者按 F4 键打开属性表对话框，在标签的前景色属性中直接输入 #0000FF。

④ 在"窗体设计工具"下的"排列"选项卡的"调整大小和排列"组中，单击"大小/空格"按钮，在下拉菜单中选择"正好容纳"命令，结果如图 4.59(b) 所示。

⑤ 适当调整窗体页眉的高度，将窗体页脚的高度设置为 0。

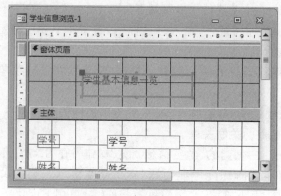

(a) 添加标签控件

图 4.59　设置窗体页眉

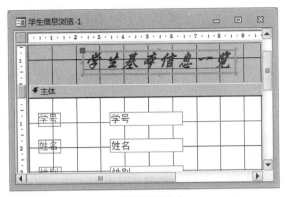

(b) 设置标签格式

图 4.59(续)

（4）调整"奖励否"标签的位置。

单击"奖励否"标签,将同时选中与之相关的复选框,如图 4.60 所示。移动鼠标光标至"奖励否"标签左上角的大控制方块上,按下鼠标左键不放,向左移动到指定位置,松开鼠标左键。

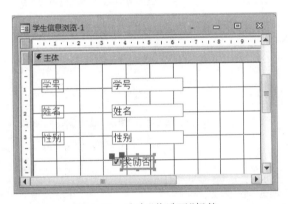

图 4.60 选中"奖励否"标签

（5）保存窗体,并在窗体视图中查看运行结果。

4.4.3 文本框

文本框可以是绑定的文本框也可以是非绑定的文本框,没有与数据表的字段绑定的文本框称为非绑定文本框。文本框也可以用来显示计算的结果或接受用户输入的数据。非绑定文本框中的数据将不会保存在任何位置。

1. 主要属性

（1）名称。

名称是控件对象唯一性的标识。在向窗体添加文本框控件时,系统会按照添加的顺序,依次命名文本框控件为 Text0、Text1、Text2……用户可通过"字段列表"对话框向窗体添加文本框,默认以绑定的字段数据列或字段的名称命名文本框控件对象。

（2）控件来源。

控件来源用于设置文本框中要显示的文本。设计窗体时,用户可以直接在文本框中输入要显示的文本或表达式(以等号"＝"开始)。如果是表达式,文本框将显示表达式计算的结果。

说明:当文本框没有与数据库中的数据绑定时,其功能和效果基本等同于标签,但文本框相对标签控件来说可以设置默认值、输入掩码、有效性规则、有效性文本等属性。

2. 文本框向导

用户可以使用"文本框向导"来设置文本框的字体、字号、字形(粗体和斜体)、特殊效果、文本对齐方式、行间距、边框内部边距以及附加的标签的标题等属性。

3. 将文本框绑定到数据库字段

通过设置文本框的"控件来源"属性,可以将文本框与数据库中的某个字段进行绑定,使之成为绑定文本框。绑定文本框可用于数据库中数据的浏览、编辑等操作。

注意:要将文本框绑定到数据库字段上,首先要设置窗体的"记录源"属性,将数据表或查询绑定到文本框所在的窗体。

例 4.14 创建一个如图 4.61 所示的"求和"窗体,在前两个文本框中分别输入加数,第三个文本框显示两数之和。此处用于显示求和结果的文本框为计算控件。

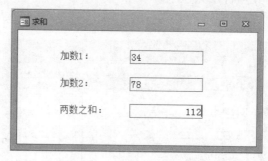

图 4.61 "求和"窗体运行结果

操作步骤如下。

(1) 打开"教学管理系统"数据库,选择"创建"选项,单击"窗体"组中的"窗体设计"按钮,将创建一个空白的窗体,并在设计视图中打开。

(2) 添加 3 个未绑定文本框。

① 选择"设计"选项卡,单击"控件"组中的"文本框"按钮 ■,移动鼠标到窗体,此时鼠标箭头显示为 ⁺■,在要添加第一个文本框的位置,按下鼠标左键,则在主体节中添加了第一个未绑定文本框和其附加标签(标签的默认标题为"Text0")。

② 单击"工具"组中的"属性表"按钮 ■,打开"属性表"对话框,在"控件对象列表"中,可以看到新增了两个对象:文本框 Text0 和标签 Label1。

③ 重复添加文本框控件的操作,向窗体中再添加 2 个未绑定文本框,结果如图 4.62 所示。

(3) 设置窗体及以上各控件的属性。单击"工具"组中的"属性表"按钮 ■,打开"属性表"对话框,在"控件对象列表"中选择要设置属性的对象,按表 4.6 设置属性值,结果如图 4.63 所示。

(4) 单击"保存"按钮,将窗体保存为"求和"。

(5) 切换到"窗体视图",查看窗体的运行效果。当在第一个文本框中输入 34,按 Tab

键时,光标移至第二个文本框,输入 78,按 Tab 键,用户将会在第三个文本框中看到计算的结果。

说明:使用 Tab 键可以使光标(输入焦点)在多个控件之间进行切换。

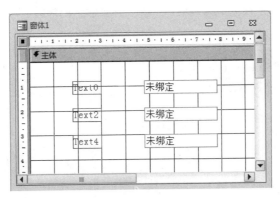

图 4.62 添加三个文本框图

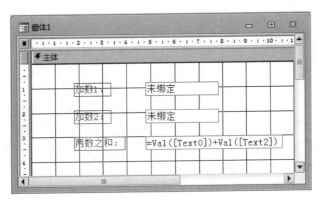

图 4.63 设置计算控件属性

表 4.6 "求和"窗体控件属性设置

对　　象	属　　性	属　性　值	说　　明
窗体	标题	求和	
	记录选择器	否	
	导航按钮	否	
	滚动条	两者均无	
标签 1	标题	加数 1:	原值为:"Text0"
文本框 1	名称	Text0	
	默认值	0	初值为 0
标签 2	标题	加数 2:	原值为:"Text2"
文本框 2	名称	Text2	
	默认值	0	初值为 0
标签 3	标题	两数之和:	原值为:"Text4"
文本框 3	名称	Text4	
	控件来源	=Val([Text0])+Val([Text2])	

窗体的基本操作

说明：表 4.6 中未提及的控件属性采用默认值。

例 4.15 修改例 4.5 中创建的"学生基本信息"窗体，将其中的"出生日期"信息改为"年龄"信息，将修改后的窗体保存为"学生基本信息-1"，窗体运行结果如图 4.64 所示。当用户单击记录导航按钮进行记录浏览时，将显示当前学生的"年龄"信息。

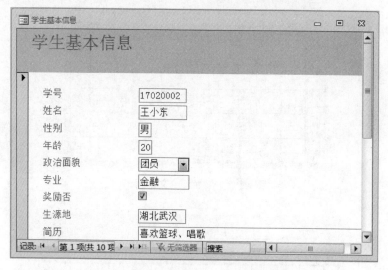

图 4.64　"学生基本信息-1"窗体运行结果

操作步骤如下。

(1) 打开"教学管理系统"数据库，将"学生基本信息"窗体另存为"学生基本信息-1"窗体。

(2) 以设计视图方式打开"学生基本信息-1"窗体。

(3) 右击"出生日期"文本框，在弹出的快捷菜单中选择"属性"选项，打开文本框的"属性表"窗口。设置文本框中的"控件来源"属性为"＝Year(Date())-Year([出生日期])"，设置文本框的"名称"属性为"年龄"，将文本框"格式"属性中的值("长日期")删除。

(4) 单击文本框的附加标签，将标签的标题改为"年龄"，结果如图 4.65 所示。

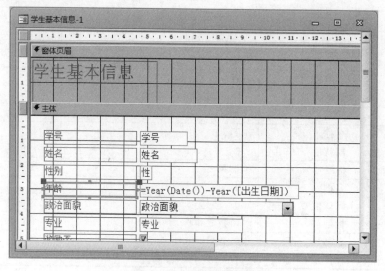

图 4.65　设置计算字段

（5）适当调整控件大小后保存窗体的修改,切换到"窗体视图",结果如图4.64所示。

说明:由于用于显示年龄的文本框为一个计算控件,因此在进行记录的添加时,用户是不可能进行数据输入的,即计算控件不同于绑定控件,它只可以显示表达式的计算结果。

例4.16 使用"文本框向导"向窗体中添加一个有附加标签的文本框,将该文本框绑定到"学生"表的"姓名"字段。

操作步骤如下。

（1）打开"教学管理系统"数据库,选择"创建"选项,单击"窗体"组中的"窗体设计"按钮,将创建一个空白的窗体,并在设计视图中打开。

（2）选择"设计"选项卡,使"使用控件向导"按钮处于选中状态,单击"文本框"按钮,移动鼠标到窗体设计区,在要添加文本框的位置单击,弹出"文本框向导"对话框,如图4.66所示。

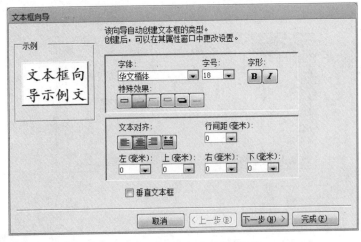

图4.66 "文本框向导"对话框

（3）设置字体为"华文楷体",字号为18,特殊效果选择第2种,文本对齐选择居中对齐,单击"下一步"按钮。

（4）在随后出现的对话框中单击"下一步"按钮。

（5）在弹出的对话框中输入文本框的名称为txtName,单击"完成"按钮。

（6）选中窗体上的文本框,在"排列"选项卡的"调整大小和排序"组中单击"大小/空格"按钮,在下拉菜单中选择"正好容纳"选项,将文本框的附加标签的标题改为"姓名:",结果如图4.67所示。

（7）设置窗体的数据来源。双击"窗体选择器"区,打开窗体的"属性表"对话框,选择"数据"选项卡中的"记录源"属性,在"记录源"属性框的下拉列表框中选择"学生"表。

（8）设置控件的数据来源。在"属性表"对话框的控件对象列表下拉列表框中选择txtName文本框对象,设置"控件来源"属性的值为"姓名"字段,如图4.68所示。

（9）右击窗体标题栏,在弹出的快捷菜单中选择"窗体视图"选项,窗体运行的结果如图4.69所示。

说明:本例中没有使用"字段列表"窗口,而是手动设置窗体的记录源以及手动将控件与字段进行绑定。读者可以仿照此例,手动向窗体中添加其他的数据绑定控件。

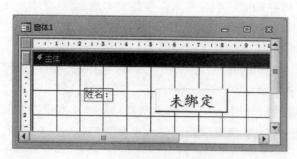

图 4.67 文本框格式的设定结果

图 4.68 文本框数据的绑定

图 4.69 窗体运行结果

4.4.4 命令按钮

在窗体上可以使用命令按钮来执行某个操作或某些操作,如关闭窗体、执行程序等。命令按钮可以是用户自己创建的,也可以是系统提供的。如果希望单击命令按钮后能执行某些操作,用户可编写相应的宏或事件过程,并将它附加在按钮的"单击"事件属性中。

1. 主要属性

(1) 名称。名称是控件对象唯一性的标识。在向窗体添加命令按钮控件时,系统会按照添加的顺序,依次命名控件按钮为 Command0、Command1、Command2……

(2) 标题。标题用于设置命令按钮上显示的文本信息。

(3) 图片。图片用于设置命令按钮上显示的图片。

(4) 可见。用于设置命令按钮控件是否在窗体上显示出来,默认值为"是"(显示)。

(5) 可用。用于设置命令按钮是否可用,默认值为"是"(可用),若设置为"否",则命令按钮将呈灰色显示,不可用。

(6) 单击。用于设定当单击按钮时,将触发的一系列处理行为,可以是宏,也可以是 VBA 编码。

2. 命令按钮向导

用户可以使用命令按钮向导来设置单击按钮时的动作、按钮上显示的文本或图片以及按钮名称等属性。

例 4.17 创建一个如图 4.70 所示的窗体，当单击笑脸按钮（图片按钮）时，打开"学生成绩"窗体，当单击"关闭"按钮（文本按钮）时，关闭当前窗体。

图 4.70 命令按钮示例窗体运行结果

操作步骤如下。

（1）打开"教学管理系统"数据库，选择"创建"选项，单击"窗体"组的"窗体设计"选项，将创建一个空白的窗体，并在设计视图中打开。

（2）选择"设计"选项，使"控件"组中的"使用控件向导"按钮处于选中状态，单击命令按钮。

（3）移动鼠标到设计窗体上，此时鼠标箭头显示为 ＋□。在窗体设计视图的主体节的合适位置单击，即可放置命令按钮，同时弹出如图 4.71 所示的"命令按钮向导"对话框。

（4）设置单击命令按钮时对应的操作为打开"学生成绩"窗体。

① 在"类别"列表框中选择"窗体操作"，在"操作"列表框中选择"打开窗体"，单击"下一步"按钮，如图 4.71 所示。

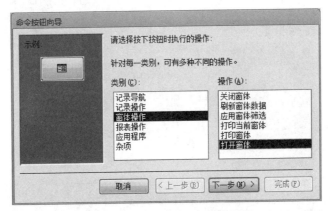

图 4.71 "命令按钮向导"对话框之一

② 在"请确定命令按钮打开的窗体"列表框中选择"学生成绩"窗体，单击"下一步"按钮，如图 4.72 所示。

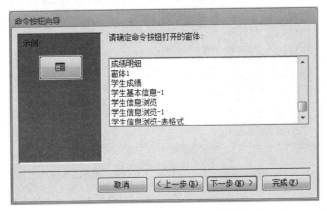

图 4.72 "命令按钮向导"对话框之二

第 4 章

窗体的基本操作

(5) 选择"打开窗体并显示所有记录"单选按钮,单击"下一步"按钮,如图 4.73 所示。

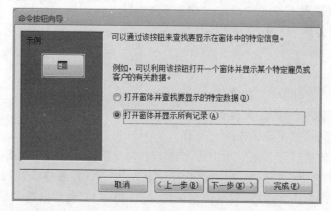

图 4.73 "命令按钮向导"对话框之三

(6) 设置按钮上的图片。选中"图片"单选按钮和"显示所有图片"复选框,从"图片"列表框中选择"笑脸"图片,如图 4.74 所示。单击"下一步"按钮,如图 4.75 所示。

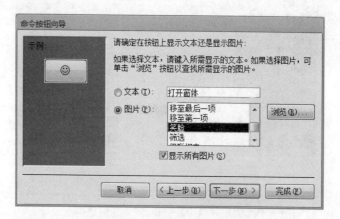

图 4.74 "命令按钮向导"对话框之四

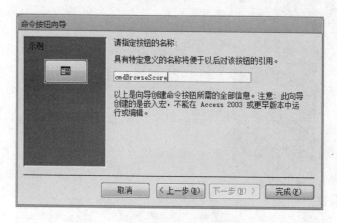

图 4.75 "命令按钮向导"对话框之五

说明：用户也可以通过单击"浏览"按钮，在弹出的"选择图片"对话框中，选择一个图片文件的方式来设定按钮上显示的图片。

（7）输入命令按钮的名称 cmdBrowseScore，单击"完成"按钮，完成第一个命令按钮的创建，该按钮为一个图片按钮。

（8）再次单击"控件"组中的命令按钮，移动鼠标到设计窗体上，在合适的位置单击，将再次出现"命令按钮向导"对话框。

（9）在命令按钮向导的第一个对话框的"类别"列表框中选择"窗体操作"，在"操作"列表框中选择"关闭窗体"，单击"下一步"按钮。

（10）在命令按钮向导的第二个对话框中选中"文本"单选按钮，在文本框中输入"关闭"，单击"下一步"按钮。

（11）在命令按钮向导的第三个对话框中，输入命令按钮的名称 cmdClose，单击"完成"按钮，完成第二个命令按钮的创建。

（12）切换到"窗体视图"，查看窗体运行的结果。

当然，用户也可以不使用向导，直接使用设置控件属性的方式向窗体中添加图形按钮和文本按钮。

例 4.18 不使用命令按钮向导，创建一个如图 4.76 所示的窗体，向窗体中添加一个名为 cmdBrowseScore 的图片按钮和一个名为 cmdClose 的文本按钮。实现单击图片按钮时打开"学生成绩"窗体，单击"关闭"按钮（文本按钮）时关闭当前窗体的功能。

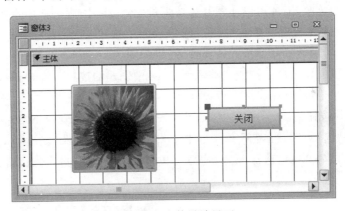

图 4.76　窗体设计界面

操作步骤如下。

（1）打开"教学管理系统"数据库，选择"创建"选项，单击"窗体"组中的"窗体设计"按钮，将创建一个空白的窗体，并在设计视图中打开。

（2）使"设计"选项卡的"控件"组中的"使用控件向导"按钮处于未选中状态。

（3）添加一个图片按钮。单击"控件"组中的命令按钮，移动鼠标到设计窗体上，然后在合适位置单击，放置命令按钮。

（4）设置图片按钮的属性。选中窗体上的命令按钮对象，按 F4 键，打开命令按钮的"属性表"对话框。选择"格式"选项卡，按表 4.7 所示设置命令按钮的"图片"属性，选择"其他"选项，设置"名称"属性。用户可适当调整命令按钮的大小，以显示按钮上的图片。

表 4.7　图片按钮与文本按钮控件属性设置

对　象	属　性	属　性　值	说　明
命令按钮 1 （图片按钮）	名称	cmdBrowseScore	
	图片	D:\Picture\userTile. BMP	只支持位图格式的文件
命令按钮 2 （文本按钮）	名称	cmdClose	
	标题	关闭	

　　说明：设置"图片"属性时，可直接在图片栏中输入图片的存储路径（见表 4.7），也可以单击图片栏右侧的"生成器"按钮 ⋯ ，在弹出的"图片生成器"对话框（见图 4.77）中单击"浏览"按钮打开"选择图片"对话框进行相应选择。

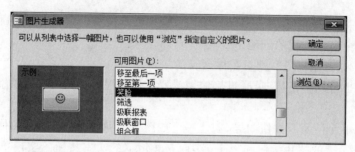

图 4.77　图片生成器

　　例 4.17 中的"笑脸"图片可以在图片生成器的"可用图片"列表框中直接选择。

　　(5) 添加一个文本按钮。单击"控件"组中的命令按钮，在窗体的合适位置添加一个命令按钮，按表 4.7 所示设置命令按钮的属性，结果如图 4.76 所示。

　　如果用户希望创建的命令按钮能够像例 4.17 中创建的按钮一样，当单击时执行一些操作，则需对按钮的"单击"事件属性进行设置。

　　(6) 设置图片按钮的单击动作。双击图片按钮，打开 cmdBrowseScore 按钮的"属性表"对话框，在"事件"选项卡的"单击"事件行中单击右侧的"生成器"按钮 ⋯ ，弹出"选择生成器"对话框，如图 4.78 所示，选择"宏生成器"，单击"确定"按钮，进入宏设计窗口，如图 4.79 所示。

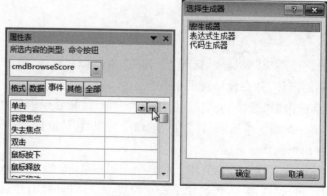

图 4.78　选择生成器

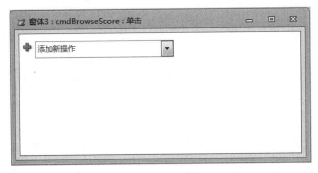

图 4.79　宏设计窗口

在宏设计窗口的"添加新操作"列表框中选择 OpenForm 操作,如图 4.80 所示。设置"窗体名称"为"学生成绩",设置完毕后,关闭宏设计窗口,保存宏的设计结果。

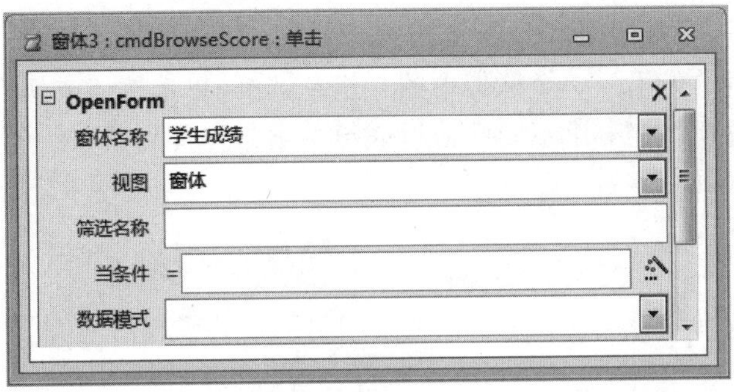

图 4.80　设置 OpenForm 操作的参数

(7) 设置文本按钮的单击动作。双击文本按钮,打开 Close 命令按钮的"属性表"对话框,在"事件"选项卡的"单击"事件行中单击右侧的"生成器"按钮 ,弹出"选择生成器"对话框,选择"宏生成器",单击"确定"按钮,打开宏设计窗口。

在"添加新操作"列表框中选择"CloseWindow"操作,并关闭宏设计窗口,保存宏的设计结果。

(8) 在窗体视图中查看运行结果。用户可以看到,例 4.18 创建的命令按钮与例 4.17 所创建的命令按钮的显示以及功能基本相同(除图片按钮显示的图片不同以外)。

说明:关于宏设计器的具体使用,用户可参见第 7 章。

4.4.5　复选框、切换按钮与单选按钮

复选框、切换按钮与单选按钮控件用于显示或输出 True 或 False 值。若控件被选中,则其值为 True 或 -1;若未被选中,则其值为 False 或 0。

图 4.81 展示了单选按钮、复选框和切换按钮的选中状态和未选中状态。其中,一个单选按钮、两个复选框和一个切换按钮处于选中状态。

控件的"控件来源"属性用于将复选框、单选按钮或切换按钮绑定到某个字段,用户可以将每个复选框、单选按钮或切换按钮的"默认值"属性设置为 True 或 False 来设置是否为选中状态。

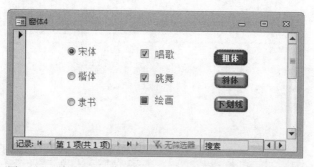

图 4.81　单选按钮、复选框、切换按钮的选中和未选中状态

注意："默认值"文本框中不能直接输入 True，在前面一定要加"="。

4.4.6　选项组

选项组控件由一个组框架和一组复选框、单选按钮或切换按钮组成，如图 4.82 所示。其中，组框架起分组的作用。一个框架中的一组复选框、单选按钮或切换按钮只能有一个是选中状态，不同的选项将把一个不同的值返回给选项组控件。选项组的值只能是数字，不能是文本。

图 4.82　选项组设计结果

1. 主要属性

"控件来源"属性用于将选项组（注意：不是组框架内的复选框、单选按钮或切换按钮）绑定到某个字段。用户可以为每个复选框、单选按钮或切换按钮的"选项值"属性设置相应的数字，当选项组中的某个选项被选中时，将把"选项值"返回给选项组控件。

2. 选项组向导

选项组向导是添加选项组的最好方法。使用选项组向导可以完成选项标签、默认选项、选项值、选项控件类型（切换按钮/单选按钮/复选框）、样式以及选项组标题的设置。

例 4.19　使用选项组向导创建一个如图 4.82 所示的窗体，当单击窗体下方的记录导航按钮时，选项组中将显示对应学生的获奖励情况。

操作步骤如下。

（1）打开"教学管理系统"数据库，执行"创建"选项卡的"窗体"组的"窗体设计"命令，将创建一个空白的窗体，并在"设计视图"中打开。

（2）设置窗体的"记录源"为"学生"表。

（3）选择"设计"选项卡，使"控件"组中的"使用控件向导"按钮处于选中状态，单击选中

"选项组"按钮 。

（4）移动鼠标到设计窗体上，在窗体合适的位置单击，即可放置一个选项组对象，同时出现"选项组向导"对话框。

（5）在"标签名称"栏输入选项组中各选项的标签名称，单击"下一步"按钮，如图4.83所示。

图4.83　"选项组向导"对话框之一

（6）选中"否，不需要默认选项"单选按钮，单击"下一步"按钮。

（7）设置每个选项对应的值，单击"下一步"按钮，如图4.84所示。

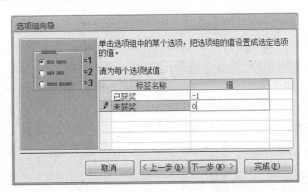

图4.84　"选项组向导"对话框之三

（8）选中"在此字段中保存该值"单选按钮，并在下拉列表框中选择"奖励否"字段，单击"下一步"按钮，如图4.85所示。

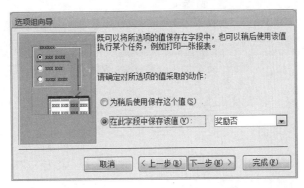

图4.85　"选项组向导"对话框之四

(9) 设置选项组中的控件为单选按钮,样式为"阴影",单击"下一步"按钮,如图 4.86 所示。

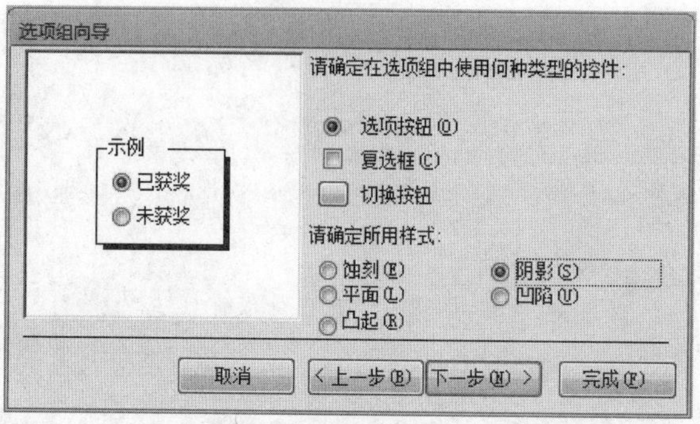

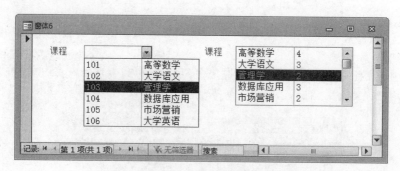

图 4.86 "选项组向导"对话框之五

(10) 设置选项组标题为"获奖情况",单击"完成"按钮。

该例完成后,可以在窗体"设计视图"中分别选中选项组控件、两个选项控件,可以看到:选项组控件的"记录来源"属性值为"奖励否"(字段),两个选项控件的"选项值"属性值分别为-1 和 0。

4.4.7 列表框和组合框

在许多情况下,从列表中选择一个值,要比记住一个值后输入它更快、更容易,选择列表还可以帮助用户确保在字段中输入的值是正确的。列表框中的列表是由数据行组成的,列表框中可以有一个或多个字段。组合框的列表是由多行数据组成,但平时只显示一行,当需要显示时可以单击右侧的▼按钮。用户只能从列表中选择值,而不能输入新值,而组合框既可以进行选择,也可以输入文本,组合框如同文本框和列表框合并在一起。图 4.87 所示为一个组合框和一个列表框。

图 4.87 组合框与列表框

说明:列表框与组合框在使用上有很大的相似之处,此处以组合框为重点进行介绍。

1. 主要属性

(1) 名称。

名称是控件对象唯一性的标识。在向窗体添加组合框(或列表框)控件时,系统会按照添加的顺序,依次命名组合框(或列表框)控件为 Combo0(List0)、Combo1(List1)、Combo2(List2)……

（2）控件来源。

控件来源用于将组合框或列表框绑定到某个字段。

（3）行来源与行来源类型。

行来源与行来源类型用于设置组合框或列表框中选项数据的来源。

（4）列数。

列数用于设置组合框下拉列表或列表框中数据的列数（组合框的文本框部分只能显示一列数据）。

（5）绑定列。

绑定列用于设置组合框或列表框中哪一列含有准备在数据库中存储或使用的数据。

2. 组合框向导

在"使用控件向导"按钮![icon]处于选中状态时，向窗体中添加组合框控件的动作将启动组合框向导。

当用户在"数据表视图"中浏览"学生"表的数据时，单击"政治面貌"列的任何一行，会看到组合框的表现形式，通过组合框的下拉列表可以对记录的"政治面貌"字段的内容进行重新设置。而"专业"字段却没有采用这种形式，这其中的差别在哪里呢？用户可以在"设计视图"中打开"教学管理系统"数据库的"学生"表，如图 4.88 所示，在"政治面貌"字段的定义中，可以看到字段属性中的"查阅"选项卡中有相关的属性设置。

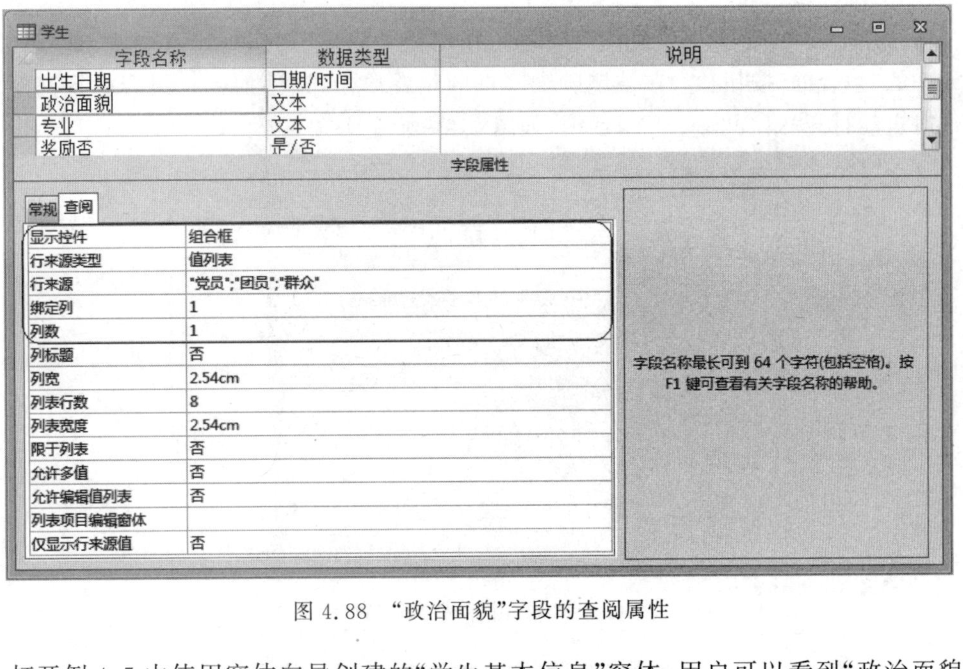

图 4.88 "政治面貌"字段的查阅属性

打开例 4.5 中使用窗体向导创建的"学生基本信息"窗体，用户可以看到"政治面貌"采用的是组合框的形式进行显示和输入，而"专业"采用的是文本框的形式进行显示和输入。若是窗体中的"专业"信息也能使用组合框的方式实现，就可以在数据输入时更加方便和准确。

例 4.20 使用"窗体"组的"窗体"工具创建一个如图 4.89 所示的窗体，要求将其中的"专业"信息使用"组合框"形式进行显示和输入，并将修改结果保存为"组合框示例-1"。

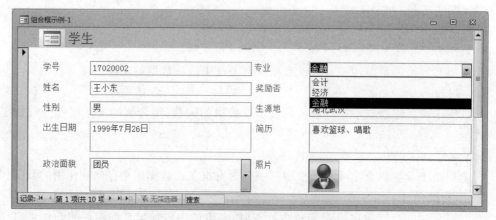

图 4.89 "组合框示例-1"窗体运行效果

操作步骤如下。

(1) 打开"教学管理系统"数据库,在导航窗格中选中"学生"表,选择"创建"选项,单击"窗体"组中的"窗体"按钮,将快速生成一个窗体,其默认在"布局视图"中打开。单击"保存"按钮,将窗体保存为"组合框示例-1"。

(2) 切换到"设计视图",在窗体的设计区中选中"专业"文本框控件,按 Delete 键删除该控件及其附加标签。

(3) 选择"设计"选项,使"控件"组中的"使用控件向导"按钮处于选中状态。单击"控件"组中的"组合框"按钮 ,在被删除文本框的位置单击,即添加一个组合框及其附加标签,同时自动打开"组合框向导"对话框,如图 4.90 所示。

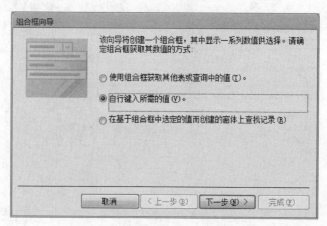

图 4.90 "组合框向导"对话框之一

(4) 选中"自行键入所需的值"单选按钮,单击"下一步"按钮,如图 4.90 所示。

(5) 设置列数为 1,在下方单元格中依次输入将要在组合框中出现的供选择的专业名称,单击"下一步"按钮,如图 4.91 所示。

(6) 选中"将数值保存在这个字段中"选项,并在下拉列表中选择"专业"字段,单击"下一步"按钮,如图 4.92 所示。

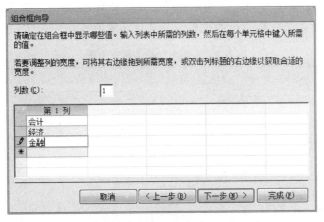

图 4.91　"组合框向导"对话框中设置组合框选项

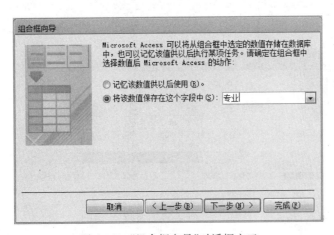

图 4.92　"组合框向导"对话框之三

（7）在"请为组合框指定标签："文本框中输入"专业"，单击"完成"按钮，如图 4.93 所示。对新添加的控件进行适当调整，然后切换到"窗体视图"，结果如图 4.89 所示。

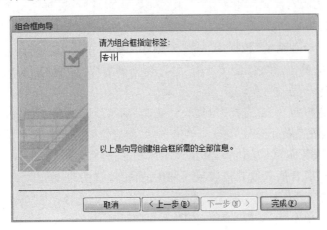

图 4.93　"组合框向导"对话框之四

说明：若不采用"组合框向导"，则添加组合框控件后，设置组合框对象的附加标签的标题为"专业"，组合框控件对象的属性按表 4.8 进行设置即可。

表 4.8　组合框控件属性设置

对　象	属　性	属　性　值	说　明
组合框	控件来源	专业	
	行来源类型	值列表	
	行来源	"会计"；"经济"；"金融"	值之间以分号相隔
	绑定列	1（默认值）	
	列数	1（默认值）	

例 4.21　创建一个名为"组合框示例-2"的窗体。如图 4.94 所示，单击组合框右边的下拉箭头，在下拉列表中会出现两列信息，即"学号"和"姓名"，选择完毕后，组合框中仅出现学号信息。当单击"查找"按钮后，将弹出"学生基本信息"窗体，显示该学号对应的学生的相关信息。

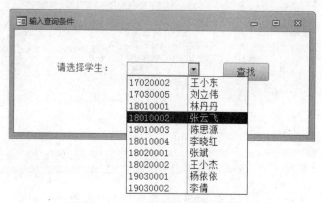

图 4.94　"组合框示例-2"窗体运行效果

说明：本例中涉及两个窗体，即"组合框示例-2"窗体和"学生基本信息"窗体。由于"学生基本信息"窗体已经在例 4.5 中创建了，故此处仅需创建"组合框示例-2"窗体即可。

操作步骤如下。

（1）打开"教学管理系统"数据库，选择"创建"选项，单击"窗体"组中的"窗体设计"按钮，创建一个空白的窗体，并在"设计视图"中打开。单击"保存"按钮，将窗体保存为"组合框示例-2"。

（2）启动"组合框向导"。选择"窗体设计工具"的"设计"选项卡，单击"控件"组中的"使用控件向导"按钮，使其处于选中状态。单击选中"组合框"按钮，在窗体的适当位置单击，添加一个组合框（默认名称为 Combo0）及其附加标签，同时将出现"组合框向导"对话框。

（3）选择"使用组合框获取其他表或查询中的值"单选按钮，单击"下一步"按钮。

（4）指定由"学生"表为组合框提供数据。在"视图"中选择"表"单选按钮，在列表中选择"表：学生"选项，单击"下一步"按钮，如图 4.95 所示。

（5）指定组合框中的数据列由"学号"和"姓名"两个字段列构成。将"学号"和"姓名"字段添加到"选定字段"列表中，单击"下一步"，如图 4.96 所示。

图 4.95 "组合框向导"对话框之五

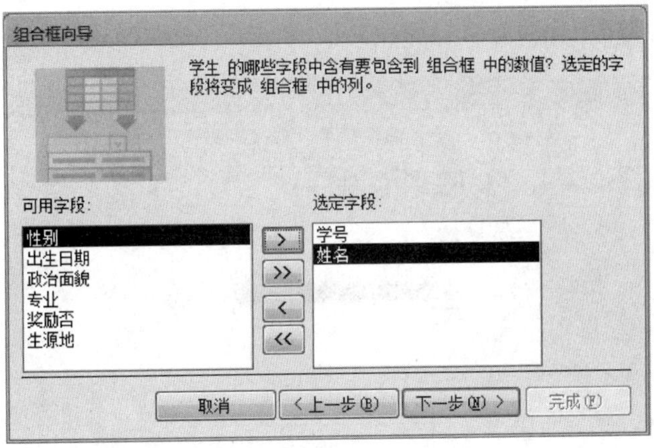

图 4.96 "组合框向导"对话框之六

(6) 指定组合框中显示的数据按"学号"的升序排列,单击"下一步"按钮,如图 4.97 所示。取消选中"隐藏键列(建议)"复选框,然后调整列的宽度,结果如图 4.98 所示。

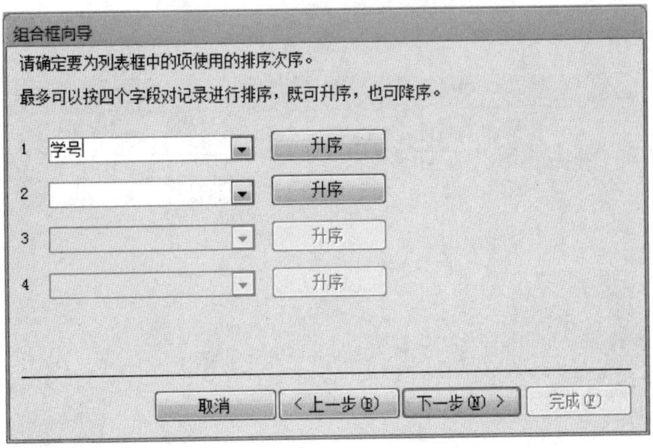

图 4.97 "组合框向导"对话框之七

窗体的基本操作

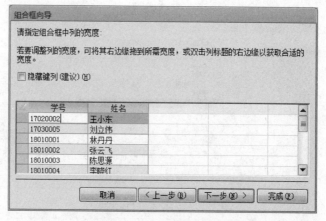

图 4.98　"组合框向导"对话框之八

（7）单击"下一步"按钮。

（8）指定"学号"列中包含有执行操作的值，单击"下一步"按钮，如图 4.99 所示。

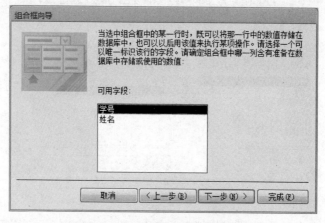

图 4.99　"组合框向导"对话框之九

　　（9）设置组合框控件的附加标签的标题为"请选择学生："，单击"完成"按钮，如图 4.100 所示。至此，组合框控件添加完毕。

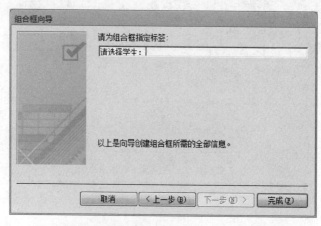

图 4.100　"组合框向导"对话框之十

（10）使用命令按钮向导向窗体添加"查询"按钮。向窗体上添加一个命令按钮，启动"命令按钮向导"对话框。

（11）设置按下按钮时执行的操作为"窗体操作"类中的"打开窗体"操作，单击"下一步"按钮。

（12）在"命令按钮向导"对话框中选择打开的窗体为"学生基本情况"窗体，单击"下一步"按钮。

（13）在"命令按钮向导"对话框中选择"打开窗体并查找要显示的特定数据"选项，单击"下一步"按钮。

（14）在"命令按钮向导"对话框中指定组合框与学生基本信息窗体的匹配关系，如图 4.101 所示，单击"下一步"按钮。

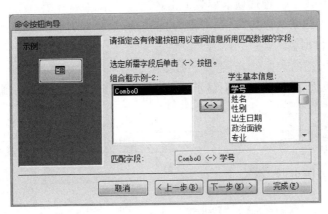

图 4.101　设置组合框与窗体的匹配数据

（15）设置按钮的标题。选择"文本"选项，输入"查找"，单击"下一步"按钮。

（16）指定命令按钮的名称为 cmdSearchStu，单击"完成"按钮。至此，命令按钮创建完毕。

（17）按表 4.9 设置窗体属性，保存窗体设置。

表 4.9　窗体属性设置

对　象	属　性	属　性　值
窗体	标题	输入查询条件
	滚动条	两者均无
	记录选择器	否
	导航按钮	否

4.4.8　选项卡

选项卡控件可以使窗体上的数据更加有条理，更加易用，尤其是当窗体中包含许多控件时，通过将相关控件放置在选项卡的不同页上，实现有效的数据分类管理。

使用"控件"组中的"选项卡"按钮，可以向窗体添加选项卡控件。选项卡控件上默认有

窗体的基本操作

两个页面。选择"设计"选项卡,单击"控件"组中的"插入页"按钮 📄,可向选项卡中增加页面。用户也可通过右击选项卡页面的标题,在弹出的快捷菜单中选择"插入页"或"删除页"命令,向选项卡中增加或减少页面。

1. 选项卡控件的主要属性

① 名称。名称是控件对象唯一性的标识。在向窗体添加选项卡控件时,系统会按照添加的顺序,依次将它们命名为选项卡控件 0、选项卡控件 1、选项卡控件 2……

② 多行。多行用于指定选项卡控件能否有多行选项卡。

2. 选项卡页面的主要属性

① 名称。名称是控件对象唯一性的标识。选项卡页面默认的名称是页 1、页 2……

② 标题。标题用于设置选项卡标签上显示的标题信息。

③ 图片。图片用于设置选项卡标签上出现的图片信息。

④ 可用。可用的默认值为"是",若设为"否",则选项卡页面上的控件将只能用于查看信息,而不能进行数据输入。

例 4.22 使用选项卡控件,创建一个如图 4.102 所示的"选项卡示例"窗体。窗体中的选项卡中有两个页面,第一个页面上显示学生的基本信息,第二个页面上显示对应学生的简历信息。

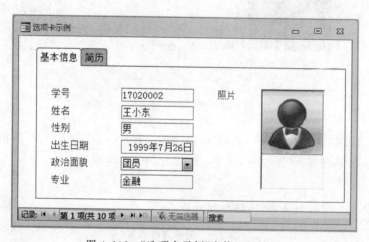

图 4.102 "选项卡示例"窗体运行结果

操作步骤如下。

(1) 打开"教学管理系统"数据库,选择"创建"选项,单击"窗体"组中的"窗体设计"按钮,新建一个空白窗体,并在"设计视图"中打开。单击"保存"按钮,将窗体保存为"选项卡示例"。

(2) 选择"设计"选项,单击"控件"组中的"选项卡"按钮 📄,将鼠标移动到窗体主体节的适当位置单击,即默认添加一个有两个页面的选项卡控件对象,适当调整选项卡的大小和位置。

(3) 单击选项卡中"页 1"的标题,按 F4 键,打开"页 1"的"属性表"对话框,将其"标题"属性设置为"基本信息"。选择"页 2",将其"标题"属性设置为"简历"。

(4) 打开窗体的"属性表"对话框,设置窗体的"记录选择器"属性为"否","滚动条"属性为"两者均无","记录源"属性为"学生"表。单击"工具"组中的"添加现有字段"按钮,打开"字段列表"窗口。

（5）向"页 1"中添加控件。将"学号""姓名""性别""出生日期""政治面貌""专业""照片"字段从"字段列表"中拖到"页 1"中，并按图 4.103(a)中的布局调整各控件。

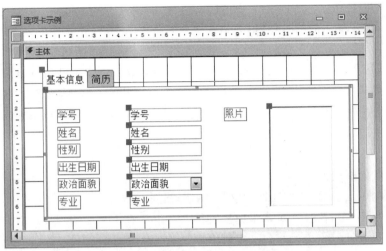

(a) 页1的设计结果

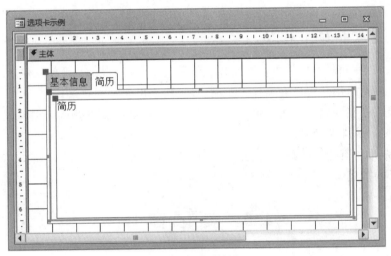

(b) 页2的设计结果

图 4.103 "选项卡示例"设计界面

（6）向"页 2"中添加控件。将简历字段从"字段列表"中拖到"页 2"中，删除"简历"文本框的附加标签，适当调整简历文本框的大小和位置，如图 4.103(b)所示，并设置"简历"文本框的边框样式为"透明"。

（7）保存窗体的设计结果。切换到"窗体视图"，查看运行结果。

4.4.9 图像控件与绑定对象框控件

1. 图像控件

使用图像控件可以将图片放置在窗体上，增强窗体的美观性。在这里，图片文件的格式可以是位图文件(.bmp)、图示文件(.ico)和图元文件(.wmf)。

注意：图像控件不能用于放置数据表中的图片，若要放置，必须使用绑定对象框控件。图像控件的常用属性有图片和缩放模式。

（1）图片。

图片用于设定显示的图片，其值为文件的存储路径和文件名。

（2）缩放模式。

缩放模式用于设定图片的大小如何调整，以便能够置入图像控件的方框中。

① 剪裁。图片以实际大小显示，如果图片比图像控件的方框大，则图片将会被裁剪。

② 拉伸。图片会在水平和垂直两个方向上拉伸，以填满整个图像控件的方框。

③ 缩放。图片在保持长宽比不变情况下，调整为在图像控件的方框上所能显示的最大尺寸。

2. 绑定对象框控件

绑定对象框控件只能与"OLE 对象"型的字段进行绑定。

在"设计视图"中打开"学生基本信息"窗体，其中就有一个名为"照片"的绑定对象框控件对象，用于显示"学生"表的"照片"字段中存储的图片。

绑定对象控件的控件来源、缩放模式、边框样式等属性同前文介绍的其他控件的属性类似，此处不再赘述。

4.4.10 直线和矩形控件

使用直线控件和矩形控件可以在窗体上绘制直线和矩形，以及其他几何形状，增强窗体的显示效果。例如，用户可以在窗体上绘制直线，构造出表格的效果。

通过直线的"斜线"属性，可以设定直线控件为从左上向右下倾斜或是从右上向左下倾斜，它有两种选择，即"\"和"/"。

直线和矩形还有边框颜色、边框宽度、边框样式、特殊效果等属性，同前文介绍的控件类似，故此处不再赘述。

4.5　美化窗体

4.5.1 在窗体中使用主题

Access 2010 提供的主题设置功能取代了早期版本中的"自动套用格式"功能。主题为窗体或报表提供了更好的格式设置选项，主题决定了整个系统的视觉样式。Access 2010 提供了 44 种桌面主题供用户选择，这些主题还可用于其他 Office 应用程序。用户可以自定义、扩展和下载主题，还可以通过 Office Online 或电子邮件与他人共享主题。此外，用户还可以将主题发布到服务器。

在"窗体设计工具"的"设计"选项卡的"主题"组中，包括"主题""颜色""字体"三个按钮。单击"主题"按钮，在下拉列表框中可以选择不同的主题风格应用在当前窗体上，默认的主题为"Office"风格，如图 4.104 所示。单击"颜色"按钮，在下拉列表框中可以选择不同的主题颜色，如图 4.105(a)所示。单击"字体"按钮，在下拉列表框中可以选择不同的字体，如图 4.105(b)所示。

图 4.104 "主题"组之"主题"下拉列表

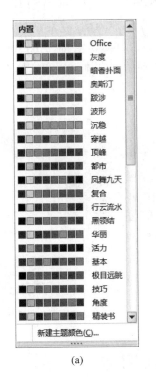

(a)

(b)

图 4.105 "主题"组之"颜色"下拉列表与"字体"下拉列表

说明：如果只更改颜色而不更改字体，则从"颜色"下拉列表中进行选择，如果只更改字体而不更改颜色，则从"字体"下拉列表中进行选择，如果要同时更改颜色和字体，则从"主题"下拉列表中进行选择。

4.5.2　设置窗体的"格式"属性

用户除了可以使用"主题"组对窗体进行美化外,还可以根据需要对窗体的格式、窗体的显示元素等进行美化设置。设置窗体的常用的格式属性如下。

① 标题。该属性设置窗体的标题。

② 默认视图。该属性设置窗体打开时所用的视图(单个窗体、连续窗体、数据表、数据透视表、数据透视图、分割窗体)。

③ 记录选择器。该属性设置窗体中是否显示记录选择器。

④ 导航按钮。该属性设置窗体中是否显示导航按钮。

⑤ 分隔线。该属性设置窗体中是否显示分隔线。

4.5.3　添加标题和徽标

向窗体添加标题的方法为:在当前窗体的"设计视图"中,选择"窗体设计工具"的"设计"选项卡,单击"页眉/页脚"组中的标题按钮 标题 ,即可在窗体的页眉区中添加一个标签对象(默认名称为 Auto_Title0),用于设置窗体的标题。如果窗体中没有窗体页眉节,则自动添加窗体页眉和窗体页脚节。

向窗体添加徽标的方法为:在当前窗体的"设计视图"中,选择"窗体设计工具"的"设计"选项卡,单击"页眉/页脚"组中的徽标按钮 徽标 ,弹出"插入图片"对话框,选择图片后单击"打开"按钮,即可在窗体的页眉区中添加一个图像对象(默认名称为 Auto_Logo0),用于设置窗体的徽标。如果窗体中没有窗体页眉节,则自动添加窗体页眉和窗体页脚节。

4.5.4　添加当前日期和时间

向窗体添加当前日期和时间的方法为:在当前窗体的"设计视图"中,选择"窗体设计工具"的"设计"选项卡,单击"页眉/页脚"组中的"日期和时间"按钮 日期和时间 ,在弹出的"日期和时间"对话框中,可以选择性的添加日期和时间,如图4.106所示。若同时选中"包含日期"和"包含时间"复选框,可在窗体的页眉区中添加两个文本框(默认名称为 Auto_Date 和 Auto_Time)分别用于日期和时间的显示。如果窗体中没有窗体页眉节,则自动添加窗体页眉和窗体页脚节。若希望将日期和时间放置在窗体的页脚区中,可采用剪切/复制的方法。

图 4.106　"日期和时间"对话框

4.6　创建系统导航窗体

通常,数据库系统中都会有一个主窗体,用于将用户创建的各个独立的窗体和报表有机地整合在一起,形成一个完整的数据库应用。Access 2010 提供的导航控件可以创建具有导航功能的窗体,为创建主窗体提供了强有力的支持。对于计划发布到 Web 的数据库,具备导航功能的主窗体尤其重要。

本节将详细介绍如何创建导航窗体、设置导航窗体的外观，以及设置导航窗体为系统的启动窗体。

4.6.1　创建导航窗体

导航窗体是包含导航控件的窗体。Access 2010 为用户提供了 6 种不同的导航布局方式。

① 水平标签。导航选项卡在窗体顶部排列成一行；

② 垂直标签，左侧。导航选项卡在窗体左侧排列成一列；

③ 垂直标签，右侧。导航选项卡在窗体右侧排列成一列；

④ 水平标签，2 级。导航选项卡放置在窗体顶部的两行中；

⑤ 水平标签和垂直标签，左侧。导航选项卡在窗体顶部横向排列，然后再在窗体的左侧排成一列；

⑥ 水平标签和垂直标签，右侧。导航选项卡在窗体顶部横向排列，然后再在窗体的右侧排成一列。

创建导航窗体的基本步骤如下。

（1）创建导航窗体。

单击"创建"选项卡的"窗体"组中的"导航"按钮，在"导航"下拉菜单中根据需要选择所需的导航窗体的样式，如图 4.107 所示。Access 将创建窗体，并向窗体添加导航控件，并在"布局视图"中显示该窗体。默认情况下，Access 将标签"导航窗体"添加到窗体页眉。双击标签，可修改标签的内容。

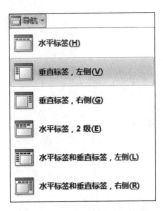

图 4.107　"导航"下拉菜单

图 4.108 所示为选择"垂直标签，左侧"后，Access 创建的导航窗体。窗体的主体部分由导航控制区与对象窗格区构成。其中导航控制区用于摆放导航按钮，对象窗格区用于显示与导航按钮对应的窗体或报表的内容。

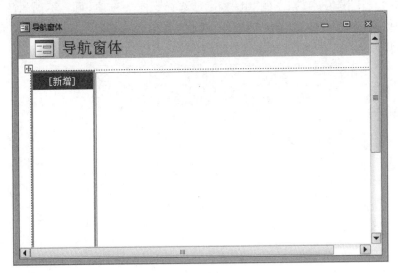

图 4.108　导航窗体的构成

窗体的基本操作

（2）将窗体或报表添加到导航窗体。

从数据库的导航窗格中将窗体或报表对象拖到"[新增]"按钮中，Access 将创建新的导航按钮并在对象窗格中显示相应窗体或报表内容。如图 4.109 所示，从导航窗格中将"学生信息浏览"窗体拖到"[新增]"按钮中，对象窗格中出现"学生信息浏览"窗体的内容。双击导航按钮，可对导航按钮上显示的文字进行修改。

注意：请确保是在"布局视图"中完成窗体或报表的添加。

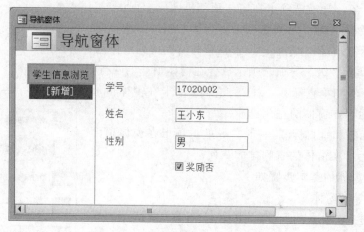

图 4.109　添加窗体后的导航窗体

（3）编辑窗体标题。

右击窗体，在弹出的快捷菜单中选择"表单属性"选项，将打开"窗体"的"属性表"对话框，编辑"标题"属性，以指定窗体的标题。

（4）将 Office 主题应用到数据库。

Access 创建的导航窗体默认使用的主题为 Access 最近一次使用过的主题。在"窗体布局工具"的"设计"选项卡的"主题"组中，通过选择不同的选项，可将不同的颜色和字体主题应用到数据库中。用户可以将鼠标悬停在每个主题上以查看主题的实时预览，单击一个主题进行应用。图 4.110 为应用"跋涉"主题的导航窗体的效果。

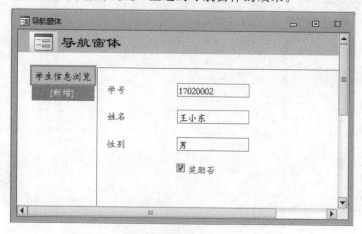

图 4.110　应用"跋涉"主题的导航窗体效果

（5）更改导航按钮的颜色或形状。

选择"窗体布局工具"的"格式"选项卡,在"控件格式"组的"快速样式""更改形状""形状填充""形状轮廓""形状效果"的下拉列表中选择所需的样式,可对导航按钮颜色、形状等效果进行设置。

例 4.23 创建一个如图 4.111 所示的导航窗体。该导航窗体的布局方式为"水平标签和垂直标签,左侧",标题为"主窗体",主题风格为"气流"。

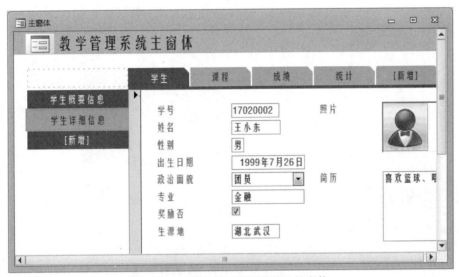

图 4.111 "教学管理系统"的导航窗体

操作步骤如下。

（1）打开"教学管理系统"数据库。

（2）创建导航窗体。在"创建"选项卡的"窗体"组中,单击"导航"按钮,在"导航"下拉菜单中选择"水平标签和垂直标签,左侧",创建的导航窗体如图 4.112 所示。双击窗体页眉区的标签,将其标题"导航窗体"改为"教学管理系统主窗体"。

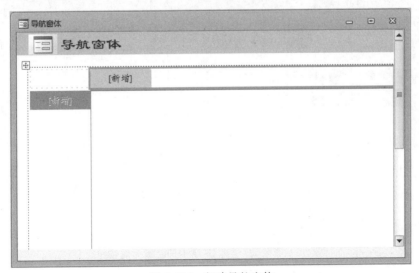

图 4.112 新建导航窗体

第 4 章

窗体的基本操作

（3）设置水平的导航选项卡。单击水平的"新增"按钮，输入第一个水平导航按钮的标题为"学生"，在新生成的"新增"按钮上单击，输入按钮标题"课程"，以此类推，在水平方向上再添加两个导航按钮，分别为"成绩"和"统计"，如图4.113所示。

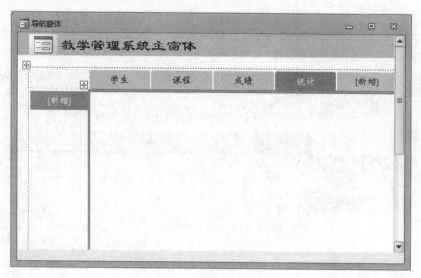

图 4.113　设置水平导航选项卡

（4）设置垂直的导航选项卡，并向导航窗体中添加窗体。

① 单击水平选项卡"学生"，将"学生信息浏览"窗体对象从导航窗格拖到垂直方向上的"［新增］"按钮上，单击垂直导航按钮，将按钮上的提示信息"学生信息浏览"改为"学生概要信息"。将"学生-纵栏式"窗体对象从导航窗格拖到垂直方向上的"［新增］"按钮上，单击新增的垂直按钮，将按钮上的提示信息"学生-纵栏式"改为"学生详细信息"，结果如图4.114所示。

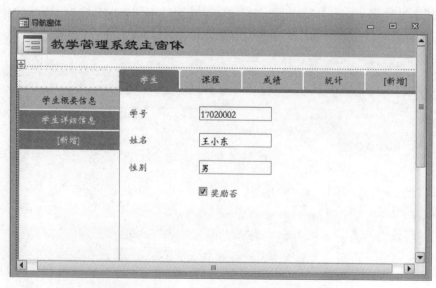

图 4.114　设置"学生"选项卡的二级导航按钮

② 单击水平选项卡"统计",将"各专业学生受奖励情况"窗体对象从导航窗格拖到垂直方向上的"[新增]"按钮上,将"各专业政治面貌情况"窗体对象从导航窗格拖到垂直方向上的"[新增]"按钮上,结果如图 4.115 所示。

图 4.115　设置"统计"选项卡的二级导航按钮

(5) 设置窗体标题为"主窗体"。右击窗体区域,在弹出的快捷菜单中选择"表单属性"命令,在打开的"属性表"对话框中,设置"标题"属性为"主窗体"。

(6) 设置窗体的主题为"气流"。在"窗体布局工具"的"设计"选项卡的"主题"组中,单击"主题",在下拉菜单中选择"气流"主题。

(7) 设置导航按钮的风格。

① 单击"学生"导航选项卡,选择"窗体布局工具"的"排列"选项卡,单击"行和列"组中的"选择行"按钮,选中所有的水平导航选项卡。

② 选择"窗体布局工具"的"格式"选项卡,单击"控件格式"组中的"更改形状"按钮,选中"剪去单角的矩形"□,结果如图 4.116 所示。

(8) 单击"保存"按钮,将窗体保存为"系统主界面"。

4.6.2　设置数据库的启动窗体

如果每次打开数据库时都能自动打开同一个窗体,则可以设置该窗体为数据库的启动窗体。将例 4.23 中创建的"系统主界面"窗体设置为"教学管理系统"数据库的启动窗体。

操作步骤如下。

(1) 单击"文件"选项卡,在"帮助"下单击"选项"按钮,弹出"Access 选项"对话框。

(2) 单击"当前数据库"按钮,在"应用程序选项"下的"显示窗体"下拉列表框中,选择要在启动数据库时显示的窗体——"系统主界面",如图 4.117 所示。

说明:如果要将数据库作为 Web 数据库发布,则在"Web 显示窗体"列表中选择要在浏览器中默认显示的窗体。

(3) 单击"确定"按钮,完成设置。

窗体的基本操作

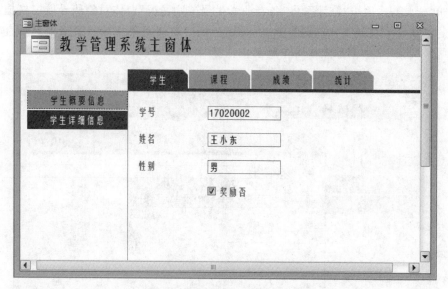

图 4.116　设置导航按钮的风格

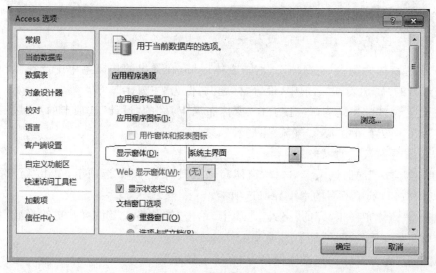

图 4.117　设置数据库的启动窗体

关闭"教学管理系统"数据库。当再次打开"教学管理系统"数据库时,将自动打开"系统主界面"窗体。如果在 Access 打开数据库的同时按住 Shift 键,则可以忽略此选项和其他启动选项。

思　考　题

1. 什么是窗体? 它有什么作用?
2. 窗体结构包含哪几部分? 每个窗体节各有什么用途?
3. 有哪几种类型的窗体? 各有什么特点?

4.窗体的视图有哪几种？如何在各种视图中进行切换？

5.窗体的"滚动条""记录选定器""记录导航按钮""分隔线"4个格式属性的取值范围如何,各项取值对窗体有何影响？

6.什么是窗体控件？常用的窗体控件有哪些？以文本框为例,说明控件对象属性的设置方法。

7.如何调整窗体节及控件的布局？

8.如何使用控件向导？以命令按钮为例,说明控件向导的使用方法。

窗体的基本操作

第5章 报表的基本操作

报表是 Access 2010 的数据库对象之一,它能根据指定的规则打印输出格式化的数据信息。数据库中的数据经过处理后经常需要输出到打印机打印成纸质的文档。在 Access 中使用报表对象来实现打印格式数据的功能,通过对报表对象的设计,不但可以控制数据库中数据输出的内容和打印的格式,还可以对数据进行分组、排序和统计汇总的显示,包含子报表和图表。建立报表的过程与窗体基本一样,不过建立好的窗体可以与用户进行信息交互,而报表只提供打印功能,没有交互功能的。本章将在介绍报表的分类和结构的基础上,详细讲解如何使用向导和报表设计器来设计报表。

5.1 报表概述

5.1.1 报表的类型

根据数据布局格式的不同,Access 2010 中的报表可以分为 4 种常用类型:表格式报表、纵栏式报表、图表报表和标签式报表。

1. 表格式报表

表格式报表以行和列的格式输出数据,一个记录的所有字段显示在一行。表格式报表的显示格式可以在一页上尽量多地显示数据内容,方便用户尽快了解数据的全局。如图 5.1 所示的"课程"报表就是一个表格式报表。

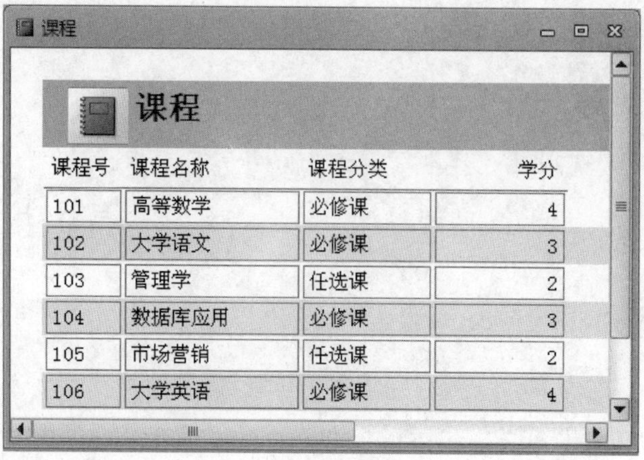

图 5.1 表格式报表

2. 纵栏式报表

纵栏式报表以列的方式显示多条记录,一条记录的每个字段各占一行。采用纵栏式报表的显示格式能够让一条记录的所有字段尽量多地显示出来,使关心记录细节的用户能够很快地看到一条记录的"全貌"。如图 5.2 所示的"教师"报表就是一个纵栏式报表。

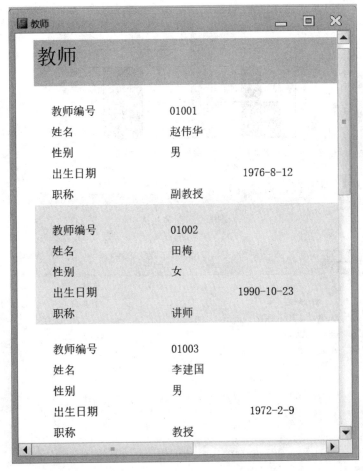

图 5.2　纵栏式报表

3. 图表报表

使用图表显示数据表中的数据可以给用户带来更为直观、清晰的分析结果。在 Access 中可以通过报表设计视图中的图表控件建立图表对象。如图 5.3 所示的"各专业男女生人数图表"报表,就是一个使用柱形图显示"教学管理系统"数据库中各不同专业男女生人数的图表报表。

4. 标签式报表

标签是一种类似名片的短信息。在日常工作中,经常需要制作一些标签,如在校学生需要的借书证、听课证,企业公司需要的出入证、员工卡以及在超市里常见的商品价格标签等。这些标签里显示的数据信息来源于数据库,通过 Access 的标签报表就可以设置所需要的标签格式。如图 5.4 所示是一个用来打印学生简要信息的"听课证"标签报表。

报表的基本操作

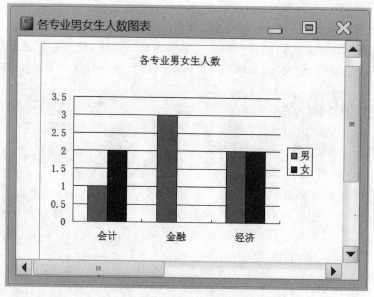

图 5.3 图表报表

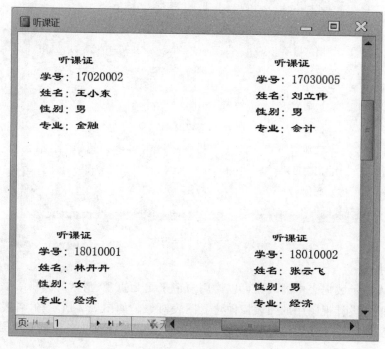

图 5.4 标签报表

5.1.2 报表的视图

在 Access 2010 中使用报表对象时可以选择以下 4 种视图之一：报表视图、打印预览、布局视图和设计视图。其中"设计视图"与"打印预览"这两个视图是每个报表都具备的视图方式，而"报表视图"和"布局视图"则可以通过对每个报表的"允许报表视图"和"允许布局视图"这两个属性的设置,选择该视图方式是否显示。

"报表视图"用于查看报表的设计结果,在报表视图中数据按照预先的设计以窗口的形式显示出来。"打印预览"用于观察数据打印在纸张上的页面效果,在打印预览视图中可以分页显示需要打印的全部数据。"布局视图"可以查看报表版面的设置和打印的效果。使用布局视图还可以插入字段和控件,调整报表的字体、字号和常规布局,不过只能看到页面的子集,而不是报表中的数据的完整呈现。"设计视图"主要用于创建和编辑报表的内容和结构,使用设计视图可编辑、更改已有报表的设计或重新开始创建新的报表。

双击一个报表对象,打开报表并进入该报表的报表视图。如果要切换到其他视图可以单击"开始"选项卡中的"视图"按钮,在下拉菜单中选择不同的选项,如图 5.5 所示,也可以在窗口右下角的状态栏中选择其他视图进行切换。

图 5.5 "视图"下拉菜单

5.1.3 报表的结构

打开一个报表的设计视图,用户可以看到报表的结构由如图 5.6 所示的几个区域组成,每个区域可称为一个"节"。

1. 报表页眉

放置在报表页眉内的信息是整个报表的页眉,在报表的开始处,用来显示报表的标题、说明性文字,如标题、公司名称、单位等。报表页眉中的内容在打印一份报表时只打印一次。一般来说,报表页眉主要用于打印封面。

2. 页面页眉

页面页眉用来放置显示在报表上方的信息,如每列的列标题,主要是字段名或记录的分组名称。页面页眉中的内容会出现在报表中的每一页数据的顶端,且每页都会打印一次。

3. 主体

主体是报表显示数据的主要区域。数据源中的每条记录都放置在主体中。根据主体中字段数据的显示位置,报表可以分为"纵栏式"或"表格式"等多种类型。

报表的基本操作

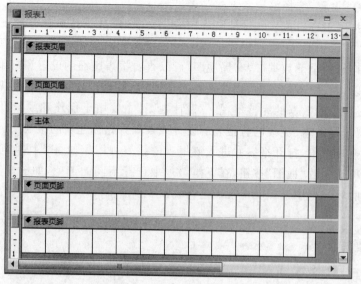

图 5.6   报表的基本结构

4. 页面页脚

放置在页面页脚中的内容打印在每页的底部,用来显示本页的页码和一些说明性的内容。

5. 报表页脚

报表页脚一般用来显示整份报表的汇总说明,如报表总结、打印日期等。其中的内容只会打印在报表最后一页的最后一条记录的后面,与报表页眉一样,一份报表只打印一次报表页脚中的内容。

在报表的设计视图中右击,在弹出的快捷菜单中选择"报表页眉/页脚"或"页面页眉/页脚"命令,可以添加或删除对应的节。

如果对报表中的数据进行了分组,设计视图还会增加对应于分组字段的两个节,分别是组页眉和组页脚。它们的内容在每一个组的开始和结束处分别显示并打印。

5.2   使用向导创建报表

Access 2010 提供了多种创建报表的方法,其中包括自动创建报表、新建空报表、使用报表向导创建报表、使用标签向导创建报表和使用设计视图创建报表的方法。

5.2.1   自动创建报表

Access 通过自动创建报表来提供一种快速地创建报表的方法,用户只需要在创建报表之前选定一个数据源,就可以迅速地建立包含该数据源的表格式报表。数据源既可以是已经建立的表或查询,也可以是其他带有数据源的对象,如已有的窗体或报表等,Access 会自动将已有窗体或报表的数据源作为新报表的数据源。

例 5.1   以"学生"表为数据源自动创建报表,报表名为"学生"。

操作步骤如下。

（1）在 Access 中打开"教学管理系统"数据库，在数据库对象列表中选定"学生"表作为数据源，如图 5.7 所示。

图 5.7　自动创建报表

（2）选择"创建"选项卡下的"报表"选项组，单击"报表"按钮，即可进入自动生成的"学生"报表的布局视图，如图 5.8 所示。

图 5.8　"学生"报表的布局视图

（3）单击快速访问工具栏中的"保存"按钮，命名并保存该报表。

5.2.2　新建空报表

新建空报表可以从一个空的报表开始，快速完成报表中内容的创建。新建空报表时，无须事先选取数据源，系统默认打开空报表的布局视图，并且提供字段列表，方便用户拖曳选取字段,并自动构建包含所选字段的查询作为数据源。当用户布局完成字段后能够立即通过布局视图来查看数据全貌,直接观察报表的设计结果。

例 5.2 用新建空报表的方法建立"课程"报表。

操作步骤如下。

(1) 打开"教学管理系统"数据库,选择"创建"选项卡下的"报表"组,单击"空报表"按钮,即可进入空报表的布局视图,如图 5.9 所示。

报表1
字段列表
仅显示当前记录源中的字段
其他表中的可用字段:
成绩
教师
开课教师
课程
学生
编辑表

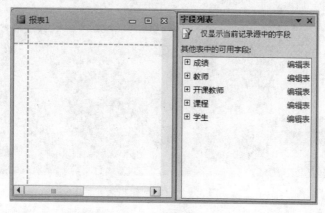

图 5.9 空报表的布局视图

(2) 选择"字段列表"中的"课程"表,单击"+"按钮,选取并拖曳字段到布局视图中,即可自动生成"课程"报表的布局视图,如图 5.10 所示。

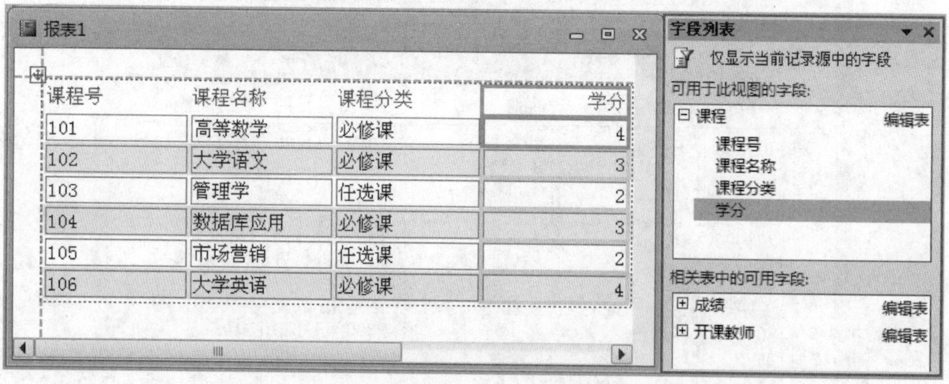

报表1
课程号
课程名称
课程分类
学分
101 高等数学 必修课 4
102 大学语文 必修课 3
103 管理学 任选课 2
104 数据库应用 必修课 3
105 市场营销 任选课 2
106 大学英语 必修课 4
字段列表
仅显示当前记录源中的字段
可用于此视图的字段:
课程
编辑表
课程号
课程名称
课程分类
学分
相关表中的可用字段:
成绩
开课教师
编辑表

图 5.10 "课程"报表的布局视图

(3) 单击快速访问工具栏中的"保存"按钮,命名并保存该报表。

5.2.3 使用报表向导创建报表

在使用报表向导创建报表时,向导会提示用户选择数据源、字段、版面及所需要的格式,根据向导提示可以完成大部分报表设计基本操作,加快了创建报表的过程。

例 5.3 使用报表向导的方法创建"学生成绩"报表。

操作步骤如下。

(1) 打开"教学管理系统"数据库,选择"创建"选项卡下的"报表"组,单击"报表向导"按钮,启动报表向导。

(2) 选择数据源。在"表/查询"下拉列表中选择"表:成绩",在"可用字段"列表中选中"学号""课程号""成绩"字段到"选定字段"列表中,如图 5.11 所示,单击"下一步"按钮。

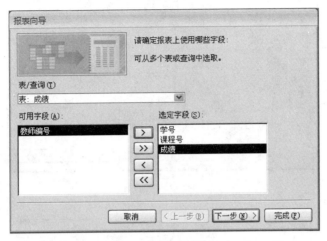

图 5.11　选择数据源

(3) 确定是否添加分组级别。根据需要,选择"课程号"字段作为分组级别,如图 5.12所示,单击"下一步"按钮。

图 5.12　添加分组级别

(4) 指定数据的排序方式。最多可以按 4 个字段对记录进行排序。这里指定按"学号"排序,如图 5.13 所示。单击"汇总选项"按钮,弹出如图 5.14 所示的"汇总选项"对话框,勾选计算汇总值的方式为"平均"方式,单击"确定"按钮,再单击"下一步"按钮,进入下一个对话框。

(5) 指定报表的布局方式。选择"递阶"布局方式,如图 5.15 所示。注意,不同的数据源或不同的设计会使得布局方式有不同的选择,如果数据源没有进行分组,布局方式将会变成"纵栏表""表格""两端对齐"这三种选择。在打印方向上可以选择是纵向打印或横向打印,在左边的预览框中可以看到布局的效果,单击"下一步"按钮。

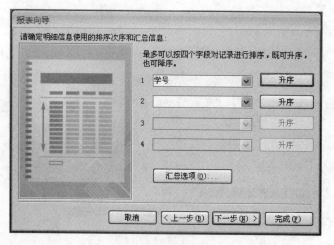

图 5.13　指定数据的排序方式

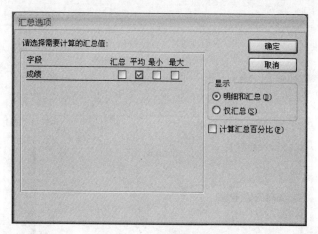

图 5.14　"汇总选项"对话框

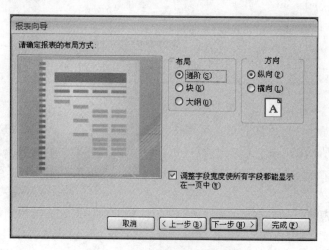

图 5.15　指定报表的布局方式

（6）为报表指定标题。输入"学生成绩"，选中"预览报表"单击"完成"就可以得到一个初步的报表，该报表的打印预览视图如图 5.16 所示。如果用户对报表的设计不满意，可以切换到该报表的设计视图做进一步的修改。

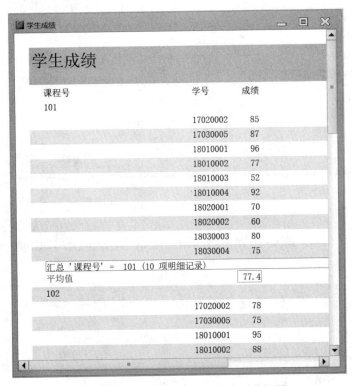

图 5.16　"学生成绩"报表的打印预览视图

5.2.4　使用标签向导创建报表

标签报表是 Access 提供的一种非常实用的报表，它采用多列布局，是完全为了适应标签纸而设置的特殊格式的报表。"标签向导"不但支持标准尺寸的标签，还能够制作自定义尺寸的标签。

例 5.4　为"学生"表中的每个学生制作一个包含学生基本信息的听课证，包括学号、姓名、性别和专业。

操作步骤如下。

（1）打开"教学管理系统"数据库，在数据库对象列表中选取"学生"表作为数据源，选择"创建"选项卡下的"报表"组，单击"标签"按钮。

（2）选择标签型号。在弹出的"标签向导"对话框中选择第一个标签尺寸 C2166，横标签号 2 表示横向一次打印 2 个标签，单击"下一步"按钮。

（3）选择标签的字体和字号。根据需要选择"楷体""加粗""12"号，单击"下一步"按钮。

（4）确定标签的显示内容。在右边的"原型标签"栏中，既可以直接输入要打印的文本，也可以通过双击"可用字段"列表框中的字段选择所需的字段，选中的字段会用花括号标识，如图 5.17 所示。

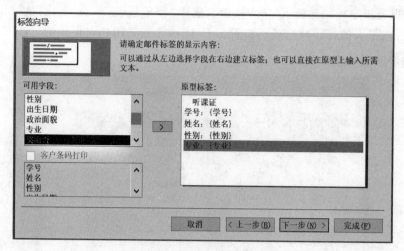

图 5.17　确定标签的显示内容

（5）选择排序字段。根据需要选择按"学号"排序，单击"下一步"按钮。

（6）指定标签名称。输入"听课证"后单击"完成"按钮即可见"听课证"报表的打印预览视图，如图 5.18 所示。

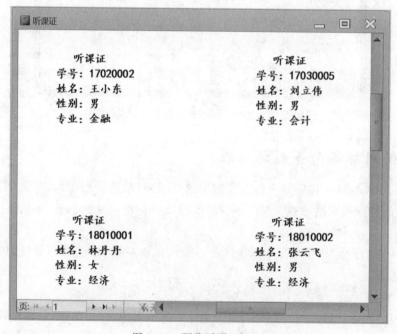

图 5.18　预览听课证标签

5.3　使用设计视图创建报表

使用向导的方法可以很方便地创建报表，但有时报表的形式还不能令人满意，这时可以通过报表的设计视图对报表做进一步的完善和改进。当然，用户也可以在报表设计视图中直接创建新报表。

5.3.1 使用设计视图创建报表的步骤

使用设计视图创建报表的步骤如下。

(1) 打开报表的设计视图。选择"创建"选项卡下的"报表"组,单击"报表设计"按钮,就可以打开新报表的设计视图。

(2) 设置报表的数据源。报表的数据源可以是单个的表或查询,如果报表的数据源涉及多表,则必须使用查询将多表中的数据集中起来。具体方法是选择"设计"选项卡下的"工具"组中的"属性表"按钮打开"属性表"窗口,在该窗口中选择"报表"对象的"记录源"属性,就可以通过选择表或已有的查询来确定记录源。也可以不直接设置记录源属性,而是选择"设计"选项卡下的"工具"组中的"添加现有字段"按钮,在打开的字段列表中直接选取所需要的字段拖曳到报表中,系统将会自动构建包含所需要的字段的查询命令,并将该命令设置为记录源。

(3) 添加和设计所需控件。在设计视图中,新报表显示出它的原始结构,由报表的3个基本节组成:页面页眉、主体和页面页脚,如图 5.19 所示。使用"控件"组中的工具按钮,用户可以在报表的适当节中添加所需控件,并通过设置控件的显示内容、属性及格式等,完成报表的细节设计。

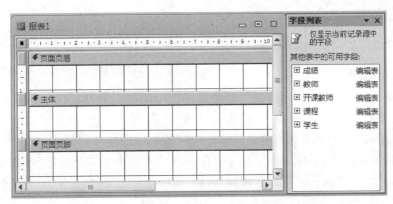

图 5.19　报表的设计视图

(4) 保存并命名报表,预览后结束报表的创建。

5.3.2 报表控件的使用

1. 添加标签和文本框

在 Access 报表中,最常用的控件就是标签控件和文本框控件。标签控件用来显示静态数据,其内容在设计报表时就已经确定,打印时不会有变化。文本框控件用来在报表中显示数据,可以与数据源进行绑定,打印时将动态显示实际数据,也可以显示某个表达式的内容。

例 5.5　用报表的设计视图建立"学生基本情况"报表,要求显示"学生"表中的每个字段。

操作步骤如下。

(1) 在打开的"教学管理系统"数据库中,选择"创建"选项卡下的"报表"组,单击"报表设计"按钮,打开报表的设计视图。

（2）选择"设计"选项卡下的"工具"组中的"属性表"按钮打开属性表。选择属性表中的"报表"对象的"记录源"属性,选中"学生"表作为数据源。

（3）在设计视图的窗口中右击,添加"报表页眉/页脚"节。

（4）添加报表标题。在"报表页眉"中,添加标签控件用以显示报表的标题"学生基本情况表",并右击标签,选择"属性"命令,修改"格式"选项卡中的字体名称为"黑体",并设置字号为20,如图 5.20 所示。

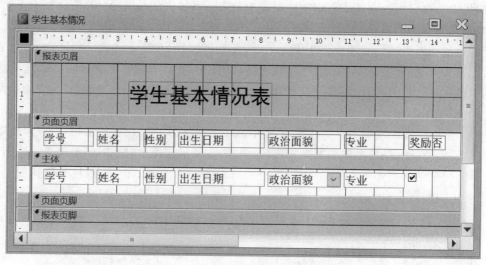

图 5.20　"学生基本情况"报表的设计视图

（5）设置报表每页的列标题。在"页面页眉"中,添加多个标签控件分别用来输入"学生"表的每个字段名,用户还可以通过"格式"菜单中的"对齐"命令使标签排列整齐,然后用鼠标在"页面页眉"节的下边缘处调整页面页眉的宽度。

（6）设置相应控件显示数据记录。在"主体"中添加多个文本框控件,右击每个文本框,选择"属性"命令打开"属性表"窗口,设置"数据"选项卡下的"控件来源"为对应的字段,这样就可以将文本框与表中字段进行绑定,并分别显示"学生"表的每个字段值。最后调整主体中各控件位置使之与页面页眉中的列标题标签纵向对齐。

也可以通过拖曳字段列表中的对应字段来完成以上字段绑定的过程,方法更为简单、直接。选择"工具"组中的"添加现有字段"按钮,打开字段列表,可以看到已经被添加到数据源中的"学生"表。用鼠标直接选中列表中的各个字段拖曳到"主体"节中,系统会自动生成与字段类型相匹配的控件,选中全部添加的字段控件及其标签,右击选择"布局"中的"表格"命令,这时报表会以"表格"样式进行布局,自动将字段前的标签放置到页面页眉中,并且与主体中的字段控件对齐。

（7）调整各节的宽度。至此完成了该报表的设计,用户可通过单击"视图"按钮查看该报表的报表视图,如图 5.21 所示,如果显示效果满意,可以关闭并保存,报表名为"学生基本情况"。

2. 添加页码、日期和时间

报表中经常需要显示页码、日期及时间等打印时的状况信息。在 Access 报表的设计视

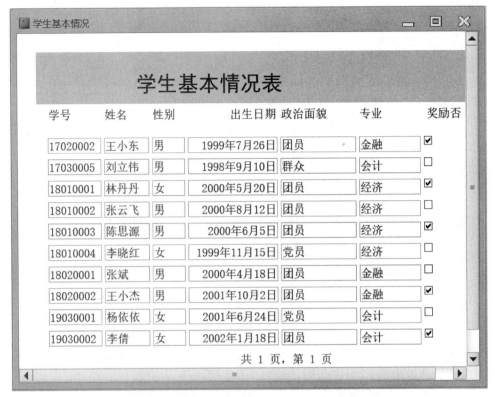

图 5.21 "学生基本情况"报表的预览视图

图中能够轻易地添加这些对象。

例 5.6 为"学生基本情况表"报表添加页码、日期和时间。

操作步骤如下。

（1）打开"教学管理系统"数据库，在左边的对象列表中选择"学生基本情况"报表，右击选择"设计视图"命令，打开该报表的设计视图。

（2）单击"页眉/页脚"组的"页码"按钮，在弹出的对话框中选中"首页显示页码"复选框，格式选择"第 N 页，共 M 页"，位置选择"页面底端（页脚）"，并以"居中"对齐方式显示页码，单击"确定"按钮。这时用户可以看到在设计视图的"页面页脚"节中出现了显示页码的文本框控件，如图 5.22 所示，这意味着每一个新的打印页都将显示页码。

（3）单击"页眉/页脚"组的"日期和时间"按钮，在弹出的对话框中选定日期和时间的显示格式，单击"确定"按钮。同样，用户可以看到在设计视图的"报表页眉"节的右上角，系统已经添加了两个分别用来显示日期和时间的文本框，如图 5.22 所示，说明日期和时间只在报表打印的第一页（即报表页眉）显示一次。当然，用户也可以通过拖曳文本框的方式将它们移至其他位置，那么打印的次数将会随着所在节的不同有所差异。

（4）设计完成后，单击"视图"按钮，选择"报表视图"，查看结果。

从报表的设计视图中可以看出，页码其实调用的是内部变量[Page]，日期和时间调用了函数 Date() 和 Time()。常用内部变量还有表示总页数的[Pages]，以及表示时间的函数 Now() 等。对这些变量函数的灵活运用可以设计更加多样的报表外观。

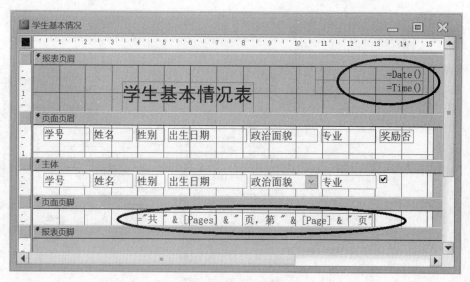

图 5.22　设置页码、日期和时间

3. 绘制线条和矩形

在报表中适当的位置添加线条和矩形能够分割报表空间,起到醒目和美化的作用。添加线条和矩形的方法与在窗体中添加该控件的方法一样,只是需要注意添加到不同的节内的线条和矩形在显示上的变化。

例 5.7　在"学生基本情况"报表中添加直线,结果如图 5.23 所示。

图 5.23　添加直线

操作步骤如下。

(1) 打开"教学管理系统"数据库,在左边的对象列表中选择"学生基本情况"报表,右击选择"设计视图"命令,打开该报表的设计视图。

(2) 从"控件"组中单击"直线"按钮,在"页面页眉"的列标题标签下绘制一条直线。

(3) 选中线条右击,选择"属性"命令打开属性表对话框,将"格式"选项卡中的"边框宽度"属性设置为 3 磅(即 3pt)。

(4) 设计完毕,切换到报表视图,显示结果如图 5.23 所示。

需要注意的是,由于直线只在每一页的列标题下显示,所以只能将直线添加到"报表页眉"节中,如果错误地将直线加到"主体"节中,则会在每一条记录下都显示一条直线,这就与题意不符了。

5.3.3 排序与分组

1. 排序

在默认情况下,报表中显示的数据是按照数据在表中的输入顺序排列的。如果需要数据按指定的顺序显示,可以使用 Access 数据库提供的排序功能。通过排序设置可以将记录按照一定的规则排列,从而使数据的查找更为方便。当然,通过"报表向导"也可以设置记录的排序和分组方式,但最多只能按 4 个字段排序。使用"分组和排序"按钮,可以进行多达10 个字段的排序与分组,而且还可以选择按字段表达式排序。

例 5.8 建立"学生选课成绩"报表,要求显示学生的姓名和课程的名称及成绩,并且按照"学号"的升序和"成绩"的降序进行排序。

操作步骤如下。

(1) 在"教学管理系统"数据库中新建一个基于"学生""课程"和"成绩"表的名为"选课成绩"的查询,查询中选择"学号""姓名""课程号""课程名称""成绩"字段。

报表的数据源既可以选择表也可以选择查询,而本报表的数据显然来源于多表,所以选择事先建立的多表查询较为适合。用户也可以通过在报表的字段列表中依次选中多表中的字段,由系统自动创建对应的 SQL 查询命令作为数据源。

(2) 用报表的设计视图新建报表。选择"创建"选项卡下的"报表"组,单击"报表设计"按钮,打开报表的设计视图。单击"报表"组中的"属性表"按钮,打开报表的属性表对话框,设置"数据"选项卡中的"记录源"属性为"选课成绩",单击"报表"组中的"添加现有字段"按钮,打开"字段列表",查询中的可用字段全部展现在"字段列表"中。用前文例 5.5 中的方法添加报表页眉以及各个控件,调整各控件的位置大小,并进行属性设置与布局,如图 5.24 所示。为了让数据显示得更加清晰,用户可以去掉报表的部分默认格式,这里将"主体"的"备用背景色"属性设置为"无颜色",用鼠标选中"主体"节中所有文本框,将这些文本框的"边框样式"属性设置为"透明"。设置完毕后可以关闭"字段列表"。

(3) 在"设计"选项卡的"分组和汇总"组中单击"分组和排序"按钮,在报表的下方打开"分组、排序和汇总"对话框,如图 5.25 所示。

(4) 单击"添加排序"按钮,从"选择字段"下拉列表中选择字段或直接输入表达式。这里选择"学号"字段,排序次序选择"升序"排列,单击第二行"添加排序"按钮,选择"成绩"字段,排序次序选择"降序"排列,如图 5.26 所示。设置完成后,在实际显示的时候处在第一行的"学号"字段具有最高的排序优先级,而第二行的"成绩"字段具有次高的排序优先级。

（5）关闭"分组、排序和汇总"窗口,关闭报表的设计视图,输入报表的名称"学生选课成绩"。双击报表对象,查看报表视图如图 5.27 所示。

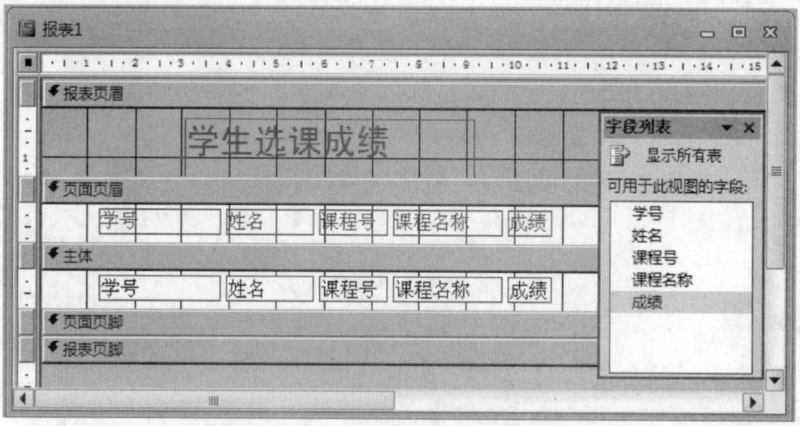

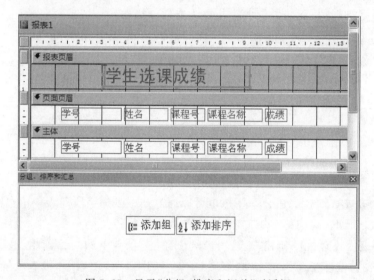

图 5.24 "学生选课成绩"报表的设计视图

图 5.25 显示"分组、排序和汇总"对话框

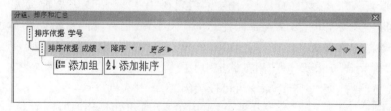

图 5.26 设置排序属性

2. 分组

使用 Access 数据库提供的分组功能,可以将记录按照一个或多个字段分组,并对每个组分别进行数据的汇总和统计。

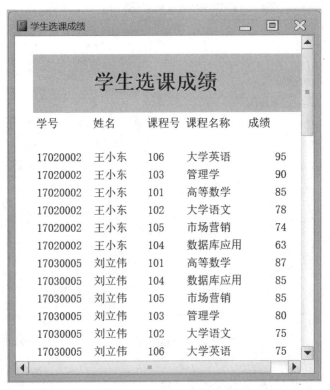

图 5.27 排序后的"学生选课成绩"报表的报表视图

例 5.9 设计分组报表"学生选课成绩",要求每个学生的课程及成绩为一组。

操作步骤如下。

(1) 在"教学管理系统"数据库中,选中例 5.8 中创建的"学生选课成绩"报表,右击选择"设计视图"命令,打开设计视图。

(2) 在"设计"选项卡下,单击"分组和汇总"组的"分组和排序"按钮,在报表下方打开"分组、排序和汇总"对话框。

(3) 在"分组、排序和汇总"对话框的第一行中选择排序依据为"学号"字段(例 5.8 中已选中),单击该行后的"更多"按钮,展开更多选项。选择"有页眉节",这样在报表的设计视图中就会添加"学号页眉"节,其他保持默认选项,如图 5.28 所示。

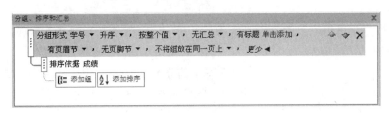

图 5.28 设置分组

分组属性如下。

① 分组形式。分组形式用于指定对字段的值采用什么方式进行分组。不同的数据类型其选项不同,如表 5.1 所示。

表 5.1　分组字段的数据类型与分组形式选项

分组字段的数据类型	分组形式选项	记录分组的原则
文本型	按整个值(默认选项)	字段或表达式值相同的分在一组
	自定义	字段或表达式前 n 个字符相同的分在一组,n 由用户指定
日期/时间型	按整个值(默认选项)	相同日期的分在一组
	年	相同年份的分在一组
	季	相同季度的日期分在一组
	月	同年同月的日期分在一组,注意:"2017-1-1"与"2018-1-1"不在一组
	周	相同周的日期分在一组
	日	相同日的日期的分在一组
	小时	相同小时的时间分在一组
	分	相同分的时间分在一组
	自定义	指定分组字段的间隔为 n 天或小时或分钟
数值、自动编号和货币型	按整个值(默认选项)	字段或表达式值相同的分在一组
	自定义	指定分组字段的间隔值为 n 条记录

　　例如,分组字段为日期类型时,如果将分组形式设置为"周",将组间距设置为 2,表示每两周为一组。

　　② 汇总。若要添加汇总,单击此选项可以添加多字段的汇总,还可以对同一字段执行不同类型的汇总。

　　③ 添加标题。单击"有标题"后的"单击添加"按钮,可以用来设置组页眉中显示的标签,在弹出的缩放对话框中输入组标题内容,然后单击"确定"关闭缩放对话框,系统将会自动选择"有页眉节"。

　　④ 组页眉。选择"有页眉节",添加"组页眉"节,选择"否"则删除该节。

　　⑤ 组页脚。选择"有页脚节",添加"组页脚"节,选择"否"则删除该节。

　　⑥ 保持同页。该属性指定是否在一页中打印同组的所有内容,它有 3 个属性值:若设置为"不将组放在同一页上",则指定打印时,依次打印各组,同组数据可以打印输出不在同一页;若设置为"将整个组放在同一页上",则指定打印的同一组的内容必须在同一组;若设置为"将页眉与第一条记录放在同一页上",意味着只有当组中的第一条记录完整打印时,才打印该组页眉。

　　(4) 此时,用户可以看到在报表中增加了一个以分组字段学号为名的页眉节"学号页眉"。因为要按"学号"分组,故"学号"和"姓名"字段的内容应该放置于"学号页眉"节中,使得该信息每组显示一次。这里可以将原视图中的学号和姓名的相应标签和文本框控件移动到"学号页眉"节,当然也可以直接创建这 4 个控件,重新调整布局后如图 5.29 所示。

　　(5) 设计完成,单击工具栏"视图"按钮,选择"报表视图",查看结果,如图 5.30 所示,关闭并保存该报表。

5.3.4　设计汇总报表

　　在 Access 中可以对报表中的数据进行统计汇总,这时需要用到计算控件来调用系统提

图 5.29 设置"学号页眉"

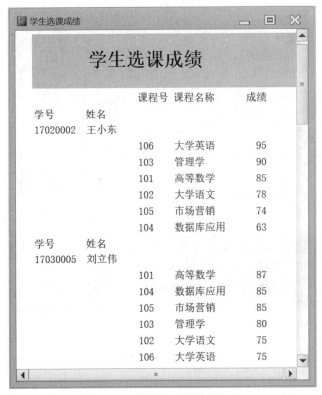

图 5.30 分组报表的报表视图

供的计算函数,如 Count(表达式)记数、Sum(表达式)求和、Avg(表达式)求平均值、Max(表达式)求最大值、Min(表达式)求最小值等。

用户要根据汇总的范围,正确的放置用于计算的控件。如果是对所有记录进行汇总,那么计算控件应该放置在报表页眉或报表页脚中;如果是对记录分组后的每一组汇总,则应该将计算控件放置在组页眉或组页脚中。

例5.10 设计汇总报表"学生选课成绩",要求每个学生为一组,计算该学生的总分和平均分。

操作步骤如下。

(1) 在"教学管理系统"数据库中,选中例5.9中创建的"学生选课成绩"报表,右击选择"设计视图"命令,打开设计视图。

(2) 在"设计"选项卡下,单击"分组和汇总"组中的"分组和排序"按钮,在报表下方打开"分组、排序和汇总"对话框。

(3) 在"分组、排序和汇总"对话框的第一行中选择排序依据为"学号"字段(例5.9中已选中),单击该行后的"更多"按钮,展开更多选项,选择"有页脚节"选项,添加"组页脚"节,其他保持默认选项。此时,用户可以看到在报表中增加了一个以分组字段"学号"为名的组页脚节"学号页脚"。

(4) 在"学号页脚"处添加2个文本框控件,分别输入求总分与取整的平均分的标题和计算公式:"=Sum([成绩])"与"=Int(Avg([成绩]))",具体如图5.31所示。其中Int(表达式)函数用来取整。

图5.31 创建分组汇总报表

(5) 设计完成,单击"视图"按钮切换到报表视图,结果如图5.32所示。关闭并保存该报表。

5.3.5 设计子报表

在报表的设计和应用中,可以通过设计子报表来显示和打印具备一对多关系的表之间的联系。其中利用主报表显示"一"方的表记录,用子报表来显示与"一"方表当前记录所对应的"多"方表的记录,从而实现在子报表中显示主报表特定记录的相关信息。

创建子报表的方法有两种:一种是在已有的报表中创建子报表;另一种是通过将某个已有报表作为子报表直接添加到其他现有报表中的方法来实现创建子报表。不管采用哪种方法,在创建子报表之前,应确保已经建立了正确的表间关系。

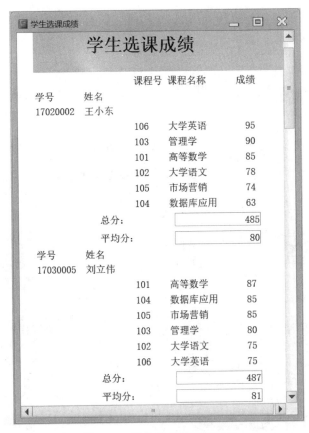

图 5.32 汇总报表的预览视图

1. 在已有报表中创建子报表

例 5.11 在"学生基本情况"报表中,创建并添加"成绩"子报表。

操作步骤如下。

(1)打开已有报表。在"教学管理系统"数据库中选中"学生基本情况"报表,右击选择"设计视图"命令,打开设计视图。

(2)打开"子报表向导"。在"设计"选项卡下,单击"控件"组中的"使用控件向导"按钮来激活向导。单击"子窗体/子报表"控件,在"学生基本情况"报表的主体节内下方按住鼠标左键拖出一个区域用来显示子报表,于是就启动了"子报表向导",如图 5.33 所示。

(3)选择子报表来源类型。选中"使用现有的表和查询"单选按钮,单击"下一步"按钮。

(4)确定子报表来源字段。在"子报表向导"对话框中的"表/查询"下拉列表框中选择"表:成绩",并将"成绩"表中的"学号""课程号""成绩"字段添加到"选定字段"列表中,如图 5.34 所示,单击"下一步"按钮。

(5)选择主报表的关联字段。在"子报表向导"对话框中选中"从列表中选择"单选按钮,并在下面的列表中选择"对学生中的每个记录用学号显示成绩",如图 5.35 所示,单击"下一步"按钮。

(6)输入子报表名称。在"子报表向导"对话框中的"请指定子窗体或子报表的名称"文本框中输入并保存子报表的名称"成绩情况",单击"完成"按钮,即可完成子报表的创建。调

整子报表的标签和其他控件的布局如图 5.36 所示。切换到报表视图查看结果，如图 5.37
所示。最后关闭并保存该报表。

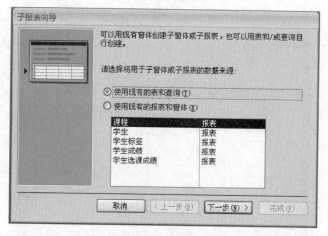

图 5.33　选择子报表来源类型

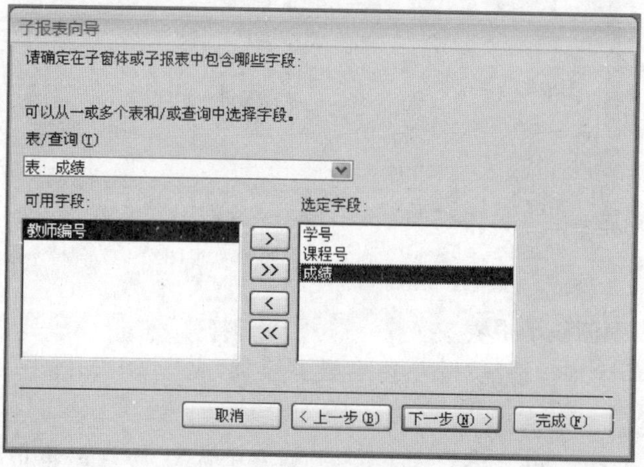

图 5.34　选择子报表来源字段

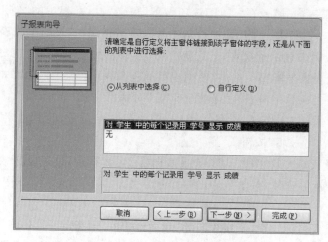

图 5.35　选择主报表的关联字段

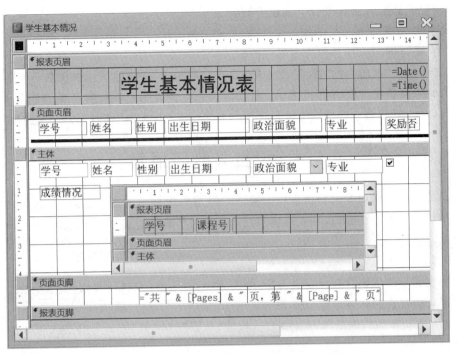

图 5.36　包含子报表的设计视图

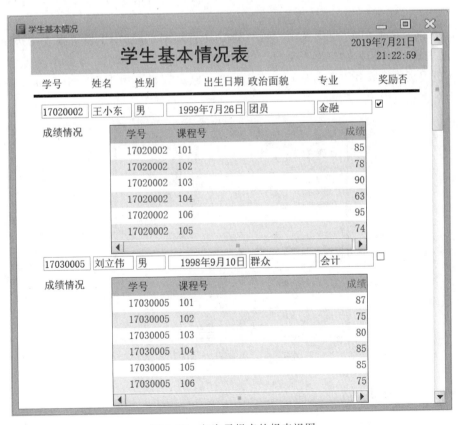

图 5.37　包含子报表的报表视图

报表的基本操作

2. 将报表添加到已有报表中创建子报表

主要操作步骤如下。

（1）在设计视图中打开作为主报表的报表。

（2）使"设计"选项卡的"控件"组中的"使用控件向导"按钮处于选中状态。

（3）将子报表或数据表从"数据库"窗口拖曳到主报表中需要放置子报表的节中，这样，Access 就会自动将子报表控件添加到主报表中，并显示与主报表中关联字段相关联的数据信息。

5.4　设置并打印报表

报表设计完成后就可以将报表打印输出。但是要想打印的报表美观，在打印之前还需要合理地设置报表的页面，直到效果满意再将报表打印输出。

5.4.1　页面设置

报表页面设置主要包括设置页边距、纸张大小、打印方向、打印列数等。

报表页面设置的具体操作步骤如下。

（1）在数据库窗口的对象列表中右击报表，选择"打印预览"命令并进入报表的打印预览视图。

（2）在"打印预览"选项卡的"页面布局"组中单击"页面设置"按钮，打开"页面设置"对话框。

（3）在该对话框中有"打印选项""页""列"3 个选项卡，分别用于设置报表的边距、页和列的属性。其中如果设置"列数"不为 1，就会生成多列报表，如图 5.38 所示。多列报表在打印时，报表页眉页脚和页面页眉页脚都会改变原来单列报表中占据整个页面的宽度的性质，变为只占据页面上一列的宽度。

图 5.38　"页面设置"对话框

5.4.2　打印报表

报表经过页面设置并预览修改过后，就可以开始打印进行输出。

具体的操作步骤如下。

(1) 在数据库窗口的导航窗格中右击报表对象,打开该报表的"打印预览"视图。

(2) 单击"打印预览"选项卡中的"打印"按钮,弹出"打印"对话框,如图 5.39 所示。

图 5.39 "打印"对话框

(3) 在"打印"对话框中设置完成打印范围、打印份数等参数后,单击"确定"按钮,开始打印。

思 考 题

1. Access 报表的结构可以分为哪几个部分? 每部分的主要功能是什么?

2. Access 报表有几种基本类型? 各有什么特点?

3. 创建报表的方法有几种? 各有什么特点?

4. 报表页眉与页面页眉的区别是什么?

5. 如何在报表中插入日期、时间和页码?

6. 如何对报表进行排序和分组?

7. 如何创建带有汇总内容的报表?

8. 在报表页脚中使用计算控件与在组页脚中使用计算控件有何不同?

第6章 | 数据库的安全管理

随着计算机网络的发展,数据的安全和可靠成为数据库系统的性能指标,越来越多的数据库网络应用已经成为数据库发展的必然趋势。做好对数据库的管理和安全保护工作已经成为数据库管理的首要任务。

本章主要介绍 Access 2010 所提供的数据库管理、数据库安全措施和用户级安全的功能内容。

6.1 管理数据库

Access 2010 提供了两种保证数据库可靠性的途径:一种是建立数据库的备份,当数据库损坏时可以用备份的数据库来恢复;另一种是通过自动恢复功能来修复出现错误的数据库。为了提高数据库的性能,Access 2010 提供了性能优化分析器帮助用户设计具有较高整体性能的数据库。此外,Access 2010 还提供了数据库的压缩和修复功能,以降低对存储空间的需求,并修复受损的数据库。

6.1.1 数据的备份和恢复

在创建和使用数据库的过程中,随着对数据库各种对象进行的添加和删除操作,有可能会导致保存在计算机中的数据库文件所占的磁盘空间越来越大。例如,有些对象数据添加到数据库后又将其删除,很多情况下,不能将这个对象的所有数据和参数设置彻底删除,文件可能会变得支离破碎,并使磁盘空间的使用效率降低。

在实际应用中,系统难免会出现一些错误,有的错误可以通过自动恢复功能加以修复,但是当数据库损坏较严重时,就无法用自动恢复功能加以恢复,这时就必须为用户提供建立数据库备份的功能,在必要的时候用备份数据库对系统进行恢复。

而在 Access 2010 中,提供了很多的实用工具对数据库的运行进行维护和管理,具体包括:压缩和修复数据库、备份数据库和拆分数据库等工具。

1. 备份数据库

在 Access 2010 数据库的使用过程中,随着使用次数的增加,经常会出现各种意想不到的状况。为了数据的安全,备份 Access 2010 数据库是最为常用的安全措施。经常性地备份数据库,可以有效地保护数据库的安全性,避免在计算机软硬件出现重大错误时导致数据丢失。

数据库的备份必须是一个数据库完整的映像,在这个映像的时间点上,没有部分完成的事物存在,这可以通过数据库的离线备份来实现,因为在这种情况下,没有事物需要处理。

这种方式的缺点是备份过程中没有应用能够使用数据库。

备份数据前,首先要关闭要备份的数据库,如果在多用户(共享)数据库环境中,则要确保所有用户都关闭了要备份的数据库。

例 6.1 备份一份"教学管理系统"数据库。

具体操作步骤为:在 Access 2010 窗口中,选择"文件"菜单,选择"保存并发布",如图 6.1 所示,双击"备份数据库"选项,打开"另存为"对话框,如图 6.2 所示,Access 会自动将用户备份时间作为备份文件名的一部分。

图 6.1 "文件"菜单

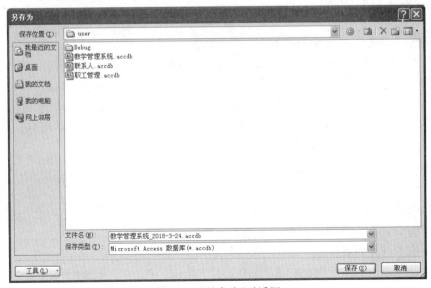

图 6.2 "另存为"对话框

数据库的安全管理

实际上,数据库的备份功能就和文件的"另存为"功能差不多,我们使用 Windows 的"复制"功能或者 Access 2010 的"另存为"功能都可以完成数据库的备份工作。

2. 恢复数据库

通过正规备份,快速将备份运送到安全的地方,数据库就能够在大多数灾难中得到恢复,恢复时文件使用从一个基点的数据库映像开始,到一些综合的备份和日志。由于不可预知的物理灾难,一个安全的数据恢复,可以使数据库映像恢复到尽可能接近灾难发生的时间点的状态。对于逻辑灾难,如人为破坏或者应用故障等,数据库映像应该恢复到错误发生的时间点的状态。

在一个数据库完全恢复过程中,恢复后所有日志中的事物被重新应用,所有结果就是一个数据库映像反映所有灾难前已接受的事务,而没有被接受的事物则不被反映。为了恢复数据库操作等错误,完全恢复是不合适的,如果重新应用所有事物,错误就会重复。数据库恢复应用程序允许管理员停止日志在错误发生的前一点,数据库就可以恢复到错误发生前的最后的一个时刻。

对于已经做好备份的数据库,要恢复数据库时,可以根据原来制作备份数据库时的方法,选择相应的方法来恢复数据库。如果备份时使用的是菜单中的复制命令,在恢复数据库的时候仍然要使用这种方法;如果备份时使用的是其他软件,在恢复的时候还需要使用这个软件对其进行恢复。

6.1.2 数据库的压缩和修复

通常,在数据库操作过程中可能出现的情况如下。

① 如果从表中删除记录,或者从数据库中删除对象后,Access 没有在用户每次删除操作之后,立刻改变数据库文件的存储空间大小。因为改变数据库文件的大小,就要对数据库的所有对象进行重新复制,这既浪费时间,也影响数据库的运行速度。

② 当用户在非正常情况下退出 Access 时(如突然断电等),数据库有可能被破坏,数据库一旦被破坏了,将不能被打开。

如果上述情况出现,就需要对数据库进行修复工作。Access 2010 将压缩和修复集合在一个功能中,而且能够更安全和有效地工作。

如果对数据库频繁执行删除表和添加表操作,则数据库可能会变成碎片保存,这时候就不能有效地利用磁盘空间,压缩数据库可以备份数据库、从新安排数据库文件在磁盘中的保存位置,并可以释放部分磁盘空间。在 Access 2010 数据库中的压缩和修复功能将合并成一个工具,而且既可以压缩 Access 2010 数据库,也可以压缩 Access 2010 项目。

1. 压缩和修复当前的数据库

修复一个数据库时,首先要求其他用户关闭这个数据库,然后以管理员的身份打开数据库。如图 6.3 所示,选择"数据库工具"菜单→"压缩和修复数据库"命令。Access 就会自动完成修复工作。

2. 压缩未打开的数据库

① 启动 Access 2010,选择"数据库工具"菜单→"压缩和修复数据库"命令,打开"压缩数据库

图 6.3 "压缩和修复数据库"命令

来源"对话框,如图 6.4 所示。

图 6.4   "压缩数据库来源"对话框

　　② 选中要压缩的"教学管理系统"数据库,单击"压缩"按钮,弹出"将数据库压缩为"对话框。

　　③ 在"将数据库压缩为"对话框的"保存位置"选择要保存的位置,在"文件名"文本框中输入压缩后的名字"教学管理系统(副本)"。

6.1.3　生成 ACCDE 文件

　　在 Access 2010 窗口中,选择"文件"菜单,选择"保存并发布",如图 6.1 所示,双击"生成 ACCDE"选项,打开"备份数据库"对话框。Access 2010 系统允许将数据库文件(.accdb)转换成一个 ACCDE 文件。把一个数据库文件转换为一个 ACCDE 文件的过程,将编译所有模块、删除所有可编辑的源代码,并压缩目标。由于删除了 Visual Basic 源代码,因此使得其他用户不能查看或编辑数据库对象。当然转换也使得数据库变小,使得内存得到优化,从而提高了数据库的性能,这也是把一个数据库文件转换为一个 ACCDE 文件的目的。

　　如果要将一个数据库转换成 ACCDE 文件,最好先保存原来 Access 数据库文件副本。因为转换成 ACCDE 文件的数据库能够打开和运行,但是不能修改 ACCDE 文件的 Access 数据库中的设计窗体、报表或模块。因此,如果要改变这些对象的设计,必须在原始的 Access 数据库中设计窗体、报表或模块,然后再一次将 Access 数据库转换成 ACCDE 文件。

6.2　Access 2010 数据库中安全性措施

　　数据库的安全性是指保护数据库以防止不合法的使用所造成的数据泄露、修改或破坏。一般的数据库安全性的问题包括两个部分:第一部分是数据库数据的安全,它应该确保当数据库数据存储媒体被破坏时及当数据库用户误操作时，数据库数据信息不丢失；第二部分是数据库系统不被非法用户侵入，是否有效是数据库系统的主要指标之一。

在 Access 2000 以前的版本中，有关安全性的知识有时被认为是无法为任何人所掌握和应用的。用户需要按顺序执行很多步骤，一旦遗漏某个步骤或者颠倒了顺序就会带来令人难以想象的后果。随着安全机制向导（Security Wizard）的出现及其不断地改进，在 Access 2010 中安全性的设置已经变得非常简单。但是，即使有了这些帮助，也必须清楚自己的安全选项，并掌握在数据库中保护数据和对象的操作，否则，轻则会带来数据安全隐患，重则会被锁定数据库。

为了避免应用程序及其数据遭到意外或故意地修改或破坏，Access 2010 延续了以前版本提供的安全保护措施如下所示。

1. 设置数据库密码

数据库访问密码是指为打开数据库（.accdb）而设置的密码，它是一种保护 Access 数据库的简便方法。设置密码后，每次打开数据库时都将要求输入密码，只有输入了正确的密码才能打开数据库。这个方法是安全的，但是只适用于打开数据库。在数据库打开后数据库中的所有对象对用户将是可用的（除非已经定义了其他的安全机制）。对于在某个小型用户组中共享的数据库或是单机上的数据库，设置密码通常就足够了。

2. 编码/解码数据库

数据库访问密码提供从 Access 界面进入数据库的安全保护，但不能防止使用其他手段来打开数据库文件。因此，常使用数据库加密作为对数据库密码等安全机制的补充。数据库加密通过压缩数据库文件来实现，压缩的同时对数据库文件起到安全保护的作用。压缩后的数据库难以用一般程序或字处理器等软件工具对其解密，但对数据库加密并不限制用户访问对象。若数据库未设置访问密码，尽管用数据库加密方法压缩了数据库文件，用户仍可在 Access 窗口打开该数据库，对数据库中的对象拥有完全的访问权。

加密可以避免在以电子方式传输数据库或者将其存储在磁盘或光盘上时，其他用户访问数据库中的信息。

"编码/解码数据库"命令位于"文件"菜单中"信息"选项下"管理用户权限"命令中的"编码/解码数据库"。解码数据库是对编码过程的逆过程。

3. 设置 VBA 工程密码

Access 可通过为 VBA 工程设置密码来保护应用程序的代码。这种密码一旦设置，则打开 VISUAL BASIC 编辑器窗口后，只有输入了正确的密码，VBA 代码才能查看或修改，但并不影响 VBA 代码的运行。

4. 将数据库保存为 ACCDE 文件

将数据库保存为 ACCDE 文件的方法既能保护 VBA 代码，又能保护窗体和报表。在生成 ACCDE 文件时，Access 在编译了所有模块后，随即删除了所有可编辑的源代码，然后压缩目标数据库。原始的 .accdb 文件不会受到影响，新数据库中的 VBA 可以正常运行，但不能查看或编辑。

认证与鉴别（Identification & Authentication）是系统提供的最外层安全保护措施。其方法是由系统提供一定的方式让用户标识自己的名字或身份。每次用户要求进入系统时，由系统进行核对，通过鉴定后才提供系统使用权。

6.3　隐藏数据库对象

最简单的数据库保护方法就是将需要保护的数据库对象隐藏,这样可以避免其他用户对其访问。Access 提供了隐藏数据库对象的功能,它可以使被保护的数据库对象显示在数据库窗口中。隐藏和取消隐藏一个数据库对象的具体操作步骤如下。

(1) 打开"开始"菜单,选择窗口左侧数据库选项中需要保护的数据库对象,右击后选择快捷菜单中的"表属性"命令。弹出如图 6.5 所示的"属性"对话框,选择"隐藏"复选框,单击"确定"按钮,则该数据库对象被隐藏,不在数据库窗口中显示。

(2) 如果想要恢复该隐藏对象,可以右击左侧 Access 对象,弹出快捷菜单,选择"导航选项"命令,弹出如图 6.6 所示"导航选项"对话框,选择"显示隐藏对象"复选框,单击"确定"按钮。则被隐藏的数据库对象,暗淡地出现在数据库窗口中。

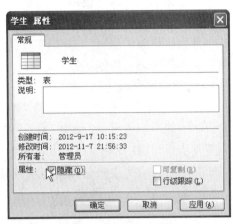

图 6.5　"属性"对话框

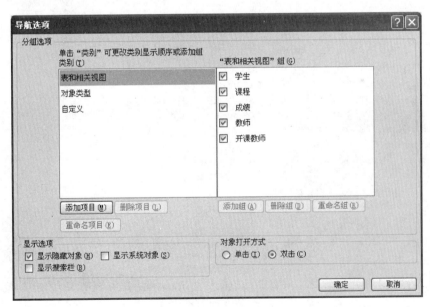

图 6.6　"导航选项"对话框

(3) 如果要取消隐藏属性,则与设置隐藏对象的步骤类似,在"属性"对话框中取消选择"隐藏"复选框即可。

6.4 设置和取消数据库密码

计算机安全系统是用来保护计算机及其中所存放的数据的重要手段。安全系统可以让合法用户很方便地访问到受保护的数据，同时也使未授权的用户无法侵入系统中。本节将详细介绍如何保护 Access 数据库的安全。

保护数据库安全最简便的办法就是为打开的数据库设置密码。设置密码后，打开数据库时系统要求用户输入密码。只有输入正确密码的用户才可以打开数据库。但是由于密码只在打开数据库时起作用，在数据库打开之后，数据库中的所有对象对用户都是可以用的。设置数据库密码的具体操作如下。

1. 设置用户密码

（1）打开"教学管理系统"数据库，选择"文件"菜单中的"信息"选项，双击"用密码进行加密"命令，如图 6.7 所示。弹出 Access 的提示对话框，如图 6.8 所示。该对话框提示，如果为数据库设置密码，必须先关闭数据库，然后以独占的方式打开才能为数据库设置密码。

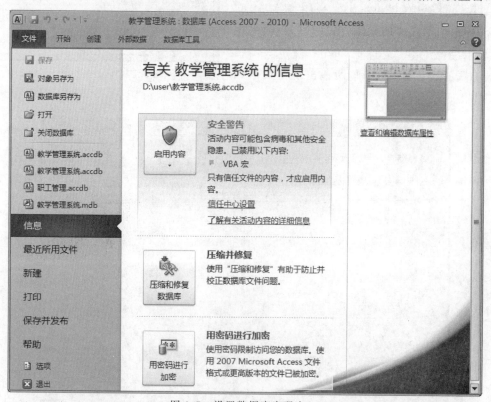

图 6.7 设置数据库密码窗口

图 6.8 提示对话框

（2）单击"确定"按钮，关闭当前的数据库，在 Access 的"文件"菜单，单击"打开"选项，弹出"打开"对话框，在该对话框中选择"教学管理系统"数据库，单击"打开"按钮后的下三角按钮，从下拉菜单中选择"以独占方式打开"命令，如图 6.9 所示。

图 6.9 以独占方式打开教学管理系统

（3）以独占的方式打开"教学管理系统"数据库。选择"数据库工具"中"设置数据库密码"命令，弹出"设置数据库密码"对话框。在"密码"文本框中输入密码，在"验证"文本框中再次输入密码，如图 6.10 所示。

（4）单击"确定"按钮，数据库密码设置成功。再次打开此数据库时，就会发现在打开数据库之前系统会弹出一个对话框，要求输入数据库的密码，如图 6.11 所示。这时只要输入正确的密码就能打开数据库。

图 6.10 "设置数据库密码"对话框　　　　图 6.11 "要求输入密码"对话框

2. 取消用户密码

如果要取消对"教学管理系统"数据库设置的密码也很简单。先用独占方式打开数据库，选择"文件"菜单中的"信息"选项，单击"撤销数据库密码"命令，在弹出的"撤销数据库密码"对话框中输入设置的密码，单击"确定"按钮即可。

6.5　用户级安全

对于以新文件格式（.accdb 和 .accde 文件）创建的数据库，Access 2010 数据库不提供用户级安全。但是，如果在 Access 2010 中打开早期版本的 Access 数据库，并且该数据库应用了用户级安全，那么这些设置仍然有效。

使用用户级安全功能创建的权限不会阻止具有恶意的用户访问数据库，因此不应用作安全屏障。此功能适用于提高受信任用户对数据库的使用。若要保护数据安全，请使用 Windows 文件系统权限仅允许受信任用户访问数据库文件或关联的用户级安全文件。

如果将具有用户级安全的早期版本 Access 数据库转换为新的文件格式，则 Access 将自动剔除所有安全设置，并应用保护 .accdb 或 .accde 文件的规则。

应当注意的是，在打开具有新文件格式的数据库时，所有用户始终可以看到所有数据库对象。

Access 2010 数据库与 Excel 2010 工作簿或 Word 2010 文档是不同意义的文件。Access 数据库是一组对象（表、窗体、查询、宏、报表、模块等），这些对象通常必须相互配合才能发挥作用。例如，当创建数据输入窗体时，如果不讲窗体中的空间绑定到表，就无法使用该窗体输入或存储数据。

数据库的安全管理

有几个 Access 组件会造成安全风险,其中包括操作查询(插入、删除或更改数据的查询)、宏、表达式(返回单个值的函数)和 VBA 代码。为了使数据更安全,每当打开数据库,Access 2010 和信任中心都执行一组安全检查。

1. 安全检查

安全检查的过程如下。

(1) 在打开.accdb 或.accde 文件时,Access 2010 会将数据库的位置提交到信任中心。如果信任中心确定该位置受信任,则数据库将以完整功能运行。如果打开具有早期版本的文件格式的数据库,则 Access 会将文件位置和有关文件的数字签名(如果有)的详细信息提交到信任中心。

(2) 信任中心将审核"证据",评估该数据库是否值得信任,然后通知 Access 如何打开数据库。Access 或者禁用数据库,或者打开具有完整功能的数据库。需要注意的是用户或者系统管理员在信任中心选择的设置将控制 Access 打开数据库时所做的信任决定。

(3) 如果信任中心禁用数据库内容,则在打开数据库时将出现消息栏。

(4) 若要启用数据库内容,请单击"文件"菜单中的"选项"命令,在弹出的"Access 选项"对话框中选择相应选项,如图 6.12 所示。Access 将启用已禁用的内容,并重新打开具有完整功能的数据库。否则,禁用的组件将不能工作。

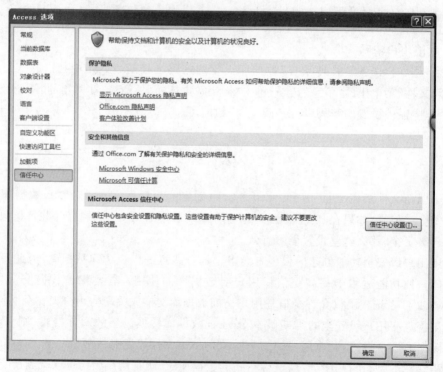

图 6.12 "Access 选项"对话框

(5) 如果打开的数据库是以早期版本的文件格式(.mdb 或.mde 文件)创建的,并且该数据库未签名且未受信任,则默认情况下,Access 将禁用任何可执行内容。

2. 禁用模式

如果信任中心将数据库评估为不受信任,则 Access 将在禁用模式(即关闭所有可执行内容)下打开数据库,而不管数据库文件格式如何。

在禁用模式下,Access 会禁用下列组件。

(1) VBA 代码和 VBA 代码中的任何引用,以及任何不安全的表达式。

(2) 所有宏中的不安全操作。"不安全"操作是指可能允许用户修改数据库或对数据库以外的资源获得访问权限的任何操作。但是 Access 禁用的操作有时可以被视为"安全"的。例如,如果用户信任数据库的创建者,则可以信任任何不安全的宏操作。

(3) 几种查询类型。

① 操作查询。这些查询用于添加、更新和删除数据。

② 数据库定义语言查询。用于创建或更新数据库中的对象,例如表和过程。

③ SQL 传递查询。用于直接向支持开放式数据库连接标准的数据库服务器发送命令。传递查询在不涉及 Access 数据库引擎的情况下处理服务器上的表。

(4) ActiveX 控件。

打开数据库时,Access 可能会尝试载入加载项(用于扩展 Access 或打开的数据库的功能的程序)。用户可能还要运行向导,以便在打开的数据库中创建对象,在载入加载项或启动向导时,Access 会将证据传递到信任中心。信任中心将做出其他信任决定,并启用或禁用对象或操作。如果信任中心禁用数据库,而用户不同意该决定,那么几乎可以使用消息栏来启用相应的内容。加载项是该规则的一个例外。单击"信任中心"选项中的"信任中心设置",如果在"信任中心"对话框的"加载项"窗格中选中"要求受信任的发布者签署应用程序加载项"复选框,如图 6.13 所示,则 Access 将提示启用加载项,但该过程不涉及消息栏。

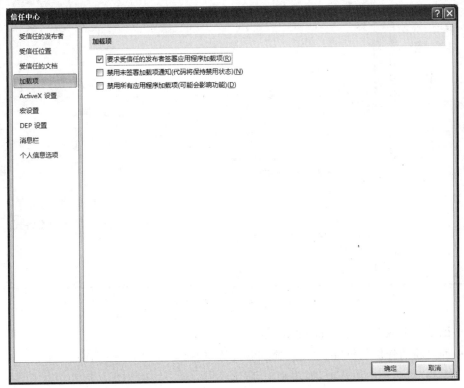

图 6.13 "信任中心"对话框中的"加载项"窗格

3. 使用受信任位置中的 Access 数据库

将 Access 数据库放在受信任位置时,所有 VBA 代码、宏和安全表达式都会在数据库打开时运行,不必在数据库打开时做出信任决定。

使用收信人位置中的 Access 数据库的过程大致分为下面几个步骤。

(1) 使用信任中心查找或创建受信任位置。

(2) 将 Access 数据库保存、移动或复制到受信任位置。

(3) 打开并使用数据库。

以下几组步骤介绍了如何查找或创建受信任位置,然后将数据库添加到该位置。

(1) 打开信任中心。

① 在"文件"菜单中,单击"选择"选项,弹出"Access 选项"对话框。

② 单击"信任中心",在"Microsoft Office Access 信任中心"选项中,单击"信任中心设置"按钮。

③ 选择"受信任位置"选项,执行下列某项操作,如图 6.14 所示。

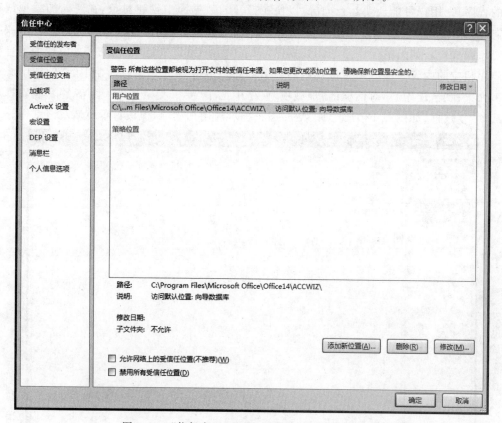

图 6.14 "信任中心"对话框中的"受信任位置"界面

- 记录一个或多个受信任位置的路径。
- 创建新的受信任位置。单击"添加新位置"按钮,完成"Microsoft Office Access 信任中心"对话框中的选项,如图 6.15 所示。

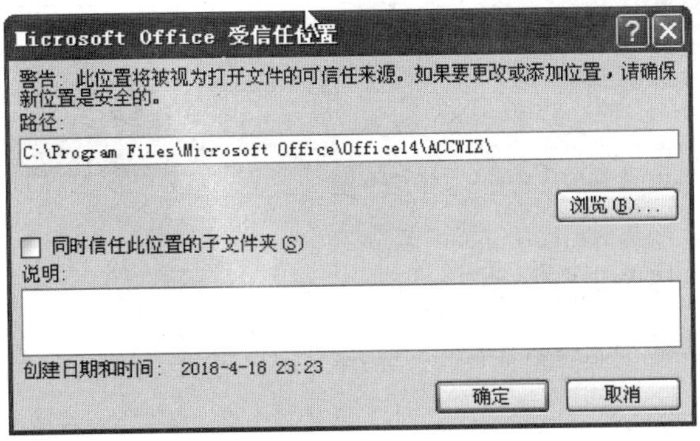

图 6.15 "添加新位置"窗口

(2) 将数据库放在受信任位置。

使用用户喜欢的方法将数据库文件移动或复制到受信任的位置。例如,可以使用 Windows 资源管理器复制或移动文件,也可以在 Access 中打开文件,将它保存到受信任位置。

(3) 在受信任位置打开数据库。

可使用自己喜欢的方式打开文件。例如,可以在 Windows 资源管理器中双击数据库文件,或者可以在 Access 运行时单击"文件"选项卡中的"打开"选项以找到并打开文件。

6.6 Access 2010 数据库中数字签名的使用

打开早期版本的 Access 中创建的数据库时,任何应用于该数据库的安全功能仍然有效。例如,如果曾将用户级安全应用于数据库,则该功能在 Access 2010 中仍然有效。默认情况下,Access 在禁用模式下打开所有低版本的不受信任数据库,并使它们保持在该状态下,可以选择在每次打开低版本数据库时启用任何禁用内容,可以使用来自受信任发布者的整数来应用数字签名,也可以将数据库放在受信任的位置。

对于 Access 2010 之前版本的数据库,代码签名是将数字签名应用于数据库内的组件的过程。数字签名是加密的电子身份验证图章。它用来确认数据库中的宏、代码模块和其他可执行组件来自签名者,并且自数据库签名以来未被更改过。若要将签名应用于数据库,首先需要一个数字证书,如果出于商业分发目的而创建数据库,则必须从商业证书颁发机构 (CA) 获取证书。这些证书颁发机构会进行背景调查,确保内容(如数据库)的创建者是值得信任的。

数字签名是加密的电子身份验证图章。要创建数字签名证书,具体操作步骤如下。

(1) 单击 Windows 的"开始"按钮,单击"所有程序"中的"Microsoft Office"的"Microsoft Office 2010 工具"命令,如图 6.16 所示。选择其中的"VBA 工程的数字证书"命令,将弹出"创建数字证书"对话框,如图 6.17 所示。

(2) 在"您的证书名称"文本框中输入新测试证书的名称。

(3) 单击"确定"按钮完成数字证书的创建。

图 6.16 "VBA 工程的数字证书"命令

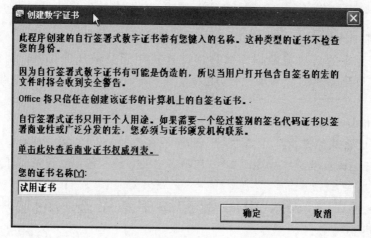

图 6.17 "创建数字证书"对话框

思 考 题

1. 简述管理数据库的几种方式。
2. 常用的安全措施有哪些？
3. 简述设置数据库密码的方法。
4. 简述 Access 2010 数据库的安全体系结构。

第7章 宏

宏是 Access 中提供的一种自动完成一系列操作的机制。用户可以通过单击的方式执行一系列操作。通过宏的使用，可以将那些不断重复、经常使用的操作变成自动化的操作，从而使 Access 数据库的管理变得更为简单。

7.1 宏的基本概念

7.1.1 宏与子宏

宏是一个或多个操作的集合。Access 提供了大量丰富的宏操作，每个宏操作都可以完成一个特定的数据库操作。用户可以将多个相关的宏操作定义在一个宏中，以完成某个特定的任务。使用宏可以完成的任务主要有：显示和隐藏工具栏，打开和关闭数据库对象（表、查询、窗体或报表），数据库的设置，执行查询，窗口操作（设置大小、移动、放大或缩小、保存等），报表预览和打印，数据的传输，控件属性值的设置等。

子宏是存储在一个宏对象中的一组宏的集合。在一个宏中可以含有一个或多个子宏，每个子宏又可以包含多个宏操作。子宏拥有单独的名称并可独立运行。

当一个宏对象中仅仅包含一个宏时，不需要对该宏命名，通过宏对象的名称就可以引用该宏。当宏对象中包含有子宏时，则需要对子宏进行命名。

7.1.2 独立宏与嵌入宏

独立宏独立于窗体、报表等对象之外，在数据库的导航窗格中是可见的。

与独立宏相反，嵌入宏嵌入在窗体、报表或控件对象的事件中。嵌入宏是它们所嵌入的对象或控件的一部分，在数据库的导航窗格中是不可见的。

7.1.3 数据宏

数据宏是 Access 2010 中新增的一项功能，允许在表事件（如添加、删除或更新数据等）中自动运行。数据宏有两种类型：一种是由表事件触发的数据宏，也称为事件驱动的数据宏；另一种是为响应按名称调用而运行的数据宏，也称为已命名的数据宏。

当在表中添加、更新或删除数据时，会发生表事件。数据宏是在任一种表事件之后，或发生删除或更改事件之前运行的。数据宏可以用来检查数据表中输入的数据是否合理，也可以利用数据宏来实现记录的添加、删除和修改操作，从而更新表中数据。这种更新比使用查询更新速度快很多。

7.2 宏设计窗口和宏操作

7.2.1 宏设计窗口

宏以及子宏的创建与编辑是在宏的设计窗口中进行的,选择数据库的"创建"选项卡,在"宏与代码"组中单击"宏"按钮,即可显示宏的设计窗口(见图 7.1)和"操作目录"窗格(见图 7.2)。

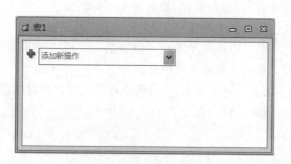

图 7.1 宏设计窗口   图 7.2 "操作目录"窗格

"操作目录"窗格由"程序流程"部分、"操作"部分和"在此数据库中"三部分组成。其中,"程序流程"部分包括注释(Comment)、组(Group)、条件(If)和子宏(Submacro)。"操作"部分把宏操作按照操作性质分为 8 组,共包含 66 个操作。Access 2010 以这种结构清晰的方式管理宏,使得用户创建宏更为方便和容易。"在此数据库中"部分列出了当前数据库中的所有宏,以便用户可以重复使用所创建的宏和事件过程代码。

在"操作目录"窗格中,把"程序流程"中的子宏 Submacro 和条件 If 拖到宏设计窗口,即可在宏设计窗口中显示"子宏"行和 If 行,如图 7.3 所示。"子宏"后面的文本框用于定义一个或一组宏操作的名字。If 后面的文本框用于输入相应的条件表达式,来对宏操作的执行条件进行设置。当需要创建子宏时,就需要添加"子宏"行,当需要创建"条件宏"时,就需要添加 If 行。

图 7.3 添加"子宏"行和"If"行的宏设计窗口

在宏设计窗口中的"添加新操作"组合框中,用户可以通过单击右边的下拉箭头按钮,选择宏所需执行的各种操作;或者也可以从"操作目录"窗格中把所需的操作拖曳到组合框中。如图 7.4 所示,当在"添加新操作"组合框中添加了 OpenForm 操作后,下方会出现 OpenForm 操作的 6 个操作参数,用户可根据需要进行设置。单击 OpenForm 操作左边的 ▄ 按钮,即可隐藏其操作参数。单击 OpenForm 操作右边的×按钮,即可从宏设计窗口中删除该操作。

图 7.4 宏设计窗口中的设置

7.2.2 常用的宏操作

Access 2010 数据库把宏操作按照操作性质分为 8 组,分别是"窗口管理""宏命令""筛选/查询/搜索""数据导入/导出""数据库对象""数据输入操作""系统命令""用户界面命令",共包含 66 个操作。用户可以使用这些宏操作来设计功能多样的应用程序。

1. 常用的"窗口管理"组宏操作（如表 7.1 所示）

表 7.1　常用的"窗口管理"组的宏操作

宏　操　作	作　　用
CloseWindow	关闭窗口
MaximizeWindow	最大化激活窗口
MinimizeWindow	最小化激活窗口

2. 常用的"宏命令"组宏操作（如表 7.2 所示）

表 7.2　常用的"宏命令"组宏操作

宏　操　作	作　　用
RunDataMacro	运行数据宏
RunMacro	执行一个宏

3. 常用的"筛选/查询/搜索"组宏操作（如表 7.3 所示）

表 7.3　常用的"筛选/查询/搜索"组宏操作

宏　操　作	作　　用
FindRecord	查找满足指定条件的第一条记录
FindNextRecord	查找满足指定条件的下一条记录
OpenQuery	打开查询
RefreshRecord	刷新当前记录

4. 常用的"数据导入\导出"组宏操作（见表 7.4）

表 7.4　常用的"数据导入\导出"组宏操作

宏　操　作	作　　用
ExportWithFormatting	将数据库对象中的数据输出为指定格式

5. 常用的"数据库对象"组宏操作（见表 7.5）

表 7.5　常用的"数据库对象"组宏操作

宏　操　作	作　　用
OpenForm	打开窗体
OpenReport	打开报表
OpenTable	打开数据表

6. 常用的"数据输入操作"组宏操作（见表 7.6）

表 7.6　常用的"数据输入操作"组宏操作

宏　操　作	作　　用
DeleteRecord	删除当前记录
SaveRecord	保存当前记录

7. 常用的"系统命令"组宏操作（见表 7.7）

表 7.7　常用的"系统命令"组宏操作

宏　操　作	作　　　用
CloseDatabase	关闭当前数据库
QuitAccess	退出 Access

8. 常用的"用户界面命令"组宏操作（见表 7.8）

表 7.8　常用的"用户界面命令"组宏操作

宏　操　作	作　　　用
AddMenu	为窗体或报表将菜单添加到自定义菜单栏
SetMenuItem	为激活窗口设置自定义菜单上菜单项的状态
MessageBox	显示含有警告或提示消息的消息框

7.3　宏的基本操作

7.3.1　创建宏与子宏

1. 创建单个宏

宏的创建工作是在宏设计窗口中进行的。创建一个宏通常需要完成宏名、操作、操作参数等相关内容的设置。基本步骤如下。

（1）打开宏设计窗口。

（2）添加一个宏操作并设置相关参数。

在宏设计窗口中，单击"添加新操作"组合框右边的箭头 ▽ 以显示"宏操作"列表，从下拉列表中选择需要的操作。如果选择的操作是带有参数的，则在宏操作的下方进行操作参数的设置。

（3）如果需要向宏中添加更多的操作，可以在另一个"添加新操作"组合框中继续步骤（2）中的操作。

（4）输入完成后，保存宏设计的结果。

说明：如果需要对已创建的宏进行修改，可在数据库的"导航窗格"中右击该宏，在弹出的快捷菜单中选择"设计视图"命令，在宏设计窗口中打开该宏。

如果要改变两个宏操作的先后顺序，可通过单击宏操作后面的"上移"或"下移"按钮实现。

例 7.1　创建单个宏示例。本示例将创建一个宏，其功能为：以只读模式打开"学生基本信息"窗体（该窗体已经在例 4.2 中创建），并将其最大化，设计结果如图 7.5 所示。

具体操作步骤如下。

（1）打开"教学管理系统"数据库。

（2）单击"创建"选项卡的"宏与代码"组中的"宏"按钮，打开宏的设计视图窗口。

（3）在宏设计窗口的"添加新操作"组合框的下拉列表中选择 OpenForm 操作，在下方的"窗体名称"下拉列表中选择"学生基本信息"，设置"数据模式"为"只读"。

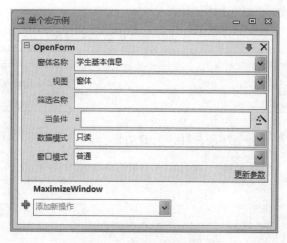

图 7.5　单个宏设计结果

（4）在宏设计窗口的"添加新操作"组合框的下拉列表中选择 MaximizeWindow 操作。

（5）保存宏的设计结果。单击"保存"按钮 ▣ ，在弹出的"另存为"对话框中输入宏名称为"单个宏示例"，单击"确定"按钮，用户即可在导航窗格中看到新添加的"单个宏示例"宏对象。

（6）单击宏工具"设计"选项卡的"工具"组中的"运行"按钮，可以查看该宏的运行结果。

（7）关闭宏设计窗口。

2. 创建子宏

子宏是宏的集合，将多个相关的宏组织在一起构成子宏，有助于用户更方便地实施对数据库的管理和维护。

子宏的创建方法与宏的创建方法类似。操作步骤如下。

（1）打开宏设计窗口。

（2）在"操作目录"窗格中，把"程序流程"中的子宏 Submacro 拖到宏设计窗口，在显示的"子宏"行后面的文本框中输入子宏的名称。

（3）在"添加新操作"组合框的下拉列表中选择所需的宏操作，并设置下方的操作参数。

（4）重复步骤（2）至步骤（3），在宏设计视图窗口中继续添加其他子宏。

（5）输入完成后，保存子宏设计的结果。

例 7.2　创建子宏示例。本示例将创建一个名为"子宏示例"的宏，该宏由"打开学生表""打开学生信息窗体""关闭所有窗口"三个子宏构成，设计结果如图 7.6 所示。

操作步骤如下。

（1）打开"教学管理系统"数据库。

（2）单击"创建"选项卡的"宏与代码"组中的"宏"按钮，打开宏的设计窗口。

（3）在"操作目录"窗格中，把"程序流程"中的子宏 Submacro 拖到宏设计窗口，在显示的"子宏"行后面的文本框中输入子宏的名称"打开学生表"。

（4）在"打开学生表"子宏的"添加新操作"组合框的下拉列表中选择 OpenTable 操作，按照表 7.9 进行操作参数设置，设置"表名称"为"学生"，"数据模式"为"只读"。

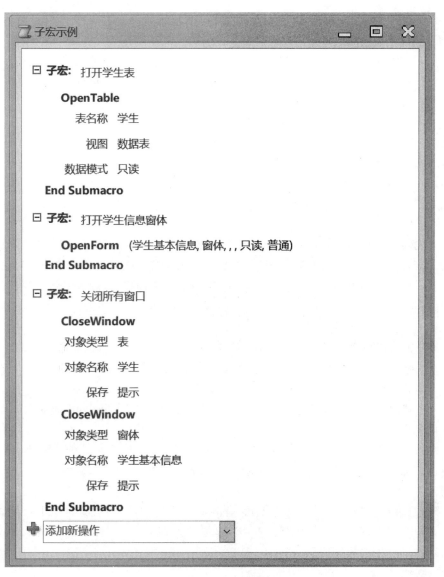

图 7.6 子宏设计结果

表 7.9 "子宏示例"的参数设置

子 宏 名	操 作	操作参数	参 数 值
打开学生表	OpenTable	表名称	学生
		数据模式	只读
打开学生信息窗体	OpenForm	窗体名称	学生基本信息
		视图	窗体
		数据模式	只读
关闭所有窗口	CloseWindow	对象类型	表
		对象名称	学生
	CloseWindow	对象类型	窗体
		对象名称	学生基本信息

(5) 在宏的设计窗口中重复步骤(3)和步骤(4)操作,完成"打开学生信息窗体"子宏和"关闭所有窗口"子宏的设计。

(6) 单击"保存"按钮 💾,在弹出的"另存为"对话框中输入子宏名称为"子宏示例",单击"确定"按钮,用户即可在"导航窗格"中看到一个新添加的"子宏示例"宏对象。

(7) 单击宏工具"设计"选项卡的"工具"组中的"运行"按钮 ❗,可以查看该宏的运行结果。可以看到,只有第一个子宏中的操作被执行了。

说明:子宏运行时,会从第一个操作开始执行每个操作,直至遇到 StopMacro 操作或其他宏名或已完成所有的操作。

(8) 关闭宏设计窗口。

7.3.2 创建嵌入宏

嵌入宏在数据库的"导航窗格"中是看不到的,它们存储在窗体、报表或控件的事件属性中。嵌入宏可以使数据库更为容易管理,不必跟踪包含窗体或报表的单独的宏对象,而且在每次复制、导入、导出窗体或报表时,嵌入宏仍随附于窗体和报表,嵌入宏将在事件每次触发时运行。

创建嵌入宏的操作步骤如下。

(1) 在窗体或报表的"设计视图"中选择需要添加宏的控件对象(如命令按钮)。

(2) 按 F4 键,打开该控件对象的"属性表"窗口。在"属性表"窗口的"事件"选项卡中,单击某个事件(如"单击"事件)行中的"生成器"按钮 ⬛。

(3) 在弹出的"选择生成器"对话框中,选择"宏生成器"选项并单击"确定"按钮,即可打开宏设计窗口。

(4) 在宏设计窗口中设置完毕后,关闭宏设计窗口,即可在该控件对象(SearchStu)的相应事件("单击"事件)行看到如图 7.7 所示的"[嵌入的宏]"的信息显示。

例 7.3 创建嵌入宏示例。

创建"查询学生信息"窗体(见图 7.8),单击组合框右边的下拉箭头,从下拉列表中选择"性别",当单击"查询"按钮时,将弹出"学生基本信息"窗体(该窗体已经在例 4.2 中创建),显示指定性别学生的相关信息。

图 7.7 "属性表"窗口

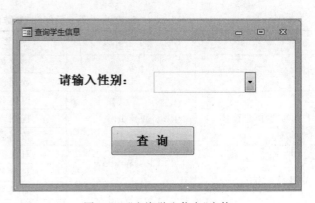

图 7.8 "查询学生信息"窗体

操作步骤如下。

（1）打开"教学管理系统"数据库，单击"创建"选项卡的"窗体"组中的"窗体设计"按钮，新建一个空白窗体。单击"保存"按钮，以"查询学生信息"为名保存窗体。

（2）双击"窗体选择器"区域，打开窗体的"属性表"对话框，按照表 7.10 设置窗体的属性。

表 7.10　窗体属性

对　象	属　性	属　性　值
窗体	标题	查询学生信息
	记录选择器	否
	导航按钮	否
	滚动条	两者均无

（3）在窗体"设计视图"中添加一个标签和一个组合框，并按照表 7.11 设置各控件的属性。

表 7.11　控件属性

对　象	属　性	属　性　值
标签	标题	请输入性别：
组合框	名称	Combo0
	行来源	"男"；"女"
	行来源类型	值列表

（4）在窗体"设计视图"中再添加一个命令按钮，设置其"标题"属性值为"查询"。按 F4键，打开该命令按钮的"属性表"窗口，在"事件"选项卡中，单击"单击"事件行中的"生成器"按钮，在弹出的"选择生成器"对话框中，选择"宏生成器"选项并单击"确定"按钮，打开宏设计窗口，按照图 7.9 进行设置。

图 7.9　嵌入宏设计结果

7.3.3 在宏中使用条件

1. 条件宏

在某些情况下,希望特定条件为真时才执行宏中的一个或多个操作,这时需要创建具有条件的宏。条件是一个逻辑表达式,其结果可以是 True 或 False。运行条件宏时,Access 将根据宏的条件列中表达式的计算结果决定不同的执行路径。

(1) 如果条件表达式的计算结果为 True,Access 将执行 If 行与 Else 行(若无 Else 行则为 End If 行)之间的所有宏操作。然后,Access 将执行宏中所有未设置 If 行的宏操作,直到遇到宏的结尾为止。

(2) 如果条件表达式的结果为 False,Access 将忽略 If 行下方的宏操作,转而执行 Else 行和 End If 行之间的所有宏操作。然后,Access 将执行宏中所有未设置 If 行的宏操作,直到遇到宏的结尾为止。

2. 设置条件宏

设置条件宏的操作步骤如下。

(1) 打开宏设计窗口。

(2) 在"操作目录"窗格中,把"程序流程"中的条件 If 拖曳到宏设计窗口。

(3) 在显示的 If 行中的文本框中输入条件表达式。

(4) 在 If 行下面添加满足 If 条件的所有宏操作。

(5) 单击"添加 Else"按钮或"添加 Else If"按钮,继续设置不满足 If 条件时的其他宏操作。

例 7.4 条件宏使用示例。

创建"学生成绩"窗体,单击"显示等级"按钮时显示一个信息框,显示该学生成绩的等级,如图 7.10 所示。

假设成绩划分为三个等级:90 分(含)以上为优秀;60~90 分为及格;60 分以下为不及格。

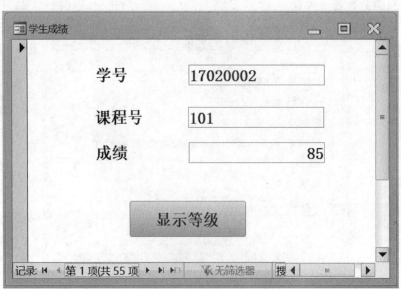

图 7.10 "学生成绩"窗体

操作步骤如下。

(1) 创建"学生成绩"窗体对象。

打开窗体的"设计视图",设置窗体的"记录源"属性值为"成绩","滚动条"属性值为"两者均无"。从"字段列表"窗口中将"学号""课程号""成绩"字段拖曳到窗体的"设计视图"中,即可出现标签和文本框控件,调整控件的字体格式和对齐方式。在窗体"设计视图"中再添加一个命令按钮,设置其"名称"和"标题"属性值均为"显示等级",保存窗体名称为"学生成绩"。

(2) 创建"条件宏"宏对象。

单击"创建"选项卡的"宏与代码"组中的"宏"按钮,打开宏的设计窗口。在"操作目录"窗格中,把"程序流程"中的条件 If 拖到宏设计窗口。按照表 7.12 在宏设计窗口中设置条件和相关的操作。

表 7.12　"条件宏"宏的设置信息

条　件	宏　操　作	操作参数	参　数　值
[成绩]>=90	MessageBox	消息	优秀
		类型	无
		标题	成绩等级
[成绩]>=60 and [成绩]<90	MessageBox	消息	及格
		类型	无
		标题	成绩等级
[成绩]<60	MessageBox	消息	不及格
		类型	无
		标题	成绩等级

注意：条件列中的[成绩]是对窗体中名为"成绩"的文本框对象的引用,该文本框用于显示成绩字段的数据。

设置完成,保存宏名称为"条件宏"。设计窗口如图 7.11 所示,也可以按照图 7.12 或图 7.13 进行设计。

图 7.11　"条件宏"的设计窗口之一

248

图 7.12 "条件宏"的设计窗口之二

图 7.13 "条件宏"的设计窗口之三

（3）打开"学生成绩"窗体的"设计视图"中，在"显示等级"命令按钮的"属性表"窗口中设置"单击"事件属性值为"条件宏"，如图 7.14 所示。

（4）保存"学生成绩"窗体的设计结果，并运行窗体。

当成绩文本框中的数值在 90（含 90）以上时，单击"显示等级"命令按钮则弹出如图 7.15(a)所示消息框；当成绩文本框中的数值为 60～90 时，单击"显示等级"命令按钮则弹出如图 7.15(b)所示消息框；当成绩文本框中的数值在 60 以下时，单击"显示等级"命令按钮则弹出如图 7.15(c)所示消息框。

7.3.4 创建数据宏

在表中添加、更新或删除数据时，都会发生表事件。用户可以编写一个数据宏，使其在发生这三个事件中的任一个事件之

图 7.14 设置命令按钮
的事件属性

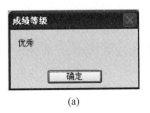
(a)

(b)

(c)

图 7.15 消息对话框

后,或发生删除或更改事件之前立即运行。数据宏可以用来检查数据表中输入的数据是否合理,也可以使用数据宏来实现记录的添加、删除和修改操作,从而更新表中数据。

1. 创建数据宏

操作步骤如下。

(1) 打开要添加数据宏的表的"数据表视图"。

(2) 在"表格工具"中"表"选项卡的"前期事件"组或"后期事件"组中单击某一事件。例如,要创建一个在删除表记录后运行的数据宏,则单击"删除后"事件。

(3) 在打开的宏设计窗口中完成宏的设计并保存。

例 7.5 创建数据宏示例。本示例将为"成绩"表创建一个数据宏,当在"成绩"表中修改"成绩"字段数据时,数据宏自动运行。

操作步骤如下。

(1) 打开成绩表的"数据表视图"。

(2) 在"表格工具"中"表"选项卡的"前期事件"组中单击"更改前"事件,打开"成绩:更改前:"宏设计窗口。

(3) 在"操作目录"窗格中,把"程序流程"中的条件 If 拖到宏设计窗口。

(4) 在显示的"If"行中的文本框中输入条件表达式"[成绩]>100 Or [成绩]<0",然后在"添加新操作"组合框的下拉列表中选择 SetField 操作,设置"名称"为"成绩","值"为 0。继续在"添加新操作"组合框中选择 RaiseError 操作,设置"错误号"为 1,"错误描述"为"成绩必须在 0~100",如图 7.16 所示。

图 7.16 "成绩:更改前:"宏设计窗口

(5) 保存宏的设计。

说明：当修改"成绩"表中的"成绩"字段数据时，"成绩：更改前："宏将自动运行。若用户输入的成绩数据超出 0~100 的范围，则该成绩数据值将被修改为 0，并且弹出出错的消息框，该消息框中会显示"成绩必须在 0~100"的信息。

2. 删除数据宏

例 7.6 删除数据宏示例。操作步骤如下。

(1) 打开要删除数据宏的表的"数据表视图"。

(2) 在"表格工具"中"表"选项卡的"已命名的宏"组中，单击"已命名的宏"下方的下拉按钮，选择"重命名/删除宏"选项，打开"数据宏管理器"窗口，如图 7.17 所示。

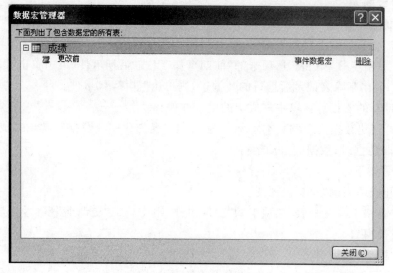

图 7.17 "数据宏管理器"窗口

(3) 单击要删除的数据宏所在行后面的"删除"按钮。

7.3.5 运行宏

1. 直接运行某个宏

通过以下方法中任一方法均可实现宏的直接运行。

(1) 在数据库的"导航窗格"中，双击要运行的宏或子宏。

(2) 在数据库的"导航窗格"中，右击要运行的宏或子宏，在弹出的快捷菜单中选择"运行"命令。

(3) 在宏的设计窗口中，单击"设计"选项卡的"工具"组中的"运行"按钮。

(4) 单击"数据库工具"选项卡的"宏"组中的"运行宏"按钮，在弹出的"执行宏"对话框的下拉列表中选择要运行的宏名称，单击"确定"按钮。

2. 通过对象事件调用宏

直接运行宏的方法通常用于宏的测试。更多的情况是为了响应窗体、报表或其控件上所发生的事件而运行宏。通过在窗体、报表及其控件的事件中设置对宏的调用，可实现相应宏的运行。

操作步骤如下。

(1) 在"设计视图"中打开窗体或报表。

(2) 将窗体、报表或其控件的相应事件的属性值设置为宏的名称。

(3) 运行窗体或报表,触发窗体或报表或其控件的事件,从而运行相关的宏操作。

例 7.7 事件调用宏示例。

将创建一个如图 7.18 所示的包含三个命令按钮的"宏调用示例"窗体,单击第一个按钮将打开"学生基本信息"窗体并最大化;单击第二个按钮将打开"学生表";单击第三个按钮将关闭"学生"表和"学生基本信息"窗体。

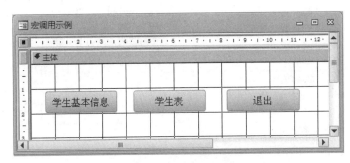

图 7.18 "宏调用示例"窗体的设计视图

操作步骤如下。

(1) 创建"宏调用示例"窗体,在窗体上添加三个命令按钮,设置命令按钮的名称依次为 cmdOpenForm、cmdOpenTable、cmdClose,设置三个命令按钮的标题依次为"学生基本信息""学生表""退出"。

(2) 在窗体"设计视图"中,双击标题为"学生基本信息"的命令按钮,打开"属性表"窗口。在"事件"选项卡中找到"单击"事件,在其对应的下拉列表中选择"单个宏示例",如图 7.19 所示。

(3) 打开"学生表"按钮的"属性表"窗口,在"事件"选项卡中找到"单击"事件,在其对应的下拉列表中选择"子宏示例.打开学生表"。

(4) 打开"退出"按钮的"属性"窗口,在"事件"选项卡中找到"单击"事件,在其对应的下拉列表中选择"子宏示例.关闭所有窗口"。

(5) 保存对"宏调用示例"窗体设计的更改。

(6) 切换到"窗体视图",查看运行效果。

此时,单击标题为"学生基本信息"的按钮时,将执行"单个宏示例"中定义的操作——打开"学生基本信息"窗体并最大化。关闭"学生基本信息"窗体,然后单击标题为"学生表"的按钮,将执行"子宏示例"宏中的"打开学生表"子宏中定义的操作。单击标题为"关闭"的按钮,将执行"子宏示例"宏中的"关闭学生表"子宏,首先关闭"学生表",然后关闭当前的"宏调用示例"窗口。

3. 从另一个宏中运行宏

用户可以在宏的设计窗口中选择"RunMacro"操作,并将该操作的"宏名称"参数设置为要运行的宏的名称,则运行该宏时,将自动运行嵌入其中的宏。

例 7.8 RunMacro 调用宏示例。

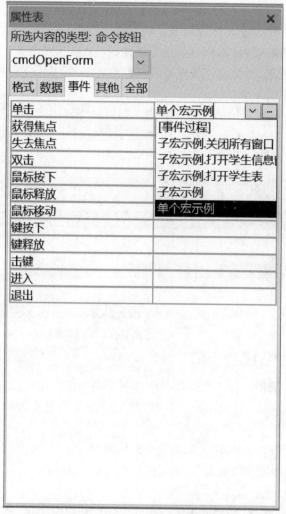

图 7.19　命令按钮"单击"事件的设置

本示例将使用 RunMacro 宏操作调用"单个宏示例"宏的执行。

操作步骤如下。

(1) 新建一个宏,单击"保存"按钮 🖫 ,将该宏保存为"RunMacro 宏示例"。

(2) 在宏设计窗口的"添加新操作"组合框的下拉列表中选择 RunMacro 操作,并设置其"宏名称"参数为"单个宏示例",如图 7.20 所示。

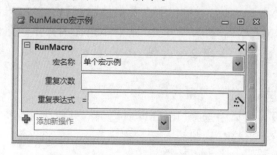

图 7.20　"RunMacro 宏示例"设置

（3）单击宏工具"设计"选项卡的"工具"组中的"运行"按钮 ！，执行"RunMacro 宏示例"，将会打开"学生基本信息"窗体并最大化该窗体。

4. 数据库启动时自动运行宏

在 Access 中，若要求在启动数据库的同时使某个宏自动运行，则需要将该宏的名称命名为 AutoExec。AutoExec 是一个特殊的宏，它在启动数据库时会自动运行。

思　考　题

1. 什么是宏？与 VBA 程序相比，使用宏有什么优点？
2. 什么是子宏？使用子宏有什么优点？
3. 哪些方法可以实现宏的运行？这些方法各有什么不同？
4. 如何创建与设计条件宏？请举例说明。
5. 对各子宏进行调用的格式是什么？

253

第 7 章

宏

第8章 | 模块和 VBA 编程

8.1 模 块

8.1.1 模块简介

在 Access 2010 数据库应用系统中,一般数据库应用可以借助各种向导来完成,特别是当正确使用了宏对象时,可以自动完成大量不同的数据处理,而不必编写程序代码。但是要对数据库进行更复杂、更灵活地控制,就需要通过编程来实现操作。在 Access 中,编程是通过模块实现的。使用模块可以将各种数据库对象连接起来,从而使其构成一个完整的系统。它的功能比宏强大,设计也更为灵活。

Access 的模块对象是存储程序代码的容器,程序用 VBA(Visual Basic for Application)语言编写,通过 VBA 程序编译后,将保存在 Access 的一个模块中,并通过类似在窗体中激活宏的操作来启动该模块,从而实现某一特定功能。

VBA 是 Office 软件中的内置编程语言,它的语法与 Visual Basic 是兼容的。模块中的代码以过程的形式加以组织,每个过程都可以是一个 Sub 子过程或一个 Function 函数过程。

8.1.2 模块的分类

模块有两个基本类型:类模块和标准模块。

1. 类模块

类模块是可以定义新对象的模块。新建一个类模块,也就创建了一个新对象。模块中定义的过程将变成该对象的属性或方法。

窗体模块和报表模块都是类模块,它们分别与某一窗体或报表相联系。窗体模块和报表模块通常都含有事件过程,该过程用来控制窗体或报表的操作以及响应用户的操作。

为窗体或报表创建第一个事件过程时,Access 将自动创建与之关联的窗体或报表模块。单击窗体或报表"设计器视图"中工具栏上的"代码"按钮,可以查看模块。

窗体模块和报表模块的作用范围局限在其所属的窗体和报表内部,具有局部特性。

2. 标准模块

标准模块一般用来承载在程序其他模块中要引用的代码。标准模块不与某个具体的对象相关联,它的作用就是为其他模块提供可以共享的公共 Sub 过程或 Function 函数。这些模块可以被窗体或报表中的过程调用,其作用范围为整个应用系统。

8.1.3　模块的组成

模块以过程为单元组成。一个模块包含一个声明区域及一个或多个过程,在声明区域中对过程中使用到的变量进行声明,过程又分为子过程和函数过程两种。

1. 子过程

子过程又称 Sub 过程,以关键字 Sub 开头,以 End Sub 结束,用来执行一系列操作,没有返回值,其定义语法格式如下:

```
[Public|Private|Static] Sub 过程名 ([<参数>])
    执行语句
End Sub
```

说明:

① Private 表示本过程是模块级过程,只有其所在模块中的其他过程可以调用该过程。

② Public 表示本过程是全局过程,任何模块的过程都可以调用该过程;除事件过程外,所有过程都默认是公有的。若不想使 Sub 过程成为公有的,必须使用 Private 关键字显示声明。事件过程在创建时,Visual Basic 会在过程中自动加上 Private。

③ Static 表示在该过程中所有声明的变量为静态变量,变量值始终保留,即使程序执行完毕也是如此。

④ 如果在过程执行的过程中,有数据需要传递,需要在过程中指明参数,否则可以省略参数,而成为无参过程。

2. 函数过程

函数过程又称 Function 过程,以关键字 Function 开头,以 End Function 结束,通常具有返回值。Access 提供了许多内置的标准函数以供程序直接调用,例如,Date()函数返回系统的当前日期。除了系统提供的内置函数以外,也可以创建自定义函数,编辑一个 Function 过程就是用户自己定义一个函数的过程。

Function 过程的优点就是程序可以在表达式中使用函数的返回值,以便对语句或方法中的一些属性进行设置,或者在筛选、查询的准则表达式中使用。

Function 过程的语法格式如下:

```
[Public|Private|Static] Function 过程名 ([<参数>])
    执行语句
End Function
```

8.1.4　将宏转换为模块

在 Access 中,多数对象的事件处理方法都是采用模块编程实现的。数据库应用系统中,在什么样的情况下应该使用宏对象来提供处理事件的方法,在什么样的情况下应该使用 VBA 编程来提供处理事件的方法呢? 这取决于需要完成的任务的复杂性。

一般而言,对于较简单的事件处理方法或重复性的操作,如打开或关闭数据库的对象、执行报表、使用工具栏执行任务等,可以设计相应的宏对象来处理。对于以下的情况,应该使用模块操作。

① 复杂的数据库维护和操作。

② 自定义的过程和函数。

③ 显示错误消息。

④ 在程序代码中创建或操作数据库对象。

⑤ 一次对多个记录操作。

⑥ 将参数传递给过程。

虽然可以通过创建宏对象来自动执行一项重复或者较为烦琐的操作，保证工作的一致性，避免由于忘记某一操作步骤而引起的错误，但是宏对象的执行效率较低，用户可以将宏转换为模块，以提高代码的执行效率。

根据要转换的宏的类型不同，转换操作有两种：转换窗体或报表中的宏；转换不属于任何窗体或报表的全局宏。

1. 转换窗体或报表中的宏

将窗体或报表中使用宏完成的操作转换为 VBA 程序代码，保存在模块的过程中。

例 8.1　将"宏调用示例"窗体中的宏转换为模块，如图 8.1 所示。

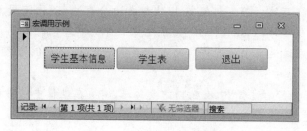

图 8.1　"宏调用示例"窗体

操作步骤如下。

（1）在"设计视图"中打开"宏调用示例"窗体。

（2）在"设计"选项卡上的"工具"组中，单击"将窗体的宏转换为 Visual Basic 代码"按钮，如图 8.2 所示。

图 8.2　"工具"菜单

（3）在弹出的"转换窗体宏：宏调用示例"对话框中，单击"转换"按钮，如图 8.3 所示。

（4）屏幕上显示"将宏转换为 Visual Basic 代码"对话框，如图 8.4 所示，单击"确定"按钮即可。

图 8.3　"转换窗体宏：宏调用示例"对话框

图 8.4　"将宏转换为 Visual Basic 代码"对话框

2. 转换全局宏

从数据库窗口中转换宏时,宏被保存为全部模块中的一个函数。这种方式转换的宏可以被整个数据库使用。

例 8.2 将"单个宏示例"宏转换为模块,如图 8.5 所示。

操作步骤如下。

(1) 在导航窗格中单击"宏"对象,选择要转换宏"单个宏示例"。

(2) 选择"文件"→"对象另存为"命令,弹出"另存为"对话框,如图 8.6 所示,将"单个示例宏"另存为"单个宏示例转换的模块",保存类型为"模块",单击"确定"按钮。

图 8.5 "单个宏示例"设计视图

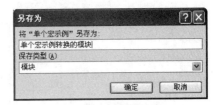

图 8.6 "另存为"对话框

(3) 在"转换宏"对话框中单击"转换"按钮,弹出显示"转换完毕"对话框后,单击"确定"按钮完成转换。

(4) 查看和编辑 VBA 代码。在 Visual Basic 编辑器中,如果"工程资源管理器"窗格未显示,可在"视图"菜单上单击"工程资源管理器"。展开正在工作的数据库名称下面的树。在"模块"下,双击模块"被转换的宏—单个宏示例"。Visual Basic 编辑器将打开该模块,如图 8.7 所示。

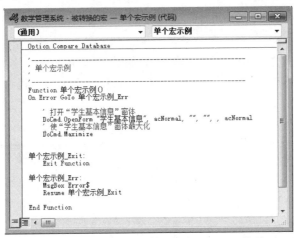

图 8.7 "单个宏示例"转换为模块的过程代码

模块和 VBA 编程

8.2　创 建 模 块

8.2.1　VBA 编程环境

VBA 是微软公司为 Microsoft Office 开发设计的程序语言，用来实现一些文档元素的复杂和自动化操作，是根据 Visual Basic 简化的语言，其基本语法与 Visual Basic 基本相同。与之不同的是 VBA 不是一个独立的开发工具，一般被嵌入 Word、Excel、Access 这样的宿主软件中，从而实现在其中的程序开发功能。

在 Office 中使用的 VBA 开发界面被称为 VBE（Visual Basic Editor），如图 8.8 所示。它具有编辑、调试和编译 Visual Basic 程序的功能。VBE 主要由工具栏、工程窗口、属性窗口和代码窗口组成。此外，还有立即窗口、本地窗口和监视窗口。除了代码窗口外，其他窗口都可以通过"视图"菜单在显示和隐藏之间相互切换。

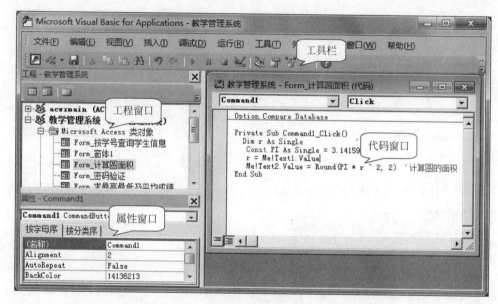

图 8.8　VBE 窗口

1. 工具栏

默认情况下，VBE 窗口中显示的是标准工具栏，用户可以通过菜单"视图"→"工具栏"下的子菜单来显示"编辑""调试"和"用户窗体"工具栏。标准工具栏上的常用按钮及其功能的介绍如表 8.1 所示。

表 8.1　标准工具栏常用按钮

按　　钮	按 钮 名 称	功　　能
	视图按钮	切换到 Access 数据库视图窗口
	插入按钮	单击按钮右侧的箭头，从"模块""类模块"和"过程"三个选项中选择一项即可插入新模块
	运行子过程/用户窗体按钮	运行模块程序

按　钮	按　钮　名　称	功　　能
▮▮	中断按钮	中断正在运行的程序
▪	重新设置按钮	结束正在运行的程序
⬤	设置模式按钮	在设计模式和非设计模式之间切换
⬤	工程资源管理器按钮	打开/关闭工程资源管理器
⬤	属性窗口按钮	打开/关闭属性窗口
⬤	对象浏览器按钮	用于打开对象浏览器

2. 工程窗口

工程窗口也称工程资源管理器,一个数据库应用系统就是一个工程,系统中的所有类对象及模块对象都在该窗口中显示出来。该窗口中有三个按钮,"查看代码"按钮可以打开相应的代码窗口,"查看对象"按钮打开相应的对象窗口,"切换文件夹"按钮可以隐藏或显示对象的分类文件夹。

3. 属性窗口

属性窗口列出了所选对象的各种属性,用户可按字母序和分类序查看对象属性。可以在属性窗口中编辑对象的属性,也可以在"代码窗口"中用 VBA 代码编辑对象的属性。

4. 代码窗口

在代码窗口中可以输入和编辑 VBA 代码,可以打开多个代码窗口来查看各个模块的代码,还可以方便地在代码窗口之间进行复制和粘贴。代码窗口对于代码中的关键字以及普通代码用不同的颜色加以区分,使之一目了然。

VBE 的代码窗口包含了一个成熟的开发和调试系统,如图 8.9 所示。在代码窗口的顶部是两个组合框,左边是对象组合框,右边是过程组合框。对象组合框中列出了所有可用的对象名称,选择某一对象后,在过程组合框中将列出该对象所有的事件过程。在工程窗口中双击任何 Access 类或模块对象,都可以在代码窗口中打开相应的代码。

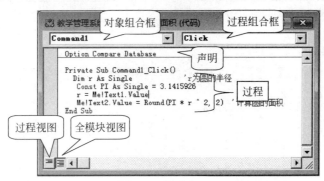

图 8.9　代码窗口

8.2.2　创建类模块

在 Access 中,类模块和标准模块的编辑和调试环境均为 VBE,但是启动 VBE 的方式却有所不同。

类模块是包含在窗体、报表等数据库基本对象之中的事件处理过程,仅在所属对象处于活动状态下有效。进入 VBE 编辑类模块有两种方法。

方法一:打开窗体或报表对象的设计视图,单击"数据库工具"选项卡,在"宏"组中单击"Visual Basic"按钮,或按 Alt+F11 键,进入 VBE。

方法二:操作过程如下。

(1) 打开窗体或报表对象的"设计视图"窗口,定位到窗体、报表或控件上,右击"属性"命令,出现"属性表"对话框。

(2) 在"事件"选项卡中选中某个事件,单击右侧的下拉箭头,在列表中选择"[事件过程]",如图 8.10 所示,单击"生成器"按钮,进入 VBE。

8.2.3 创建标准模块

1. 在模块中加入过程

方法一。

(1) 在"数据库视图"窗口中单击"创建"选项卡下的"宏与代码"组中的"模块"按钮,进入 VBE。

(2) 选择"插入"→"过程"命令,在"添加过程"对话框中输入过程名,如图 8.11 所示。

图 8.10 "属性表"对话框的"事件"选项卡

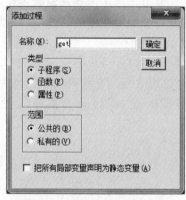

图 8.11 "添加过程"对话框

(3) 在代码窗口中定义过程,如图 8.12 所示。

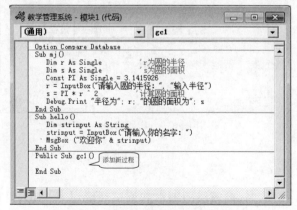

图 8.12 添加过程的代码窗口

方法二。

(1) 在"数据库视图"窗口中单击"创建"选项卡下的"宏与模块"组中的"模块"按钮,进入 VBE。

(2) 直接在"代码窗口"中定义过程。

方法三。

(1) 对于已存在的标准模块,在"数据库视图"窗口中选择"模块"对象,在模块列表中双击选择的模块,或在快捷菜单中选择"设计视图"按钮,进入 VBE。

(2) 在"代码窗口"中定义过程。

2. 保存模块

创建了新模块或修改了已经存在的模块,当单击工具栏中的"保存"按钮,或关闭数据库视图窗口时,系统会提示是否需要保存该模块,如图 8.13 所示,在"保存"对话框中选择需要保存的模块,单击"是"按钮,弹出"另存为"对话框,为模块取名,如图 8.14 所示,单击"确定"按钮,模块即保存成功。

图 8.13 "保存"对话框

图 8.14 "另存为"对话框

3. 执行模块中的过程

模块中添加了许多过程,当需要运行某个过程时,可按下 F5 键,或单击"标准"工具栏中的"运行"按钮,或选择"运行"→"运行子过程/用户窗体"命令,弹出"宏"对话框,如图 8.15 所示。列表中列出了模块中包含的所有过程名。选择需要执行的过程,然后单击"运行"按钮。

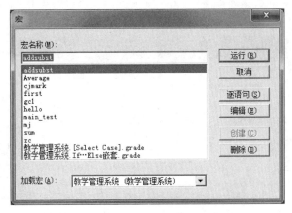

图 8.15 "宏"对话框

模块和 VBA 编程

8.3　面向对象程序设计的基本概念

VBA 是一种面向对象的程序设计语言，因此进行 VBA 的开发，必须理解面向对象的有关知识。

8.3.1　基本概念

1. 对象

客观世界的任何实体都可以被看作对象。在采用面向对象程序设计方法的程序中，程序处理的目标被抽象成了一个个对象。对象是面向对象程序设计的基本单元，是一种将数据和操作过程相结合的数据结果。每个对象具有各自的属性、方法和事件。

Access 应用程序由表、查询、窗体、报表、宏和模块对象构成，形成不同的类。Access 数据库视图左侧显示的就是数据库的对象类，双击其中的任一对象类，可以打开该对象窗口。其中有些对象内部，如窗体、报表等，还可以包含其他对象。对象是为了方便管理数据和代码而提出的，在 VBA 中，对象是封装数据和代码的客体。

2. 属性

属性是描述对象特征的参数，如大小、颜色、屏幕位置，或某一方面的行为。每个对象均有多个属性。在 Access 的窗体"设计视图"中，可以通过"属性"窗口查看和设置对象的各个属性。

3. 事件

(1) 事件和事件过程。

Windows 程序是由事件驱动的。事件是对象可以识别的动作，通常由系统预先定义好，如 Click（单击）事件，程序运行时用户如果单击了某个按钮，则触发了该按钮的 Click 事件。对象在识别了所发生的事件后执行的程序叫作事件过程。用户需要将响应事件所要执行的代码添加到相应的事件过程中。

例如，打开某窗体的设计视图，右击窗体中的某个命令按钮，选择"属性"命令，在"属性表"对话框的"事件"选项卡中选中 Click（单击）事件，单击右侧的下拉箭头，在列表中选择"[事件过程]"，即进入新建窗体的类模块代码编辑区。在打开的代码编辑区中，可以看见系统已经为该命令按钮的 Click 事件自动创建了事件过程的模板，如图 8.16 所示。

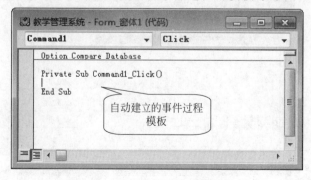

图 8.16　编写事件过程的代码窗口

在 Access 中一般有两种方法来处理事件的响应：一是使用宏来设置事件的属性；二是使用 VBA 来编写事件过程代码。

（2）对象的事件。

对象能响应多种类型的事件，每种类型的事件又由若干种具体事件组成。

① 窗体对象。在窗体载入、打开、关闭及窗体上的数据修改变化时发生，如表 8.2 所示。

表 8.2　窗体事件

事　件	事件对象	动　作　说　明
OnOpen	窗体	窗体被打开，但是第一条记录还未显示时发生
OnClose	窗体	窗体对象被关闭，但还未清屏时发生
OnLoad	窗体	窗体被打开，且显示了第一条记录时发生，发生在 Open 之后
OnUnLoad	窗体	窗体对象从内存撤销之前发生，发生在 Close 之前
OnResize	窗体	窗体的大小变化时发生，发生在窗体第一次显示时
AfterInsert	窗体	插入新记录保存到数据库时发生
AfterDelConfirm	窗体	确认删除记录且记录已删除或取消删除之后发生
AfterUpdate	窗体	更新控件或记录数据之后发生，此事件在控件或记录失去焦点时，或单击菜单中的"保存"时发生
BeforeDelConfirm	窗体	删除记录后，但在显示对话框提示确认或取消之前发生，在 Delete 事件之后发生
BeforeInsert	窗体	在新记录中输入第一个字符，但还未添加到数据库之前发生
BeforeUpdate	窗体	更新控件或记录数据之前发生，此事件在控件或记录失去焦点时，或单击菜单中的"保存"时发生
Current	窗体	当焦点移动到一条记录使它成为当前记录，或当重新查询窗体数据源时发生
Delete	窗体	删除记录，但在确认删除和实际执行之前发生

② 报表对象。在打印、关闭报表或设置打印格式时发生，如表 8.3 所示。

表 8.3　报表事件

事　件	事件对象	动　作　说　明
OnOpen	报表	报表打开时发生
OnClose	报表	报表关闭时发生
OnNoData	报表	设置没有数据的报表打印格式后，在打印报表之前发生，用该事件可以取消空白报表的打印
OnPage	报表	在设置页面的打印格式之后，在打印页面之前发生
OnPrint	报表	该页在打印或打印预览之前发生

③ 命令按钮控件。鼠标或键盘在按钮上操作时发生，如表 8.4 所示。

表 8.4　命令按钮事件

事　件	事件对象	动　作　说　明
OnClick	命令按钮	鼠标单击时发生
OnDblClick	命令按钮	鼠标双击时发生
OnMouseDown	命令按钮	按下鼠标时发生

模块和 VBA 编程

续表

事　件	事件对象	动　作　说　明
OnMouseMove	命令按钮	鼠标移动时发生
OnMouseUp	命令按钮	释放鼠标按键时发生

④ 标签控件。鼠标在标签控件上操作时发生，如表 8.5 所示。

表 8.5　标签事件

事　件	事件对象	动　作　说　明
OnClick	标签	鼠标单击时发生
OnDblClick	标签	鼠标双击时发生
OnMouseDown	标签	标签上鼠标按下时发生

⑤ 文本框控件。鼠标、键盘在文本框中操作或文本框内容更新时触发的事件，如表 8.6 所示。

表 8.6　文本框事件

事　件	事件对象	动　作　说　明
BeforeUpdate	文本框	文本框内容更新前发生
AfterUpdate	文本框	文本框内容更新后发生
OnGetFoucs	文本框	文本框获得输入焦点时发生
OnLostFoucs	文本框	文本框失去输入焦点时发生
OnEnter	文本框	文本框获得输入焦点之前或拥有输入焦点之后按回车键时发生
OnChange	文本框	文本框内容更新时发生
OnKeyPress	文本框	文本框内键盘按键时发生
OnMouseDown	文本框	文本框内鼠标按下时发生

⑥ 组合框控件。鼠标、键盘在组合框中操作或组合框内容更新时触发的事件，如表 8.7 所示。

表 8.7　组合框事件

事　件	事件对象	动　作　说　明
BeforeUpdate	组合框	组合框内容更新前发生
AfterUpdate	组合框	组合框内容更新后发生
OnGetFoucs	组合框	组合框获得输入焦点时发生
OnLostFoucs	组合框	组合框失去输入焦点时发生
OnEnter	组合框	组合框获得输入焦点之前或拥有输入焦点之后按回车键时发生
OnClick	组合框	组合框单击时发生
OnDblClick	组合框	组合框双击时发生
OnKeyPress	组合框	组合框内键盘按键时发生

⑦ 选项组控件。鼠标、键盘在选项组中操作或选项组内容更新时触发的事件，如表 8.8 所示。

表 8.8　选项组事件

事　件	事 件 对 象	动 作 说 明
BeforeUpdate	选项组	选项组内容更新前发生
AfterUpdate	选项组	选项组内容更新后发生
OnEnter	选项组	选项组获得输入焦点之前或拥有输入焦点之后按回车键时发生
OnClick	选项组	选项组单击时发生
OnDblClick	选项组	选项组双击时发生

⑧ 选项按钮控件。鼠标、键盘在选项按钮中操作或选项按钮内容更新时触发的事件，如表 8.9 所示。

表 8.9　选项按钮事件

事　件	事 件 对 象	动 作 说 明
OnKeyPress	选项按钮	选项按钮内键盘按键时发生
OnGetFoucs	选项按钮	选项按钮获得输入焦点时发生
OnLostFoucs	选项按钮	选项按钮失去输入焦点时发生

⑨ 复选框控件。鼠标、键盘在复选框中操作或复选框内容更新时触发的事件，如表 8.10 所示。

表 8.10　复选框事件

事　件	事 件 对 象	动 作 说 明
BeforeUpdate	复选框	复选框内容更新前发生
AfterUpdate	复选框	复选框内容更新后发生
OnGetFoucs	复选框	复选框获得输入焦点时发生
OnEnter	复选框	复选框获得输入焦点之前或拥有输入焦点之后按回车键时发生

（3）编写事件过程。

要想让系统响应某个事件，就要将响应事件所要执行的代码添入相应的事件过程。

例 8.3　窗体加载时设置标签、文本框、命令按钮等对象的属性。

```
Private Sub Form_Load()
    Label1.Caption = "欢迎!"                         '设置标签 Label1 的标题为"欢迎"
    Label1.ForeColor = 255                          '设置标签 Label1 的颜色为红色
    Label1.FontBold = True                          '设置标签 Label1 的字体加粗
    Text1 = ""                                      '将文本框 Text1 中的内容清空
    Cmd1.Enabled = True                             '设置命令按钮 Cmd1 可用
    Cmd2.Enabled = False                            '设置命令按钮 Cmd2 不可用
    Picture = CurrentProject.Path + "\test.bmp"     '设置窗体背景图片
End Sub
```

在 Access 2010 中，有两种方法进入事件过程的设计。

方法一：在对象上右击，从快捷菜单中选择"事件生成器"命令，选择"代码生成器"，进入 VBE 的"代码窗口"，编写事件过程，如图 8.16 所示。代码设计详见 8.5 节的相关内容。

方法二：在对象上右击，从快捷菜单中选择"属性"命令，打开"属性表"对话框，选择"事件"选项卡,所列项目即是对象可以相应的事件。

每个事件选择项可以使用下拉箭头  选择"宏"或"事件过程",也可单击"表达式生成器"按钮。若建有宏,可以选择"宏",那么对象的该事件将执行宏的操作;若选择"事件过程",单击"表达式生成器"按钮,可以直接进入 VBE 的"代码窗口",编写事件过程。

4. 方法

对象的方法描述了对象的行为,即在特定的对象上执行的一个过程。例如,窗体的打开和关闭都是窗体对象的方法。

8.3.2 面向对象的语法

1. 面向对象的语法

8.3.1 节中介绍了对象、属性、事件和方法等概念,在编程过程中引用对象的属性或方法时应该在属性名或方法名前面加上对象名,然后再加上点操作符"."分隔。例如:

```
Me.Label1.Caption = "欢迎"        '设置标签 Label1 的标题为"欢迎"
MyForm.Refresh                     '刷新窗体记录
```

一个对象需要通过多重对象来实现,需要使用加重运算符"!"来逐级确定对象。例如:

```
Forms! Form1.Caption = "修改口令"   '设置窗体 Form1 的标题为"修改口令"
Forms! fEdit.Refresh               '刷新窗体记录
```

2. 关键字 Me

Me 是 VBA 编程中使用频率很高的关键字,Me 是"包含这段代码的对象"的简称,可以代表当前对象。在类模块中,Me 代表当前窗体或当前报表。

例如:

① Me.Label1.Caption="欢迎!",设置窗体中标签 Label1 的标题为"欢迎"。

② Me.Caption="学生信息一览表",设置窗体标题为"学生信息一览表"。

③ Me.Requery,刷新查询记录。

8.3.3 Access 对象模型

Access 对象模型提供了 VBA 程序对 Access 应用程序的对象访问方法。它是 Access VBA 开发的面向对象程序接口,该接口封装了构成 Access 应用程序的所有元素的功能和属性。在 VBE 窗口中,选择"视图""对象浏览器"命令,打开"对象浏览器"窗口,如图 8.17 所示。下面介绍几个常用的 Access 对象。

1. Application 对象

Application 对象引用当前的 Access 应用程序,使用该对象可以将方法或属性设置为应

图 8.17 "对象浏览器"窗口

用于整个应用程序。在 VBA 中使用 Application 对象时,首先确定 VBA 对 Access 对象库

的应用,然后创建 Application 类的新实例,并定义一个该对象的变量。代码如下:

```
Dim app As New Access.Application
```

创建 Application 类的新实例后,可以用该对象提供的属性和方法创建并使用其他 Access 对象。

2. Form 对象

Form 对象引用一个特定的 Access 窗体,Form 对象是 Forms 集合的成员,该集合是所有当前打开的窗体的集合。用 Forms![成员窗体名]或 Forms("成员窗体名")指定窗体对象。

例如,使用 Forms![密码验证].Caption="登录"语句可以设置"密码验证"窗体的"标题"属性为"登录"。

3. DoCmd 对象

DoCmd 对象是 Access 提供的一个重要对象,它的主要功能是通过调用 Access 的内置方法,在 VBA 中实现某些特定的操作,如打开窗体、打开报表、显示记录等。在 VBA 中使用时,只要输入"DoCmd."命令,即显示可选用的方法。

使用 DoCmd 调用方法的格式如下:

```
DoCmd.方法名    参数表
```

DoCmd 对象的方法一般需要参数,主要由调用的方法来决定。例如,用 DoCmd 对象的 OpenForm 方法打开"学生基本信息录入"窗体,使用的语句为:DoCmd.OpenForm"学生基本信息录入"。DoCmd 对象的常用方法如表 8.11 所示。

表 8.11 DoCmd 对象的常用方法

方 法	功 能	示 例
OpenForm	打开窗体	DoCmd.OpenForm"学生基本信息"
OpenReport	预览方式打开报表	DoCmd.OpenReport"学生成绩报表",acViewPreview
OpenTable	打开表	DoCmd.OpenTable"学生"
Close	关闭对象	DoCmd.Closeactable"学生"
RunMacro	运行宏	DoCmd.RunMacro"Macro1"

8.4 VBA 编程基础

8.4.1 VBA 的基本数据类型

VBA 在数据类型和定义方式上均继承了 Basic 语言的特点。VBA 的基本数据类型如表 8.12 所示。

表 8.12 VBA 的基本数据类型

数据类型	存储字节	范 围
Byte(字节型)	1	$0 \sim 255$
Boolean(布尔型)	2	True 或 False
Integer(整型)	2	$-32768 \sim 32767$ 即 $-2^{15} \sim 2^{15}-1$

续表

数据类型	存储字节	范围
Long(长整型)	4	$-2147483648 \sim -2147483647$ 即 $-2^{31} \sim 2^{31}-1$
Single(单精度型)	4	$-3.4 \times 10^{38} \sim 3.4 \times 10^{38}$
Double(双精度型)	8	$-1.797 \times 10^{308} \sim 1.797 \times 10^{308}$
Currency	8	$-922337203685447.5808 \sim 922337203685447.5807$
Date(日期型)	8	1000 年 1 月 1 日～9999 年 12 月 31 日
String(字符型)	与字符串长度有关	0～65535 个字符
Variant(变体型)	与数据有关	数字和双精度同,文本和字符串同
Object(对象型)	4	任何对象引用

8.4.2 常量

常量是其值在程序运行期间不变的量。常量又分为直接常量、符号常量和固有常量。

1. 直接常量

直接常量即通常的数值、字符串、日期型和逻辑型常量,如:123、"Access 2003"、♯2018-8-15♯、True、False。

2. 符号常量

用符号代表常量,如果程序中多处用到某一个常量,可将其定义成符号常量,提高代码的可读性,便于维护。

用关键字 Const 定义符号常量。定义符号常量时需要给出常量值,在程序运行过程中对符号常量只能做读取操作,不允许修改或重新赋值,也不允许定义与固有常量同名的符号常量。例如:

Const PI=3.1415926

程序运行中凡是遇到符号 PI 时均用 3.1415926 替换。

说明:

(1) 定义在模块声明区的符号常量,可以在所有模块的过程中使用,通常在 Const 前面加上 Global 或 Public。如:Public Const PI=3.1415926。

(2) 定义在事件过程中的符号常量,只在本过程中使用。

(3) 符号常量不指明数据类型,系统自动按存储效率高的方式确定数据类型。

(4) 为区别于变量名,符号常量通常用大写字母命名。

3. 固有常量

固有常量是一类特殊的符号常量,已经预先在 Access 类库中定义好。固有常量以两个前缀字母指明了定义该常量的对象库。来自 Visual Basic 类库的常量以 vb 开头,如 vbRed。来自 Access 类库的常量以 ac 开头,如 acForm。来自 ADO 类库的常量以 ad 开头,如 adAddNew。

8.4.3 变量

变量是指在程序运行时其值会发生变化的数据。

每个变量有一个名称和数据类型,通过变量名可以引用变量,而数据类型则决定了该变量的存储方式。

给变量命名时,应遵循以下原则。

(1) 变量名只能以字母开头,由字母、数字和下画线组成。

(2) 变量名不能使用系统的保留字。

(3) 变量名不区分大小写,如 XY、Xy 或 xy 表示同一个变量。

1. 定义变量

根据对变量类型定义的不同,可以将变量分为两种形式。

(1) 隐含型变量

隐含型变量在使用变量之前并不先声明这个变量,通过将一个值赋给变量名的方式来建立隐含型变量。

例如:

```
NewVar = 100                    '定义隐含型变量,名字为 NewVar,数据类型为 Variant
```

(2) 显式变量

显式变量在使用之前要先定义后使用,定义变量的格式为:

```
Dim 变量名 As 类型
```

例如:

```
Dim X As String                '定义 X 为字符串变量
Dim Y As Integer, Z As Double  '定义 Y 为整型变量,Z 为双精度型变量
```

在 VBA 编程中应尽量使用显式变量,能提高程序的阅读性,易于查找错误。

2. 变量的作用域

定义变量的位置不同,其作用范围也不同。根据变量的作用域,可以将变量分为过程内局部变量、模块级局部变量和全局变量。

(1) 过程内局部变量。

过程内局部变量是在 Sub 过程或 Function 过程内用关键字 Dim 定义,或不定义直接使用的变量,其作用域为定义该变量的 Sub 过程或 Function 过程。另外,形参也属于过程内局部变量。

(2) 模块级局部变量。

模块级局部变量是在模块的通用声明段用关键字 Dim 或 Private 定义的变量,其作用域是定义该变量的模块,即该模块的各个过程中都可以使用该变量。

(3) 全局变量。

全局变量是在标准模块的通用声明段用关键字 Public 定义的变量,其作用域是整个应用程序,即类模块和标准模块的所有过程都可以使用该变量。

3. 变量的生命周期

生命周期是变量的另一个特性,即变量的持续时间。按照变量的生命周期,可以将变量分为动态变量和静态变量。

(1) 动态变量。

使用 Dim 语句声明的变量,在过程结束之前一直保存着它的值,在每次调用过程时该变量会被设置为默认值,如数值类型变量为 0,字符串变量为空字符串""。这种变量的生命

周期与过程的持续时间一致。

（2）静态变量。

静态变量定义时用 Static 代替 Dim。使用 Static 声明的变量在模块内一直保留其值，直到模块重新启动，即持续时间是整个模块执行的时间。

可以用 Static 关键字来声明 Sub 过程或 Function 过程，以便在模块的生命周期内保留 Sub 过程或 Function 过程内的所有局部变量。

清除过程中的静态变量的方法是选择菜单"运行"→"重新设置"命令。

8.4.4 数组

数组是由一组具有相同数据类型的变量构成的集合，用一个数组名来标识，数组中的每一个数据称为数组元素，也称为数组元素变量，数组元素在数组中的数字编号称为下标。

数组元素由数组名和下标构成，具有一个下标的数组称为一维数组，具有两个下标的数组称为二维数组。例如 a(1)、a(2)表示一维数组 a 的两个数组元素，b(1,2)表示二维数组的一个数组元素。

数组在使用之前要先定义，定义格式如下。

一维数组：Dim 数组名([下标下界 to]下标上界)As 数据类型

二维数组：Dim 数组名(第 1 维下标上界,第 2 维下标上界)As 数据类型

缺省情况下，下标下界为 0，数组元素从"数组名(0)"至数组名"(下标上界)"；如果使用 to 选项，则可以安排非 0 下界。

VBA 也支持多维数组，可以在数组下标中加入多个数值，并以逗号分隔。最多可以定义 60 维。

例如：

```
Dim a(-2 to 2) As String      '定义了一个有 5 个字符型数组元素的一维数组 a,数组元素下标从
                              '-2 到 2
Dim ArrayInt(10) As Integer   '定义了一个有 11 个整型数组元素的一维数组 ArrayInt,数组元素下
                              '标从 0 到 10
Dim b(2,3) As Integer         '定义了一个有 3*4=12 个整型数组元素的二维数组 b
```

8.4.5 运算符与表达式

表达式是将常量、变量、字段名、控件属性值和函数用运算符组合成的式子，完成各种形式的运算和处理。VBA 中有 5 类运算符，使用这些运算符可以分别构成算术表达式、字符表达式、关系表达式、逻辑表达式和对象引用表达式。

1. 算术表达式

算术运算符与数字组成的式子称为算术表达式。算术运算符见表 8.13 所示。

表 8.13 算术运算符

运 算 符	意 义	示 例	结 果	优 先 级
( )	改变原有的运算顺序			8
^	乘方	7^2	49	7

运 算 符	意 义	示 例	结 果	优 先 级
*	乘	7*2	14	6
/	除	7/2	3.5	6
\	整除	7\2	3	6
MOD	取模(两数相除的余数)	7MOD2	1	6
+	加	7+2	9	5
—	减	7—2	5	5

2. 字符表达式

字符串连接运算符有"&"和"+"两个,见表8.14所示。

表 8.14　字符运算符

运 算 符	意 义	示 例	结 果
+	连接两个字符串	"Access"+"2010"	"Access2010"
&	强制连接两个表达式	"Access"&2010	"Access2010"

在使用"&"作为字符串运算时必须在"&"前加一个空格;否则,如果变量与字符 & 紧接在一起,将作为类型定义符处理。"&"运算符可以将非字符串类型的数据转换为字符串后进行连接。

使用"+"进行运算时,当两边操作数都为字符串时,进行字符串的组合;当两边操作数为数值时,进行算术运算;当其一为数字字符串,另一个为数值型时,则先将数字字符串转换为数值,然后进行算术加法运算;当一个操作数为数值型,另一个操作数为非数值字符串时,则出错。

字符表达式的运算结果为字符串。

3. 关系表达式

关系运算符用来对两个表达式的值进行比较,共有 7 个,它们享有同样的优先级,比较的结果为逻辑值。若关系成立则返回 True,否则返回 False。用关系运算符连接两个表达式所组成的式子叫作关系表达式,见表8.15所示。

表 8.15　关系运算符

运 算 符	意 义	示 例	结 果	优 先 级
<	小于	7<2	False	4
≤	小于或等于	7≤2	False	4
>	大于	7>2	True	4
≥	大于或等于	7≥2	True	4
=	等于	7=2	False	4
<>	不等于	7<>2	True	4
LIKE	字符串匹配	"Microsoft Access"LIKE"*Access"	True	4

4. 逻辑表达式

逻辑运算符也称布尔运算符。逻辑表达式由逻辑运算符连接两个或多个关系表达式,其结果为逻辑值 True 或 False。逻辑运算符见表 8.16 所示。

表 8.16　逻辑运算符

运 算 符	意 义	示 例	结 果	优 先 级
NOT	非，将 True 变为 False，将 False 变为 True	NOT 7＞2	False	3
AND	与，两边都为 True 结果才为 True	7＞2 AND 2＞7	False	2
OR	或，两边有一个为 True 结果就为 True	7＞2 OR 2＞7	True	1

5. 对象引用表达式

如果在表达式中引用对象，则要构造对象引用表达式，其结果为被引用的对象或被引用的对象的属性或方法。引用对象运算符见表 8.17 所示。

表 8.17　引用对象运算符

运算符	意 义	示 例	说 明
!	引用某个对象	Me!Text1	引用 Me 窗体中的文本框 Text1
.	引用对象的属性或方法	Me!Text1. Value	引用 Me 窗体中的文本框 Text1 的 Value 属性

8.5　VBA 程序的流程控制结构

8.5.1　VBA 程序的语法

1. 语句

一个程序由若干语句组成，一条语句完成某一操作。按功能可以将语句划分两类：一是声明语句，用于定义常量、变量和过程；另一类是执行语句，用于执行赋值操作、调用过程、实现各种流程控制。

根据流程控制的不同，执行语句可以构成顺序结构、分支结构和循环结构 3 种。

2. 程序的书写规则

在编写程序中，如果不遵循语法规则、书写规则，系统无法识别语句，将会产生错误。在书写程序时，要遵循以下规则。

① 通常一行书写一条语句，如果语句太长写不下，在行末使用续行符"_"，另起一行书写。

② 几条语句写在一行时，使用冒号"："分隔各语句。

③ 一行命令以回车键作为结束标志。

④ 语句中英文字母不区分大小写。

⑤ 程序书写提倡使用缩进格式，使程序中同级别的语句在同一列对齐。用缩进格式书写的程序能清楚地显示程序的结构，不仅帮助阅读程序，而且有利于程序维护。

3. 程序中的常用语句

（1）注释语句。

对程序添加适当的注释可以提高程序的可读性，对程序维护带来很大的方便。在 VBA 程序中有两种方法添加注释。

方法一：Rem 注释内容。

方法二：'注释内容。

例如：

```
Rem 定义两个变量
Dim X , Y    '定义 X,Y 为变体变量
```

（2）赋值语句。

赋值语句用来为变量指定一个值。格式如下：

[LET] 变量名 = 值或表达式

例如：

```
Let X = 100
Y = 200
Dim Z As String
Z = "Access 2010"
```

（3）输入输出语句。

程序中很多情况需要接收用户输入的数据来进行计算，计算完后又需要将结果输出。在 VBA 中处理数据的输入使用系统函数 InputBox( )，结果的输出使用系统函数 MsgBox( )和 Debug 窗口。

① InputBox 函数。

使用输入对话框来输入数据。输入对话框中包含文本框、提示信息和命令按钮，当用户输入数据并按下按钮时，系统会将文本框中的内容作为输入的数据。InputBox 函数的格式如下。

```
InputBox (Prompt [,Title] [,Default] [,Xpos] [,Ypos])
```

说明：

- Prompt 参数不可缺省，用于在对话框上显示一个输入的提示项。
- Title 参数用于指定该对话框的标题，若缺省则用 Microsoft Office Access 为标题。
- Default 用于提供一个默认值，在用户不输入数据时，用该值作为输入的数据。
- Xpos、Ypos 用于指定对话框在屏幕中出现的位置，若缺省则出现在屏幕的中央。

② MsgBox 函数。

使用消息框输出信息。消息框由 4 个部分组成，标题栏信息、提示信息、一个图标和一个或多个命令按钮，图标的形式及命令按钮的个数可以由用户设置。MsgBox 函数的格式如下。

```
MsgBox(prompt [,buttons] [,title])
```

说明：

- Prompt 参数不可缺省，用于在对话框上输出结果或提示性文本。
- Buttons 用来指定对话框中按钮的个数及形式，默认值为 0，其值与按钮数目和图标样式的对应关系见表 8.18。
- Title 参数用于指定该对话框的标题，若缺省则用 Microsoft Office Access 为标题。

表 8.18　MsgBox 函数中按钮与图标参数值

符　号　常　量	值	按钮或图标样式
vbOkOnly	0	"确定"按钮
vbOkCancel	1	"确定"和"取消"按钮
vbAbortRetryIgnore	2	"终止""重试"和"取消"按钮
vbYesNoCancel	3	"是""否"和"取消"按钮
vbYesNo	4	"是""否"按钮
vbRetryCancel	5	"重试"和"取消"按钮
vbCritical	16	"停止"图标
vbQuestion	32	"询问"图标
vbExclamation	48	"感叹"图标
vbInformation	64	"信息"图标

例 8.4　在输入对话框中输入用户的名字,用消息框输出欢迎信息。

操作步骤如下。

(1) 打开数据库窗口,在导航窗格中选择"模块"对象,选择"创建"选项卡下的"模块"按钮,进入 VBE。

(2) 在代码窗口输入以下过程代码。

```
Sub hello( )
    Dim strinput, Response As String
    strinput = InputBox("请输入你的名字:")
    Response = MsgBox("请确认您输入的数据是否正确!", 4 + 48 + 0, "数据检查")
        If Response = vbYes Then
              MsgBox ("欢迎你" & strinput)
        Else: Close
    End If
End Sub
```

(3) 执行主菜单"运行"→"运行子过程/用户窗体"命令,或单击工具栏上的"运行子过程/用户窗体"按钮。

(4) 弹出输入名字对话框,输入名字,如图 8.18 所示,单击"确定"按钮。

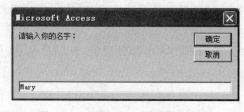

图 8.18　调用 Input 函数输入姓名

(5) 弹出"数据检查"消息框,如图 8.19 所示。该窗口中显示"是""否"两个按钮,一个"感叹"图标,默认选中"是"按钮。

(6) 单击"是"按钮后,弹出欢迎信息框,如图 8.20 所示。单击"否"按钮,则取消消息框输出,关闭程序运行。

(7) 单击工具栏上的"保存"按钮,保存该模块,名为"输入输出"。

图 8.19 "数据检查"消息框　　　　　图 8.20 调用 MsgBox 函数输出结果

4. Debug 窗口

Debug 窗口在 VBA 代码窗口的"视图"菜单中称为"立即窗口"。对于数据量较大的运行结果,可以用 Debug 的 Print 方法输出。Print 方法使用";"或"&"连接若干个输出项,也可以使用","使各个输出项之间空出一定的距离。

例 8.5 改写例 8.4,在立即窗口中显示欢迎信息。执行结果如图 8.21 所示。

图 8.21 "立即窗口"的
输出结果

操作步骤如下。

(1) 打开数据库窗口,在导航窗格中选择"模块"对象,右击"输入输出"模块,在弹出的快捷菜单中选择"设计视图"命令,打开代码窗口。

(2) 修改 hello 过程,代码如下。

```
Sub hello( )
    Dim strinput, Response As String
        strinput = InputBox("请输入你的名字:")
        Response = MsgBox("请确认您输入的数据是否正确!", 4 + 48 + 0, "数据检查")
        If Response = vbYes Then
            Debug.Print "欢迎你";strinput"
        Else: Close
        End If
End Sub
```

(3) 执行主菜单"运行"→"运行子过程/用户窗体"命令,或单击工具栏上的"运行子过程/用户窗体"按钮。

(4) 弹出输入名字对话框,输入名字,单击"确定"按钮。弹出数据检查消息框,如图 8.19 所示,单击"是"按钮。

(5) 执行主菜单"视图"→"立即窗口"命令,打开立即窗口,观察结果,如图 8.21 所示。

(6) 单击工具栏上的"保存"按钮,保存该模块。

8.5.2　顺序结构

计算机程序的执行控制流程有 3 种基本结构:顺序结构、分支结构和循环结构。面向过程的程序设计中,程序不论从宏观到微观,都是由这 3 种结构组成。面向对象程序设计增加了事件驱动机制,由用户触发某事件去执行相应的事件过程。这些事件处理过程之间并不形成特定的执行次序,但对每一个事件过程内部而言,又包含这 3 种基本结构。

顺序结构是最简单的一种结构,计算机按照语句的排列顺序依次执行每条语句。顺序结构的语句主要是赋值语句和输入输出语句。

276

例 8.6 输入圆的半径,计算圆的面积。

(1)打开数据库窗口,单击"创建"选项卡下的"模块"按钮,进入 VBE。

(2)在代码窗口输入以下过程代码。

```
Sub mj( )
    Dim r As Single                          'r 为圆的半径
    Dim s As Single                          's 为圆的面积
    Const PI As Single = 3.1415926
    r = InputBox("请输入圆的半径:", "输入半径年龄")
    s = PI * r^2                             '计算圆的面积
    Debug.Print "半径为"; r; "的圆的面积为"; s
End Sub
```

(3)执行主菜单"运行"→"运行子过程/用户窗体"命令,或单击工具栏上的"运行子过程/用户窗体"按钮。

(4)在弹出的"输入圆半径"对话框中输入半径值,单击"确定"按钮。

(5)执行主菜单"视图"→"立即窗口"命令,打开"立即窗口",观察结果,如图 8.22 所示。

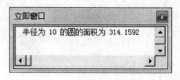

图 8.22 "立即窗口"的输出结果

(6)单击工具栏上的"保存"按钮,保存该模块,名为"求圆面积"。

8.5.3 分支结构

分支结构是按照给定的选择条件成立与否来确定程序的走向。

1. 单分支

(1)格式如下。

```
If 条件 Then
    语句序列
End If
```

(2)执行过程。

判断条件,如果为真,执行语句序列;如果为假,则不执行语句序列而直接执行 End If 后面的语句。

例如:

```
If x > 0 Then
    Text1.Text = "你好!"
End If
```

2. 双分支

(1)格式如下。

```
If 条件 Then
    语句序列 1
Else
    语句序列 2
End If
```

(2) 执行过程。

判断条件,如果为真,执行语句序列 1;如果为假,执行语句序列 2。

例 8.7 输入一个成绩,给出"及格"或"不及格"的提示。

(1) 打开数据库窗口,单击"创建"选项卡下的"模块"按钮,进入 VBE。

(2) 在代码窗口输入以下过程代码。

```
Sub cjmark( )
    Dim cj As Integer
    cj = InputBox("请输入成绩:")
        If cj > = 60 Then
            MsgBox("及格")
        Else
            MsgBox("不及格")
        End If
End Sub
```

(3) 执行主菜单"运行"→"运行子过程/用户窗体"命令,或单击工具栏上的"运行子过程/用户窗体"按钮。

(4) 在弹出的输入成绩对话框中,输入一个成绩,例如 55,单击"确定"按钮,如图 8.23 所示。

(5) 弹出消息框,显示"不及格"提示,如图 8.24 所示。

图 8.23　输入成绩　　　　　图 8.24　MsgBox 函数输出结果

(6) 单击工具栏上的"保存"按钮,保存该模块,名为"双分支结构"。

例 8.8 创建"系统登录"窗体的实现,如图 8.25 所示。当用户名和密码输入 3 次都不正确时,关闭该登录窗体。

图 8.25　"系统登录"窗体

(1) 创建一个"系统登录"窗体,添加两个文本框控件 Text1、Text2,分别输入用户名和密码。添加一个命令按钮控件,"标题"属性设置为"确定",名称属性设置为"cmd 确定"。

278

（2）在窗体"设计视图"中，选择"确定"命令按钮，右击，在快捷菜单中选择"事件生成器"命令，在"选择生成器"对话框中，选择"代码生成器"，单击"确定"，进入代码编辑窗口。事件过程代码如下所示。

```
Option Compare Database
Public i As Integer
Private Sub cmd确定_Click()
  i = i + 1
  Dim name As String, pass As String
  name = Me! Text1
  pass = Me! Text2
  If name = "admin" And pass = "888888" Then      '假设用户名为 admin,密码为 888888
    MsgBox "欢迎使用学生信息管理系统!", vbOKOnly + vbInformation, "欢迎"
    DoCmd.Close                                   '关闭身份验证窗体
    DoCmd.OpenForm "学生基本信息"                  '打开"学生基本信息"窗体
    Exit Sub
  Else
    If i < 3 Then
      MsgBox "密码错误!", vbOKOnly
      Me! Text1 = ""                              '清空文本框的内容
      Me! Text2 = ""
      Me! Text1.SetFocus                          '使文本框获得焦点,准备重新输入
    Else
      MsgBox "3 次输入错误,退出系统!", vbOKOnly
      DoCmd.Close
        End If
  End If
End Sub
```

（3）关闭 VBE 窗口，回到窗体"设计视图"，单击工具栏上的"保存"按钮，保存该窗体，名为"系统登录"。

（4）运行窗体。输入用户名和密码，如果用户名和密码输入正确，则弹出欢迎信息框，如图 8.26 所示，并打开"学生信息基本"窗体；如果用户名和密码不正确，则弹出密码错误信息框，如图 8.27 所示，需重新输入；如果输入 3 次都不正确，则弹出如图 8.28 所示信息框，并关闭该窗体。

图 8.26　欢迎信息框　　　　图 8.27　密码错误信息框　　　　图 8.28　密码错误信息框

3. If…Else 多分支（If…Else 嵌套）

（1）格式如下。

```
If 条件 1 Then
    语句序列 1
Else
    If 条件 2 Then
        语句序列 2
    Else
        语句序列 3
    End If
End If
```

(2) 执行过程。

判断条件 1,如果为真,执行语句序列 1,如果为假,继续判断条件 2,如果条件 2 为真, 执行语句序列 2,如果为假,则执行语句序列 3。

显然,嵌套结构可以构成多分支的情况,上面的格式中采用了两层嵌套构成了 3 个分 支。类似地,还可以再嵌套更多层。但是,当嵌套的层次较多时,使用 If 语句的格式会使程 序变得很复杂,难以阅读。这时,更好的方法是使用 Select Case 语句。

例 8.9 输入一个成绩,显示该成绩对应的五级制总评结果。90~100 为"优秀",80~89 为"良好",70~79 为"中等",60~69 为"及格",0~59 为"不及格"。

(1) 打开数据库窗口,单击"创建"选项卡下的"模块"菜单,进入 VBE。

(2) 在代码窗口输入以下过程代码。

```
Sub grade( )
        Dim cj As Integer
        cj = InputBox("请输入成绩:")
        If cj >= 90 Then
            MsgBox("优秀")
        Else
        If cj >= 80 Then
            MsgBox("良好")
        Else
            If cj >= 70 Then
                MsgBox("中等")
            Else
                If cj >= 60 Then
                    MsgBox("及格")
                Else
                    MsgBox("不及格")
                End If
            End If
        End If
    End If
End Sub
```

(3) 执行主菜单"运行"→"运行子过程/用户窗体"命令,或单击工具栏上的"运行子过 程/用户窗体"按钮。

(4) 在弹出的输入成绩对话框中,输入一个成绩,例如 75,单击"确定"按钮,如图 8.29 所示。

(5) 弹出消息框,显示该成绩的等级,如图 8.30 所示。

(6) 单击工具栏上的"保存"按钮,保存该模块,命名为"多分支结构"。

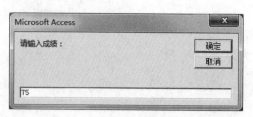

图 8.29　输入成绩对话框

图 8.30　显示成绩等级信息框

4. Select Case 多分支

（1）格式如下。

```
Select Case 变量或表达式
        Case 表达式 1
            语句序列 1
        Case 表达式 2
            语句序列 2
        …
    [Case Else
            语句序列 n + 1]
End Select
```

（2）执行过程。

首先计算变量或表达式的值,然后依次计算 Case 子句中表达式的值,如果变量或表达式的值和某个 Case 表达式的值吻合,则执行相应的语句序列。当前 Case 表达式的值不满足,则进行下一个 Case 语句的判断。如果都不满足,有 Case Else 部分则执行语句序列 n+1,否则执行 End Select 后面的语句。

例 8.10　改写例 8.9,用 Select Case 多分支结构实现。

（1）打开数据库视图窗口中,选择"模块"对象,选择"多分支结构"模块,在快捷菜单中选择"设计视图"命令,打开 VBE。

（2）在代码窗口中修改过程代码,并保存。

```
Sub grade( )
    Dim cj As Integer
    cj = InputBox("请输入成绩:")
    Select Case cj
            Case 90 to 100
                MsgBox("优秀")
            Case 80 to 89
                MsgBox("良好")
            Case 70 to 79
                MsgBox("中等")
            Case 60 to 69
                MsgBox("及格")
            Case Else
                MsgBox("不及格")
        End Select
End Sub
```

（3）运行程序。

8.5.4 循环结构

顺序结构和分支结构中的每一条语句,一般只执行一次,但是实际应用中,有时需要重复执行某些语句,使用循环控制结构可以实现此功能。

1. For 循环

(1) 格式如下。

```
For 循环变量 = 初值 to 终值 [Step 步长 ]
    循环体语句序列
    [Exit For]
Next 循环变量
```

(2) 执行过程。

① 循环变量赋初值。

② 循环变量与终值比较,根据比较结果确定循环是否执行。若步长>0,循环变量的值≤终值,执行循环体语句,否则退出循环;若步长<0,循环变量的值≥终值,执行循环体语句,否则退出循环;若步长=0,循环变量的值≤终值,进入死循环,否则循环体语句序列一次也不执行。

③ 循环变量=循环变量+步长,程序又进入上一步的比较。

(3) 说明。

① 如果步长为1,则 Step 1 短语可省略。

② 如果终值小于初值,步长应该为负值,否则循环一次也不执行。

③ 在循环体中可以有条件地使用 Exit For 语句,其作用是满足某个条件时提前退出循环体部分。

例 8.11 求 $1+2+3+\cdots+100$ 的和。

(1) 打开数据库窗口,单击"创建"选项卡下的"模块"按钮,进入 VBE。

(2) 在代码窗口输入以下过程代码。

```
Sub sum( )
    Dim i As Integer, s As Integer
    s = 0
    For i = 1 to 100 Step 1
        s = s + i
    Next i
    Debug. Print s
End Sub
```

(3) 执行主菜单"运行"→"运行子过程/用户窗体"命令,或单击工具栏上的"运行子过程/用户窗体"按钮。

(4) 执行主菜单"视图"→"立即窗口"命令,打开"立即窗口",观察结果,如图 8.31 所示。

(5) 单击工具栏上的"保存"按钮,保存该模块,命名为"循环结构 1"。

例 8.12 编写一程序,输入 30 名同学的成绩,求最高分、最低分和平均分。

分析:30 名同学的成绩可以设置一个一维数组 Score 来存储。求最高分、最低分实际上就是求这个一维数组的最大值、最小值问题。求最大值的方法:设变量 Max 存放最大值,其初值为数组的第1个元素。若数组中的某个元素 Score(i) 大于 Max,则 Max 替换为该数组元素的值。数组中的所有元素比较完后,Max 中存放的数便是最大数。求最小值方法类似。

(1) 创建一个"求最高最低及平均成绩"窗体,如图 8.32 所示,添加三个文本框控件 Text1、Text2、Text3 分别输出最高分、最低分及平均分。

图 8.31 "立即窗口"中输出的结果

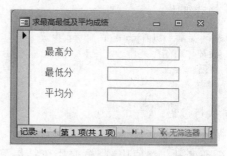

图 8.32 "求最高最低及平均成绩"窗体

(2) 在窗体设计视图中,选择快捷菜单中的"事件生成器"命令,选择"代码生成器",进入代码编辑窗口。程序代码如下所示。

```
Dim Score(30) As Integer
Dim Max As Integer, Min As Integer, Average As Integer, Total As Integer, i As Integer
Private Sub Form_Load()
    For i = 1 To 30
        Score(i) = Val(InputBox("请输入第" + str(i) + "个学生成绩"))
    Next i
    Total = 0
    Max = Score(1)                      '设置 Max 的初值为数组中的第 1 个元素
    Min = Score(1)                      '设置 Min 的初值为数组中的第 1 个元素
    For i = 1 To 30
        If Score(i) > Max Then Max = Score(i)
        If Score(i) < Min Then Min = Score(i)
        Total = Total + Score(i)        '求成绩总和
    Next i
    Average = Total / 30                '求平均成绩
    Me.Text1 = str(Max)
    Me.Text2 = str(Min)
    Me.Text3 = str(Average)
End Sub
```

(3) 关闭 VBE 窗口,回到窗体设计视图,单击工具栏上的"保存"按钮,保存该窗体,命名为"求最高最低及平均成绩"。

(4) 单击"视图"按钮下的"窗体视图"命令切换到窗体视图,随之会依次弹出 30 个输出框,分别输入 30 个成绩。30 个成绩输入完成后会显示最后统计结果的窗体,如图 8.33 和图 8.34 所示。

图 8.33　输入框输入学生成绩

图 8.34　显示最后结果的窗体

例 8.13　定义一个有 3 行 4 列,包含 12 个元素的二维数组,每个数组元素存放的值为上标与下标之和,求第 2 行第 3 列数组元素和第 3 行第 4 列数组元素的和。

分析:用 Dim Array1(1 To 3,1 To 4)As Integer 语句定义一个 3 行 4 列,包含 12 个元素的二维数组,各元素可以排列成如表 8.19 所示的二维表。使用外层 For 循环的循环变量 i 作为二维数组的行标,使用内层 For 循环的循环变量 j 作为二维数组的列标,依次给 12 个二维数组元素赋值,最后将第 2 行第 3 列数组元素即 Array1(2,3)和第 3 行第 4 列数组元素即 Array1(3,4)求和。

表 8.19　数组 Array1 的二维表存储形式

Array1(1,1)	Array1(1,2)	Array1(1,3)	Array1(1,4)
Array1(2,1)	Array1(2,2)	Array1(2,3)	Array1(2,4)
Array1(3,1)	Array1(3,2)	Array1(3,3)	Array1(3,4)

操作步骤如下。

(1) 打开数据库窗口中,单击"创建"选项卡下的"模块"按钮,进入 VBE。

(2) 在代码窗口输入以下过程代码。

```
Sub Arrays()
    Dim Array1(1 To 3, 1 To 4) As Integer   '定义一个整型的 3 行 4 列二维数组 Array1
    For i = 1 To 3
        For j = 1 To 4
            Array1(i, j) = i + j            '将行标与列标的和赋给二维数组 Array1 的每个元素
        Next j
    Next i
    s = Array1(2, 3) + Array1(3, 4)
    MsgBox ("结果为" & str(s))
End Sub
```

(3) 选择"运行"→"运行子过程/用户窗体"命令,或单击"标准"工具栏上的"运行子过程/用户窗体"按钮,弹出消息框,观察结果,如图 8.35 所示。

(4) 单击工具栏上的"保存"按钮,保存该模块,命名为"二维数组 Arrays 应用"。

图 8.35　"二维数组 Arrays 应用"输出结果

第 8 章

模块和 VBA 编程

2. Do…Loop 循环

(1) 格式如下。

```
Do {While|Until} 条件
    循环体语句序列
    [Exit Do]
Loop
```

(2) 执行过程。

在每次循环开始时测试条件。对于 Do While 语句,如果条件成立,则执行循环体语句,然后回到 Do While 处准备下一次循环;如果条件不成立,则退出循环。对于 Do Until 语句,正好相反,如果条件成立,则退出循环,如果条件不成立,则执行循环体语句。

(3) 说明。

① Exit Do 语句的作用是提前终止循环。

② 与 For 循环相比,Do…Loop 循环不仅可以用于循环次数已知的情况,而且可以用于循环次数未知的情况,适用的范围更广。

③ Do…Loop 循环没有专门的循环控制变量,但一般有一个专门用来控制条件表达式中变量的语句,使得随着循环的执行,条件趋于不成立(或成立),最后达到退出循环。

例 8.14 改写例 8.11,用 Do…Loop 循环语句求 $1+2+3+\cdots+100$ 的和。

(1) 打开数据库窗口,选择“模块”对象,右击“循环结构 1”模块,在弹出的快捷菜单中选择“设计视图”命令,打开代码窗口。

(2) 在代码窗口中修改程序代码。

```
Sub sum( )
    Dim i As Integer, s As Integer
    i = 1
    s = 0
    do While i < = 100
      s = s + i
      i = i + 1
    Loop
    Debug. Print s
End Sub
```

(3) 执行主菜单“运行”→“运行子过程/用户窗体”命令,或单击工具栏上的“运行子过程/用户窗体”按钮。

(4) 执行主菜单“视图”→“立即窗口”命令,打开立即窗口,观察结果。

(5) 保存模块。

例 8.15 输入若干个学生成绩,以 −1 为结束标志,求这些成绩的平均值。

分析:使用输入框接收学生成绩的输入,使用 Do…Loop 循环控制输入和成绩累加计算,直到输入 −1 循环退出为止。最后将平均成绩使用消息框输出显示。

(1) 打开数据库窗口,单击“创建”选项卡下的“模块”按钮,进入 VBE。

(2) 在代码窗口输入以下过程代码。

```
Sub average()
```

```
    Dim cj As Integer, i As Integer, avg As Single
    cj = InputBox("请输入第" & i + 1 & "位学生的成绩:")          '变量 cj 保存第 1 个学生成绩
    Do Until cj = -1
        avg = avg + cj                                          '变量 avg 保存成绩累加和
        i = i + 1
        cj = InputBox("请输入第" & i + 1 & "位学生的成绩:")      '变量 cj 继续保存学生成绩
    Loop
    MsgBox ("平均成绩 = " & Round(avg / i, 1))                  '平均成绩保留 1 位小数,用消
                                                                '息框输出结果
End Sub
```

(3) 选择"运行"→"运行子过程/用户窗体"命令,或单击工具栏上的"运行子过程/用户窗体"按钮。输入若干成绩,最后以 -1 为结束输入的标志,观察结果。

(4) 单击工具栏上的"保存"按钮,保存该模块,命名为"循环结构 2"。

例 8.16　编写一程序,输入 10 个整数,逆序后输出。

分析:用一个有 10 个元素的一维数组 arr 来存放 10 个整数。变量 i 和 j 分别为头尾两个数组元素的下标,i 的值依次增大,j 的值依次减小,使用循环语句将 arr(i) 和 arr(j) 两个元素依次交换,直到 i 大于或等于 j 为止。最后使用循环语句将 arr 数组的每个元素累加求和。

操作步骤如下。

(1) 创建一个"逆序输出 10 个整数"窗体,如图 8.36 所示,添加一个命令按钮 Command1,标题属性为"逆序输出 10 个整数"。

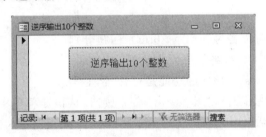

图 8.36　"逆序输出 10 个整数"窗体

(2) 在窗体"设计视图"中,选中命令按钮,从快捷菜单中选择"事件生成器"命令,在"选择生成器"对话框中,选择"代码生成器",单击"确定",进入代码编辑窗口。事件过程代码如下所示。

```
Private Sub Command1_Click()
    Dim i, j, k, temp, arr(10) As Integer
    Dim result As String
    For k = 1 To 10
        arr(k) = Val(InputBox("请输入第" + Str(k) + "个数", "数据输入"))
    Next k
    i = 1
    j = 10
    Do
        temp = arr(i)
        arr(i) = arr(j)
        arr(j) = temp
        i = i + 1
```

```
        j = j - 1
    Loop While i < j
    result = ""
    For k = 1 To 10
     result = result + Str(arr(k)) + Chr(13)
    Next k
    MsgBox result
End Sub
```

（3）关闭 VBE 窗口，回到窗体设计视图，单击工具栏上的"保存"按钮，保存该窗体，名为"逆序输出 10 个整数"。

（4）单击"视图"按钮下的"窗体视图"命令切换到窗体视图，随之会依次弹出 10 个输出框，依次输入 10 个整数，最后弹出消息框输出结果。

例 8.17 设计如图 8.37 所示窗体，在窗体上单击"输出"命令按钮（名为"btnP"），实现以下功能：计算满足表达式 $1+2+3+\cdots+n\leqslant1000$ 的最大 n 值，将 n 值显示在名为"tData"的文本框内。单击"打开表"命令按钮（名为"btnQ"），代码调用宏对象"Macstu"以打开数据表"学生"，并在窗体加载事件中实现重置窗体标题为标签 bTitle 的标题内容。

图 8.37 计算满足表达式 $1+2+3+\cdots+n\leqslant1000$ 的最大 n 值的窗体

（1）在设计视图中新建窗体，添加一个标签控件，命名为 bTitle；添加一个文本框控件，命名为 tData；添加两个命令按钮控件，分别命名为 btnP 和 btnQ，标题分别为"输出"和"打开表"。调整好各控件大小位置。

（2）设计宏对象 Macstu，该宏的功能是打开"学生"表。

（3）在窗体"设计视图"中，选中"输出"命令按钮，从快捷菜单中选择"事件生成器"命令，在"选择生成器"对话框中，选择"代码生成器"，单击"确定"，进入代码编辑窗口。事件过程代码如下所示。

```
Private Sub btnP_Click()
    Rem 计算 1 + 2 + 3 + … + n≤1000 的最大 n 值
    Dim n As Integer
    sum = 0
    n = 0
    Do While sum < = 1000
        n = n + 1
        sum = sum + n
    Loop
    n = n - 1
    Me!tData = n                              '将 n 的值显示在文本框"tData"内
End Sub
```

（4）选中"打开表"命令按钮，从快捷菜单中选择"事件生成器"命令，在"选择生成器"对话框中，选择"代码生成器"，单击"确定"按钮，进入代码编辑窗口。事件过程代码如下所示。

```
Private Sub btnQ_Click()
    Rem 命令代码调用宏 Macstu
```

```
        DoCmd.RunMacro "Macstu"
End Sub
```

（5）在代码窗口的对象组合框中选择 Form 窗体对象，在过程组合框中选择 Load 载入事件，事件过程代码如下所示。

```
Private Sub Form_Load()
        Rem 设置窗体标题为标签 bTitle 的标题内容
        Caption = "信息输出"
End Sub
```

（6）保存窗体，命名为"最大 n 值"。打开窗体，单击相应命令按钮，观察结果。

8.6　过程调用和参数传递

一个过程在执行过程中可以调用另一个过程，同时将参数传递过去。调用完毕后，再回到本过程继续执行。

8.6.1　Sub 过程的调用

1. Sub 过程的定义

Sub 过程的定义格式如下：

```
[Public|Private][Static] Sub 过程名(变量名 1 As 类型,变量名 2 As 类型,…)
        语句序列
        [Exit Sub]
End Sub
```

说明：

① Public 表示该过程是全局过程，可以被应用程序的任何模块中的任何过程调用。系统默认值为 Public。

② Private 表示该过程只能被定义它的模块中的过程调用。

③ Static 表示该过程中定义的局部变量均为静态变量，变量的值在整个程序运行期间予以保留。

④ 过程名后括号内的变量叫作形式参数（简称形参）。如果过程有形参，则要在定义过程时指明形参的名称和类型，如果类型缺省，则默认为 Varient 型。

⑤ Exit Sub 语句可以提前退出过程。

2. Sub 过程的调用

Sub 过程的调用格式如下：

格式 1：Call 子过程名（[实参]）
格式 2：子过程名 实参

说明：

① 调用过程时实参与形参的顺序、类型和个数应保持一致。

② 如果过程在调用时不发生参数传递，被调用过程只能完成一些固定操作。

例 8.18　创建"模块 1"，在其中创建两个子过程 add 和 substract，add 过程实现将两个参数 x 和 y 相加,substract 实现 x 和 y 相减。然后用 InputBox 函数输入两个整数,调用这两个子过程,计算其相加和相减的结果。

(1)打开数据库窗口,选择"模块"对象,单击"创建"选项卡下的"模块"按钮,进入 VBE。

(2)在代码窗口输入以下过程代码,如图 8.38 所示。

```
Sub add(a As Integer, b As Integer)          '创建 add 子过程
    Dim sum As Integer
    sum = a + b
    MsgBox a & " + " & b & " = " & sum
End Sub
Sub substract(a As Integer, b As Integer)    '创建 substract 子过程
    Dim subst As Integer
    subst = a − b
    MsgBox a & " − " & b & " = " & subst
End Sub
Sub addsubst( )
    Dim x As Integer, y As Integer
     X = InputBox("x = ")
     Y = InputBox("y = ")
    Call add(x, y)                           '调用 add 子过程
    substract x, y                           '调用 substract 子过程
End Sub
```

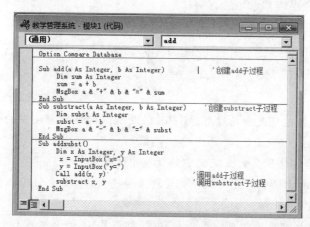

图 8.38　子过程的创建和调用

(3)选择"运行"→"运行子过程/用户窗体"命令,或单击"标准"工具栏上的"运行子过程/用户窗体"按钮。依次输入 x 和 y 的值,如图 8.39 和图 8.40 所示。弹出结果信息框,如图 8.41 和图 8.42 所示。

(4)单击"标准"工具栏上的"保存"按钮,保存该模块,命名为"模块 1"。

图 8.39　使用 inputBox 函数输入 x

图 8.40　使用 inputBox 函数输入 y

图 8.41　x＋y 的结果

图 8.42　x－y 的结果

8.6.2　Function 过程的调用

1. Function 过程的定义

[Public|Private][Static] Function 过程名(变量名 1 As 类型,变量名 2 As 类型,…) As 类型
　　语句序列
　　函数名 = 表达式
　　[Exit Function]
End Function

说明：

① 关键字 Public、Private、Static 以及形参的定义与 Sub 过程相同。

② Exit Function 语句可以提前退出函数过程。

③ 与子过程不同,函数过程有返回值,因此在定义函数时要指明函数返回值的类型,并且在函数体内给函数赋值。

④ Function 过程的返回值既能像系统函数的返回值一样赋给相同类型的变量,也可以输出到立即窗口或消息框。

2. Function 过程的调用

Function 过程的调用格式如下。

函数过程名（[实参]）

由于函数过程有返回值,在实际调用时,也使用下面的格式。

变量名 = 函数过程名（[实参]）

例 8.19　创建函数过程 jc,该函数过程的功能是计算某数的阶乘。另外再创建一个子过程来调用函数过程 jc。

（1）打开数据库窗口,选择"模块"对象,右击"模块 1",在快捷菜单中选择"设计视图"命令,进入 VBE。

（2）在以前的代码段后面接着输入以下过程代码。

```
Public Function jc(n As Integer ) As Long
     Dim i As Integer, s As Long
     s = 1
     For i = 1 to n
          s = s * i
     Next i
     jc = s
End Function
Public Sub main_test( )
     Dim n As Integer
     n = InputBox("n = ")
     Debug. Print "n = "; n
     Debug. Print "jc(n) = " & jc(n)
     Debug. Print "10!= "& jc(10)
End Sub
```

（3）在代码窗口的过程名列表框中选择"main_test"过程。

（4）选择"运行"→"运行子过程/用户窗体"命令，或单击"标准"工具栏上的"运行子过程/用户窗体"按钮。在弹出的对话框中输入 n 的值，如图 8.43 所示。然后打开立即窗口，观察结果，如图 8.44 所示

（5）保存该模块。

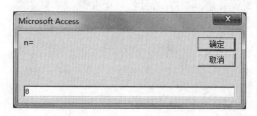

图 8.43　输入 n 值的对话框

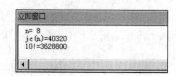

图 8.44　"立即窗口"中的结果

例 8.20　设计如图 8.45 所示窗体，单击"计算"命令按钮，实现计算 1000 以内的素数个数及最大素数两个值的功能，结果输出在文本框中。

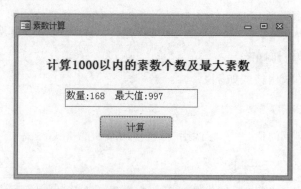

图 8.45　计算素数

（1）在设计视图中新建窗体，添加一个标签控件，标题为"计算 1000 以内的素数个数及最大素数"；添加一个文本框控件，名为 tData；添加一个命令按钮控件，名为"btnP"，标题分别为"计算"。

（2）在窗体"设计视图"中，选中"计算"命令按钮，从快捷菜单中选择"事件生成器"命令，在"选择生成器"对话框中，选择"代码生成器"，单击"确定"按钮，进入代码编辑窗口。事件过程代码如下所示。

```
Private Sub btnP_Click()
    Rem 计算 1000 以内的素数数量,将其存放在变量 n 内
    Dim n As Integer
    Rem 1000 以内的最大素数,将其存放在变量 mn 内
    Dim mn As Integer
    Rem 调用 sushu 函数判断素数
    For i = 1 To 1000
        If sushu(i) Then
            n = n + 1
            If i > mn Then
                mn = i
            End If
        End If
    Next i
    Rem 将素数数量及最大素数的值显示在文本框"tData"内
    Me!tData = "数量:" & n & " 最大值:" & mn
End Sub
Private Function sushu(ByVal n As Long) As Boolean
    Rem 判断 n 是否为素数的函数
    Dim i As Long
    sushu = False
    For i = 2 To n - 1
        If (n Mod i) = 0 Then Exit For
    Next i
    If i = n Then sushu = True
End Function
```

（3）保存窗体，命名为"素数计算"。打开窗体，单击相应命令按钮，观察结果。

8.6.3 参数传递

在调用子过程和函数过程的过程中，一般会发生数据的传递，即将主调过程中的实参传给被调过程的形参。实参向形参的数据传递有传址和传值两种方式。

1. 传址

如果在定义子过程或函数过程时，形参的变量名前不加前缀或加前缀 ByRef，即为传址方式。

调用过程时，将实参的地址传给形参。无论形参与实参名字是否相同，在内存中占用相同的存储单元，实质上是同一个变量在两个过程中使用不同的标识符。如果在被调用过程中改变了形参的值，则主调过程中实参的值也跟着改变，在这个过程中数据的传递具有"双向"性。

默认的参数传递方式是按地址传递，上述各例中过程的调用均为传址方式。

2. 传值

如果在定义子过程或函数过程时，形参的变量名前加前缀 ByVal，即为传值方式。

按值传递实参和形参是两个不同的变量，占用不同的内存单元。过程调用只是相应位

置实参的值单向传送给形参,在被调用过程内部对形参的任何操作引起的形参值的变化均不会影响实参的值,在这个过程中数据的传递具有"单向"性。

例 8.21 创建一个子过程 change,交换两个数。再创建一个过程 first,输入两个整数,用传值的方式调用过程 change。

（1）打开数据库窗口,选择"模块"对象,然后右击"模块 1",在弹出的快捷菜单中选择"设计视图"命令,进入 VBE。

（2）在代码段后面接着输入以下过程代码。

```
Public Sub change(ByVal a As Integer, ByVal b As Integer )
        Dim t As Integer
        t = a: a = b: b = t
End Sub
Public Sub first( )
        Dim x As Integer, y As Integer
        x = 5: y = 8
        MsgBox "x = " & x &" y = " & y
        Call change(x, y)
        MsgBox "x = " & x &" y = " & y
End Sub
```

（3）在代码窗口的过程名列表框中选择"first"过程。

（4）选择"运行"→"运行子过程/用户窗体"命令,或单击工具栏上的"运行子过程/用户窗体"按钮。观察结果,如图 8.46 所示。

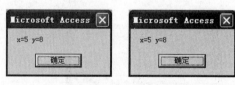

图 8.46　传值调用结果

（5）保存该模块。

例 8.22 改写例 8.21,用传址的方式调用过程 change。

（1）打开数据库窗口,选择"模块"对象,右击"模块 1",在弹出的快捷菜单中选择"设计视图"命令,进入 VBE。

（2）将之前的 change 过程修改如下。

```
Public Sub change(a As Integer, b As Integer )
        Dim t As Integer
        t = a: a = b: b = t
End Sub
```

（3）在代码窗口的过程名列表框中选择"first"过程。

（4）选择"运行"→"运行子过程/用户窗体"命令,或单击工具栏上的"运行子过程/用户窗体"按钮。观察结果,如图 8.47 所示。

（5）保存该模块。

图 8.47　传址调用结果

8.7　VBA 数据库编程

8.7.1　数据库引擎及接口

1. 数据库引擎

VBA 通过 Microsoft Jet 数据库引擎工具支持对数据库的访问。所谓数据库引擎,实际上是一组动态链接库(DLL),程序运行时被连接到 VBA 程序,而实现对数据库的数据访问功能。数据库引擎是应用程序与物理数据之间的桥梁,它采用一种通用接口方式,使各种类型的物理数据库具有统一的形式和相同的数据访问与处理方法。

2. 数据库访问接口

VBA 中主要提供了 3 种数据库访问接口:开放数据库连接应用编程接口(Open Database Connectivity API,ODBC API)、数据访问对象(Data Access Objects,DAO)、Active 数据对象(ActiveX Data Objects,ADO)。

3. VBA 访问数据库的类型

VBA 通过数据库引擎可以访问的数据库有 3 种类型。

① 本地数据库:即 Access 数据库。

② 外部数据库:指所有的索引顺序访问方法(ISAM)数据库。

③ ODBC 数据库:符合开放数据库连接(ODBC)标准的 C/S 数据库。

8.7.2　数据访问对象

数据访问对象(DAO)是 VBA 提供的一种应用程序编程接口(API),包括数据库创建、表和查询的定义等工具,借助 VBA 代码控制数据访问的各种操作。

1. Access 中引用 DAO

进入 VBE,选择"工具"→"引用"命令,在可引用列表框中选择 Microsoft DAO 3.6 Object Library 项。

2. DAO 层次对象模型

DAO 数据模型采用的是层次结构,其中 DBEngine(数据库引擎)是最高层次的对象,它包含 Error 和 Workspace 两个对象集合。当程序引用 DAO 对象时,只产生一个 DBEngine 对象,同时自动生成一个默认 Workspace(工作区对象)。如表 8.20 所示 DAO 对象层次说明。

表 8.20 DAO 对象层次说明

对 象 层 次	说　　明
DBEngine 数据库引擎	表示 Microsoft Jet 数据库引擎
Workspace 工作区	表示工作区
Database 数据库	表示操作的数据库对象
Recordset 记录集	表示数据操作返回的记录集
Error 错误扩展信息	表示数据提供程序出错时的扩展信息
QueryDef 查询	表示数据库查询信息
Field 字段	表示记录集中的字段数据信息

3. 通过 DAO 实现数据访问

在 VBA 中通过 DAO 实现数据访问的一般语句步骤如下。

```
Dim w As DAO.Workspace
Dim db As DAO.Database
Dim rs As DAO.Recordset
'设置变量值
Set w = DBEngine.Workspace(0)                        '打开工作区
Set db = w.OpenDatabase(数据库名称)                   '打开数据库文件
Set rs = db.OpenRecordset(表或查询名或 SQL 语句)      '打开记录集
Do While Not rs.EOF                                  '循环实现记录遍历
'字段数据操作语句
    rs.MoveNext                                      '记录下移一条
Loop
rs.Close                                             '关闭记录集
db.Close                                             '关闭数据库
Set rs = Nothing                                     '显式声明该变量为"无",释放内存
Set db = Nothing
```

例 8.23 编写子过程,用 DAO 完成将 D 盘 user 目录下的"教学管理系统"数据库中"成绩"表的成绩换成 150 分制。

```
Sub ScoreChang()
    Dim w As DAO.Workspace
    Dim db As DAO.Database
    Dim rs As DAO.Recordset
    Dim cj As DAO.Field                              '设置变量值
Set w = DBEngine.Workspace(0)                        '打开工作区
Set db = w.OpenDatabase("D:\user\教学管理系统.accdb") '打开数据库文件
Set rs = db.OpenRecordset("成绩")                     '打开记录集
Set cj = rs.Fields("成绩")
Do While Not rs.EOF                                  '循环实现记录遍历
    rs.Edit
    cj = cj * 1.5
    rs.Update
    rs.MoveNext                                      '记录下移一条
Loop
rs.Close                                             '关闭记录集
db.Close                                             '关闭数据库
```

```
    Set rs = Nothing
    Set db = Nothing
End Sub
```

8.7.3 ActiveX 数据对象(ADO)

ADO(ActiveX Data Objects,ActiveX 数据对象)是 Microsoft 提出的应用程序接口 (API)用以实现访问关系或非关系数据库中的数据。

1. Connection 对象

ADO Connection 对象(连接对象)用于创建一个到达某个数据源的开放连接。该对象用来实现应用程序与数据源的连接。只有这种连接成功后,Command 对象和 Recordset 对象才能访问和操作某个数据库。

(1) Connection 对象的常用方法。

Connection 对象的常用方法见表 8.21 所示。

表 8.21　Connection 对象的常用方法

方　　法	说　　明
Open	打开一个连接
Execute	执行查询、SQL 语句或存储过程
Close	关闭一个连接

(2) 创建数据库连接。

在 Access 的模块设计时要想使用 ADO 对象,首先应该增加一个对 ADO 库的引用。

打开 VBE 窗口,选择菜单"工具"→"引用"命令,弹出"引用"对话框,从"可使用的引用"列表中选择 Microsoft ActiveX Data Objects 2. x Library 选项(可选择高一点的版本)。

```
Dim cn As New ADODB.Connection      '定义一个 Connection 对象
Set cn = CurrentProject.Connection  '设置当前数据库连接,CurrentProject 为当前工程项目
```

2. Command 对象

ADO Command 对象(操作命令对象)在创建数据连接的基础上,使用 Command 对象可以实现对数据源的查询、插入、删除、编辑、修改及更新操作。该对象主要作用是在 VBA 中用 SQL 语句访问、查询数据库中的数据,可以完成 Recordset 对象不能完成的操作,如创建表、修改表结构、删除表、将查询结果保存为新表等。

Command 对象的常用方法见表 8.22 所示。

表 8.22　Command 对象的常用方法

方　　法	说　　明
Execute	执行查询、SQL 语句或存储过程
Cancel	取消一个方法的一次执行
CreateParameter	创建一个新的 Parameter 对象

3. Recordset 对象

ADO Recordset 对象(记录集对象)执行数据访问或 SQL 命令得到动态记录集,它被缓

存在内存中,应用程序可以从记录集中获得每条记录的字段。Recordset 对象的功能最常用且最重要,它可以访问表和查询对象,返回的记录存储在 Recordset 对象中。通过该对象可以浏览记录、修改记录、添加新记录或者删除特定记录。

(1) Recordset 对象的常用属性,如表 8.23 所示。

表 8.23　Recordset 对象的常用属性

属　　性	说　　明
BOF	如果当前的记录位置在第一条记录之前,则返回 True,否则返回 False
EOF	如果当前记录的位置在最后的记录之后,则返回 True,否则返回 False
RecordCount	返回一个 Recordset 对象中的记录数目
AbsolutePosition	设置或返回一个值,此值可指定 Recordset 对象中当前记录的顺序位置(序号位置)
ActiveConnection	如果连接被关闭,设置或返回连接的定义,如果连接打开,设置或返回当前的 Connection 对象

当首次打开一个 Recordset 时,当前记录指针将指向第一个记录,同时 BOF 和 EOF 属性为 False。如果没有记录,BOF 和 EOF 属性为 True。

(2) Recordset 对象的常用方法,如表 8.24 所示。

表 8.24　Recordset 对象的常用方法

方　　法	说　　明
Open	打开一个数据库元素,此元素可提供对表的记录、查询的结果或保存的 Recordset 的访问
AddNew	创建一条新记录
Cancel	撤销一次执行
CancelBatch	撤销一次批更新
CancelUpdate	撤销对 Recordset 对象的一条记录所做的更改
Close	关闭一个 Recordset
Delete	删除一条记录或一组记录
Find	搜索一个 Recordset 中满足指定某个条件的一条记录
GetRows	把多条记录从一个 Recordset 对象中复制到一个二维数组中
GetString	将 Recordset 作为字符串返回
Move	在 Recordset 对象中移动记录指针
MoveFirst	把记录指针移动到第一条记录
MoveLast	把记录指针移动到最后一条记录
MoveNext	把记录指针移动到下一条记录
MovePrevious	把记录指针移动到上一条记录
NextRecordset	通过执行一系列命令清除当前 Recordset 对象并返回下一个 Recordset
Requery	通过重新执行对象所基于的查询来更新 Recordset 对象中的数据
Update	保存所有对 Recordset 对象中的一条单一记录所做的更改
UpdateBatch	把所有 Recordset 中的更改存入数据库。请在批更新模式中使用

(3) Recordset 对象的集合,如表 8.25 所示。

表 8.25   Recordset 对象的集合

集　合	说　明
Fields	指示在此 Recordset 对象中 Field 对象的数目
Properties	包含所有 Recordset 对象中的 Property 对象

① Fields 集合的属性,见表 8.26 所示。

表 8.26   Fields 集合的属性

属　性	说　明
Count	返回 fields 集合中项目的数目。以 0 起始 例:countfields＝rs. Fields. Count
Item(named_item/number)	返回 fields 集合中的某个指定的项目 例:itemfields＝rs. Fields. Item(1) 或:itemfields＝rs. Fields. Item("Name")

② Properties 集合的属性,见表 8.27 所示。

表 8.27   Properties 集合的属性

属　性	说　明
Count	返回 properties 集合中项目的数目。以 0 起始 例:countprop＝rs. Properties. Count
Item(named_item/number)	返回 properties 集合中某个指定的项目 例:itemprop＝rs. Properties. Item(1) 或:itemprop＝rs. Properties. Item("Name")

4. 声明并打开 Recordset 对象

(1) 声明并初始化。

```
Dim rs As ADODB.Recordset
rs.ActiveConnection = cn
```

(2) 打开一个 Recordset 对象。

```
rs.Open Source, ActiveConnection , CursorType, LockType, Options
```

Open 方法的参数见表 8.28 所示。

表 8.28   Open 方法的参数

参　数	说　明
Source	表或查询或 SQL
ActiveConnection	数据库连接信息,Connection 对象名
CursorType	记录集中的指针(游标)类型,可选,见表 8.29
LockType	锁定类型,可选,见表 8.30
Options	数据库查询信息类型,可选,见表 8.31

(3) CursorType(指针类型)。

297

第 8 章

关于指针(又称游标),参数如表 8.29 所示。在默认情况下,当打开记录集,如果记录不为空,打开记录集后,向前指针指向第一条记录为当前记录,只能用 MoveNext 方法向前单向移动指针,其他操作不受支持。如果需要编辑、添加和删除记录,就需要使用其他类型的指针。

表 8.29　CursorType(指针类型)参数

参　　数	值	说　　明
AdOpenForwardOnly	0	向前指针,默认值。只能用 MoveNext 方法或 GetRows 方法向前单向移动指针,所耗系统资源最少,执行速度也最快,但很多属性和方法将不能用
AdOpenKeyset	1	键盘指针,记录集中可以前后移动。某一用户修改数据后,其他用户可以立即显示,但禁止查看其他用户添加和删除的记录
AdOpenDynamic	2	动态指针,记录集中可以前后移动。所有修改会立即在其他客户端显示,功能强大,但所耗系统资源也多
AdOpenStatic	3	静态指针,记录集中可以前后移动。所有修改不会在其他客户端显示

(4) LockType(锁定类型),参数如表 8.30 所示。

表 8.30　LockType 参数

参　　数	值	说　　明
AdLockReadOnly	1	只读,默认值,适用于仅浏览数据
AdLockPessimistic	2	只能同时被一个用户所修改,修改时锁定,完毕解锁
AdLockOptimistic	3	可以同时被多个用户所修改,直到用 update 方法更新记录才锁定
AdLockBatchOptimistic	4	数据可以被修改,且不锁定其他用户,指定数据成批更新

(5) Options 数据库查询信息类型,参数如表 8.31 所示。

表 8.31　Options 参数

参　　数	值	说　　明
adCmdText	1	SQL 语句
adCmdTable	2	数据表的名字
adCmdStoredProc	4	存储过程
adCmdUnknown	8	未知类型

5. 引用记录字段

打开数据表时,默认的当前记录为第一条记录,任何对记录集(查询)的访问都是对当前记录进行的。

通过程序可以引用每个记录的字段,方法有两种。

(1) 直接在记录集对象中引用字段名,如 rs("字段名")。

(2) 使用记录集对象的 Fields(n)属性,n 是一个记录中字段从左至右的排序,第一个字段序号为 0,如 rs.Fields(0)。

6. 浏览记录

① rs.MoveFirst:指针移动到记录集的第一条记录。

② rs.MoveNext:指针移动到当前记录的下一条记录。

③ rs. MovePrevious：指针移动到当前记录的上一条记录。

④ rs. MoveLast：指针移动到记录集的最后一条记录。

⑤ rs. absoluteposition＝N：将记录指针移到数据表第 N 行。

⑥ rs. EOF：指针是否指向最后一条记录之后。

⑦ rs. BOF：指针是否指向第一条记录之前。

⑧ rs. Recordcount：返回记录条数。

7．AddNew 方法添加记录

在程序中，使用 Recordset 对象的 AddNew 方法添加记录。

① 调用记录集的 AddNew 方法，产生一个空记录，如 rs. AddNew。

② 为空记录的各个字段赋值，如 rs("字段名")＝值。

③ 使用记录集的 Update 方法保存新记录，如 rs. Update。

8．Update 方法修改记录

在程序中，使用 Recordset 对象的 Update 方法实现记录的更新。

① 寻找并将记录指针移动到需要修改的记录上。

② 对记录中各个字段的值进行修改。

③ 使用 Update 方法保存所做的修改。

9．Delete 方法删除记录

在程序中要慎重使用 Delete 方法，因为被删除的记录将无法恢复。

① 将记录指针移动到需要删除的记录上。

② 使用 Delete 方法删除当前记录。

③ 将某条记录指定为当前记录（一条记录被删除后，Access 不能自动使下一条记录成为当前记录）。

10．数据库连接的关闭

在对数据库所有操作完毕后，应当及时关闭对象，释放资源。代码如下：

```
rs.Close                    '关闭记录集对象
cn.Close                    '关闭数据库连接对象
Set rs = Nothing            '清空记录集对象
Set cn = Nothing            '清空数据库连接对象
```

11．实例

例 8.24　设计如图 8.48 所示窗体，打开窗体单击"计算"按钮（名为 cmd1），事件过程使用 ADO 数据库技术计算出"学生"表对象中获奖励学生的平均年龄，将结果显示在窗体的文本框 txtAge 内。

（1）在"设计视图"中新建窗体，添加一个标签控件，名为 label1；添加一个文本框控件，命名为 txtAge；添加一个命令按钮控件，命名为 cmd1；分别设置标签和命令按钮的标题文字；将各控件大小位置调整好。

图 8.48　"获奖励学生的平均年龄"窗体

299

第 8 章

模块和 VBA 编程

(2) 在窗体"设计视图"中,选中"计算"命令按钮,从快捷菜单中选择"事件生成器"命令,在"选择生成器"对话框中,选择"代码生成器",单击"确定"按钮,进入代码编辑窗口。事件过程代码如下。

```
Private Sub cmd1_Click()
    Dim cn As New ADODB.Connection
    Dim rs As New ADODB.Recordset
    Dim strSQL As String
    Dim sage As Single
    '设置当前数据库连接
    Set cn = CurrentProject.Connection
    strSQL = "select avg(year(date()) - year([出生日期])) from 学生 where 奖励否"
    rs.Open strSQL, cn, adOpenDynamic, adLockOptimistic, adCmdText
    If rs.EOF = True Then
        MsgBox "无获奖的学生年龄数据"
        sage = 0
        Exit Sub
    Else
        sage = rs.Fields(0)
    End If
    Me!txtAge = sage
    rs.Close
    cn.Close
    Set rs = Nothing
    Set cn = Nothing
End Sub
```

(3) 保存窗体,命名为"获奖励学生的平均年龄"。打开窗体,单击"计算"命令按钮,观察输出结果。

例 8.25 设计数据添加窗体,如图 8.49 所示。在窗体的五个文本框内输入合法的教师信息后,单击"追加"按钮(名为 bt1),程序首先判断职工编号是否重复,如果不重复则向表对象"教师"中添加新的教师记录,否则出现提示;当单击窗体上的"退出"按钮(名为 bt2)时,关闭当前窗体。

(1) 在"设计视图"中新建窗体,添加一个标签控件,名为"label1",标题为"教师信息录入","边框样式"属性为"实线","特殊效果"属性为"阴影",宋体,14 号字。

(2) 依次添加五个文本框,名称分别为"tNo""tName""tSex""tdate""ttitle"。

(3) 添加两个命令按钮,名为"bt1"和"bt2",标题文字为"追加"和"退出";将各控件大小位置调整好。

图 8.49 "追加教师信息"窗体

(4) 在窗体"设计视图"中,选中"追加"命令按钮,从快捷菜单中选择"事件生成器"命令,在"选择生成器"对话框中,选择"代码生成器",单击"确定"按钮,进入代码编辑窗口。事件过程代码如下所示。

```
Private Sub bt1_Click()
    Dim ADOcn As New ADODB.Connection        '定义 Connection 对象
    Dim ADOrs As New ADODB.Recordset         '定义 Recordset 对象
    Dim strDB As String
    '建立连接
    Set ADOcn = CurrentProject.Connection
    '用于设置数据库的连接信息,连接信息可以是连接对象名或包含数据库的连接信息的字符串
    ADOrs.ActiveConnection = ADOcn
    ADOrs.Open "Select 教师编号 From 教师 Where 教师编号 = '" + tNo + "'", ,
adOpenForwardOnly, adLockReadOnly
    If ADOrs.EOF = False Then
        MsgBox "该编号教师已存在,不能追加!"
    Else
        strSQL = "Insert Into 教师 (教师编号,姓名,性别,出生日期,职称)"
        strSQL = strSQL + "Values('" + tNo + "','" + tName + "','" + tSex + "',#" +
tdate + "#,'" + ttitle + "')"              '插入记录
        ADOcn.Execute strSQL
        MsgBox "添加成功,请继续!"
    End If
    '关闭对象,释放资源
    ADOrs.Close
    ADOcn.Close
    Set ADOrs = Nothing
    Set ADOcn = Nothing
End Sub
```

（5）在窗体“设计视图”中,选中“退出”命令按钮,从快捷菜单中选择“事件生成器”命令,在“选择生成器”对话框中,选择“代码生成器”,单击“确定”按钮,进入代码编辑窗口。事件过程代码如下所示。

```
Private Sub bt2_Click()
    DoCmd.Close '关闭窗体
End Sub
```

（6）保存窗体,命名为“追加教师信息”,打开窗体,录入一条新的教师信息,观察结果。

例 8.26 设计数据修改窗体,如图 8.50 所示。输入要修改的教师编号和新的职称信息后,单击“修改”按钮（名为 bt1）,程序首先判断“教师”表中该编号是否存在,如果不存在系统提示错误,如果存在则修改该教师的职称信息;当单击窗体上的“退出”按钮（名为 bt2）时,关闭当前窗体。

（1）在“设计视图”中新建窗体,添加一个标签控件,名为 label1,标题为“教师职称修改”,“边框样式”属性为“实线”,“特殊效果”属性为“阴影”,宋体,14 号字。

（2）依次添加两个文本框,名称分别为 tNo 和 tNewtitle。

（3）添加两个命令按钮控件,名为 bt1 和 bt2,标题文字为“修改”和“退出”;将各控件大

图 8.50 “教师职称修改”窗体

第8章

模块和 VBA 编程

小位置调整好。

(4) 在窗体"设计视图"中,选中"修改"命令按钮,从快捷菜单中选择"事件生成器"命令,在"选择生成器"对话框中,选择"代码生成器",单击"确定"按钮,进入代码编辑窗口。事件过程代码如下所示。

```
Private Sub bt1_Click()
    Dim ADOcn As New ADODB.Connection '定义 Connection 对象
    Dim ADOrs As New ADODB.Recordset '定义 Recordset 对象
    Dim strDB As String
    '建立连接
    Set ADOcn = CurrentProject.Connection
    '用于设置数据库的连接信息,连接信息可以是连接对象名或包含数据库的连接信息的字符串
    ADOrs.ActiveConnection = ADOcn
    ADOrs.Open "Select 教师编号 From 教师 Where 教师编号 = '" + tNo + "'", ,
adOpenForwardOnly, adLockReadOnly
    If ADOrs.EOF = True Then
        MsgBox "该编号教师不存在,请重新输入!"
        Me.tNo = ""
    Else
        strSQL = "Update 教师 Set 职称 = '" + tNewtitle + "' where 教师编号 = '" + tNo + "'" '更
新记录
        ADOcn.Execute strSQL
        MsgBox "职称修改成功!"
        Me.tNo = ""
        Me.tNewtitle = ""
    End If
    '关闭对象,释放资源
    ADOrs.Close
    ADOcn.Close
    Set ADOrs = Nothing
    Set ADOcn = Nothing
End Sub
```

(5) 在窗体"设计视图"中,选中"退出"命令按钮,从快捷菜单中选择"事件生成器"命令,在"选择生成器"对话框中,选择"代码生成器",单击"确定"按钮,进入代码编辑窗口。事件过程代码如下所示。

```
Private Sub bt2_Click()
    DoCmd.Close                         '关闭窗体
End Sub
```

(6) 保存窗体,命名为"教师职称修改",打开窗体,输入某教师编号和新的职称信息,观察结果。

例 8.27 设计数据删除窗体,如图 8.51 所示。打开窗体时显示出不及格学生成绩信息,单击"上一条"(名为 btPrevious)和"下一条"(名为 btNext)按钮可以逐条浏览,单击"删除"按钮(名为 btDel)删除当前记录,单击"退出"按钮(名为 btExit)时,关闭当前窗体。

(1) 采用复制表、粘贴表的方法创建"成绩"表的副本,命名为"成绩 2"(不删除原始成绩表中数据)。

图 8.51 "删除不及格成绩"窗体

（2）在"设计视图"中新建窗体，添加一个标签控件，名为 label1，标题为"不及格成绩"，"边框样式"属性为"实线"，"特殊效果"属性为"阴影"，宋体，14 号字。

（3）依次添加四个文本框，名称分别为"tstuID""tcID""tscore""ttID"。

（4）添加四个命令按钮控件，名为"btPrevious""btNext""btDel""btExit"，标题文字分别为"上一条""下一条""删除""退出"；将各控件大小位置调整好。

（5）打开窗体属性表，单击"加载"事件右边的生成器按钮，选择"代码生成器"，进入代码编辑窗口。在代码窗口的对象组合框中选择"通用"，在过程组合框中选择"声明"，声明对象的代码如下所示。

```
Dim ADOcn As New ADODB.Connection
Dim ADOrs As New ADODB.Recordset
```

（6）接着在代码窗口的对象组合框中选择"Form"窗体对象，在过程组合框中选择"Load"载入事件，事件过程代码如下所示。

```
Private Sub Form_Load()
    '建立连接
    Set ADOcn = CurrentProject.Connection
    ADOrs.ActiveConnection = ADOcn
    ADOrs.Open " Select 学号,课程号,成绩,教师编号 From 成绩 2 Where 成绩 < 60", ,
adOpenForwardOnly, adLockPessimistic
    If ADOrs.BOF = True Then                  '如果没有记录,BOF 属性为 True
        MsgBox "无不及格学生!"
    Else
        Me.tstuID = ADOrs.Fields(0)
        Me.tcID = ADOrs.Fields(1)
        Me.tscore = ADOrs.Fields(2)
        Me.ttID = ADOrs.Fields(3)
    End If
End Sub
```

（7）四个按钮的单击事件过程代码依次如下所示。

"上一条"命令按钮。

```
Private Sub btPrevious_Click()
```

```
        ADOrs.MovePrevious
        If ADOrs.BOF = True Then
            ADOrs.MoveFirst
        End If
        Me.tstuID = ADOrs.Fields(0)
        Me.tcID = ADOrs.Fields(1)
        Me.tscore = ADOrs.Fields(2)
        Me.ttID = ADOrs.Fields(3)
End Sub
```

"下一条"命令按钮。

```
Private Sub btNext_Click()
    ADOrs.MoveNext
    If ADOrs.EOF = True Then
        ADOrs.MoveLast
End If
    Me.tstuID = ADOrs.Fields(0)
    Me.tcID = ADOrs.Fields(1)
    Me.tscore = ADOrs.Fields(2)
    Me.ttID = ADOrs.Fields(3)
End Sub
```

"删除"命令按钮。

```
Private Sub btDel_Click()
    ADOrs.Delete
    MsgBox "删除成功!"
    ADOrs.MoveFirst
End Sub
```

"退出"命令按钮。

```
Private Sub btExit_Click()
    DoCmd.Close
    '关闭对象,释放资源
    ADOrs.Close
    ADOcn.Close
    Set ADOrs = Nothing
    Set ADOcn = Nothing
End Sub
```

(8) 保存窗体,命名为"删除不及格成绩",打开窗体,浏览记录并删除,观察表中数据结果。

例 8.28 设计如图 8.52 所示窗体,在窗体上单击"男性最大年龄"命令按钮(命名为"btman"),实现查找表对象"教师"中男性教师的最大年龄,将其输出显示在文本框控件 tData 内;单击"女性最大年龄"命令按钮(命名为"btwoman"),实现查找表对象"教师"中女性教师的最大年龄,将其输出显示在文本框控件 tData 内。单击"打开教师报表"命令按钮(命名为"btQ"),将以预览方式打开"教师"报表。

(1) 在"设计视图"中新建窗体,添加一个标签控件,名为 bTitle,标题为"信息输出",

"前景色"属性为"♯6F3198",宋体,20 号字,加粗。

（2）添加一个文本框,命名为"tAge"。

（3）添加三个命令按钮,名为"btman""btwoman" "btQ",标题文字为"男性最大年龄""女性最大年龄"和"打开教师报表";将各控件大小位置调整好。

（4）在窗体"设计视图"中,选中"男性最大年龄"命令按钮,从快捷菜单中选择"事件生成器"命令,在"选择生成器"对话框中,选择"代码生成器",单击"确定",进入代码编辑窗口。事件过程代码如下所示。

图 8.52 "信息输出"窗体

```
Private Sub btman_Click()
    Dim k As Integer
    Dim MAgeMax As Integer
    Dim cn As New ADODB.Connection
    Dim rs As New ADODB.Recordset
    Dim strSQL As String
    Set cn = CurrentProject.Connection
    strSQL = "select 性别,year(date()) - year([出生日期]) as 年龄 from 教师 where 性别 = '男'"
    rs.Open strSQL, cn, adOpenDynamic, adLockOptimistic
    MAgeMax = 0: k = 0
    '查找教师表中男性教师的年龄最大值并统计年龄在 30 以下的男教师人数
    Do While Not rs.EOF
        If rs.Fields("年龄") > MAgeMax Then
            MAgeMax = rs.Fields("年龄")
        End If

        '统计 30 岁以下男员工人数
        If rs.Fields("年龄") < 30 Then
            k = k + 1
        End If
        '记录集遍历
        rs.MoveNext
    Loop

    rs.Close
    Set rs = Nothing
    '将男性员工最大年龄值显示在文本框"tAge"内
    Me!tAge = "男性最大年龄:" & MAgeMax
End Sub
```

（5）在窗体"设计视图"中,选中"女性最大年龄"命令按钮,从快捷菜单中选择"事件生成器"命令,在"选择生成器"对话框中,选择"代码生成器",单击"确定"按钮,进入代码编辑窗口。事件过程代码如下所示。

```
Private Sub btwoman_Click()
    Dim k As Integer
```

模块和 *VBA* 编程

```
Dim WAgeMax As Integer
Dim cn As New ADODB.Connection
Dim rs As New ADODB.Recordset
Dim strSQL As String
Set cn = CurrentProject.Connection
strSQL = "select 性别,year(date()) - year([出生日期]) as 年龄 from 教师 where 性别 = '女'"
rs.Open strSQL, cn, adOpenDynamic, adLockOptimistic
WAgeMax = 0: k = 0
'查找教师表中女性教师的年龄最大值并统计年龄在 30 以下的女教师人数
Do While Not rs.EOF
    If rs.Fields("年龄") > WAgeMax Then
        WAgeMax = rs.Fields("年龄")
    End If
    '统计 30 岁以下女教师人数
    If rs.Fields("年龄") < 30 Then
        k = k + 1
    End If
    '记录集遍历
    rs.MoveNext
Loop

rs.Close
Set rs = Nothing
'将女性教师最大年龄值显示在文本框"tAge"内
Me!tAge = "女性最大年龄:" & WAgeMax
End Sub
```

（6）在窗体"设计视图"中,选中"打开教师报表"命令按钮,从快捷菜单中选择"事件生成器"命令,在"选择生成器"对话框中,选择"代码生成器",单击"确定"按钮,进入代码编辑窗口。事件过程代码如下所示。

```
Private Sub btQ_Click()
    '预览方式打开报表
    DoCmd.OpenReport "教师", acViewPreview
End Sub
```

（7）在代码窗口的对象组合框中选择"Form"窗体对象,在过程组合框中选择"Load"载入事件,事件过程代码如下所示。

```
Private Sub Form_Load()
    '设置窗体标题为标签"bTitle"的标题内容
    Caption = bTitle.Caption
End Sub
```

（8）保存窗体,命名为"信息输出"。打开窗体,单击相应命令按钮,观察结果。

8.7.4 几个特殊函数

在 Access 中有几个常用的对记录处理的特殊函数,它们的格式及说明如表 8.32 所示。

表 8.32　几个特殊函数

函　　　数	说　　　明
Nz(表达式或字段属性值[,规定值])	用于将 Null 转换为 0、空字符串或其他指定值
DCount(表达式,记录集[,条件])	用于返回指定记录集中的记录数
DAvg(表达式,记录集[,条件])	用于返回指定记录集中某个字段列的平均值
DSum(表达式,记录集[,条件])	用于返回指定记录集中某个字段列的数据总和
DLookup(表达式,记录集[,条件])	用于从记录集中检索特定字段的值

例 8.29　几个特殊函数实例。

(1) 对文本框控件 txtName 进行判断,如果值为 Null,则将其转换为空字符串。

```
Sub NameCheck()
    Dim str As String
    str = IIF(Nz(txtName.Value) = "","该值不存在","值为"&txtName.Value)
    MsgBox str
End Sub
```

(2) 在文本框中显示"成绩"表中成绩为满分的记录数,设置其文本框的"控件来源"属性如下。

```
= DCount("学号","成绩","成绩 = 100")
```

(3) 在文本框中显示"成绩"表中学号为"18010001"的学生的平均成绩,设置其文本框的"控件来源"属性如下。

```
= DAvg("成绩","成绩","学号 = '18010001'")
```

(4) 在文本框中显示"成绩"表中学号为"18010001"的学生的成绩总分,设置其文本框的"控件来源"属性如下。

```
= DSum("成绩","成绩","学号 = '18010001'")
```

(5) 在文本框中显示"课程"表中课程号为"101"的课程名称,设置其文本框的"控件来源"属性如下。

```
= DLookUp("课程名称","课程","课程号 = '101'")
```

8.7.5　数据文件读写

数据文件读写指的是文件的输入和输出。在 VBA 中使用 Open 函数打开文件,使用 Write 函数写入文件内容,使用 Print 函数将一些列值写入打开的文件。

1. 打开文件

打开文件的语法格式为:

Open "文件名" For 模式 As [♯]文件号 [Len = 记录长度]

其中模式的取值有以下三种。

① Input:将对文件进行读操作,文件不存在则出错。

② Output:将对文件进行写操作并覆盖原内容,若文件不存在可新建一个。

③ Append：将在该文件末尾执行追加操作。

2. 读取文件

① Input♯：读取打开的文件，从打开的文件中提取数据并向其变量赋值。

② Line Input♯：功能与 Input 相似，不同的是数据是一次一次的提取。

3. 写入文件

打开文件以后，使用 Write♯和 Print♯语句都可以写入数据。这两个语句的区别是：

① Write♯语句输出的时候，字符串会自动加上双引号，并且中间会用逗号分隔每一个数据，阅读起来不是很好看，适合用 Input♯语句读入。通常用于数据写入文件后还要用 VBA 程序读出时。

② Print♯语句输出的时候，字符串不会自动加上任何符号，原样输出，也不会用逗号分隔每一个数据。适合于阅读，适合用 Line Input♯语句读入。Print 语句通常用于写入文件的数据以后要被显示或打印出来时，作为格式输出语句，输出的界面更为简洁。

例 8.30 创建一个子过程将 3 条职工数据写入 D 盘 user 文件夹中的"职工表.txt"文件中。代码如下。

```
Sub myprint()
    Dim newname As String
    Dim sex As String
    Dim birthdate As Date
    Open "D:\user \职工表.txt" For Output As ♯1
    newname = "张三"
    sex = "男"
    birthdate = ♯1/2/1998♯
    Print ♯1, newname, sex, birthdate
    newname = "李丽"
    sex = "女"
    birthdate = ♯11/15/1997♯
    Print ♯1, newname, sex, birthdate
    newname = "王红"
    sex = "女"
    birthdate = ♯4/5/1998♯
    Print ♯1, newname, sex, birthdate
    Close ♯1
End Sub
```

执行后打开该文本文件，结果如图 8.53 所示。

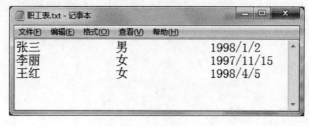

图 8.53　数据写入结果

8.7.6　计时事件

在 VBA 中通过设置窗体的"计时器间隔(TimerInterval)"属性并添加"计时器触发(Timer)"事件来完成定时功能。

TimerInterval 属性指定窗体上 Timer 事件之间的间隔(以毫秒为单位)。若要按 TimerInterval 属性指定的时间间隔运行 VBA 代码,将代码放入窗体的 Timer 事件过程中。例如,要每 30 秒钟重新查询记录,将代码放入窗体的 Timer 事件过程中,然后将 TimerInterval 属性设置为 30 000。

例 8.31　设计一个名为 fTimer 的计时器窗体,如图 8.54 所示。运行窗体后,窗体标题自动显示为"计时器";单击"设置"按钮(名称为 cmdSet),在弹出的输入框中输入计时秒速(10 以内的整数);单击"开始"按钮(名称为 cmdStar)开始计时,同时在文本框(名称为 txtList)中显示计时的秒速。计时时间到时,停止计时并响铃,同时文本框清零。

图 8.54　计时器

程序代码如下。

```
Option Compare Database
Dim f As Integer                          '定义变量 f 为整型
Private Sub cmdSet_Click()
    f = InputBox("请输入计时范围:")
End Sub
Private Sub cmdStar_Click()
  Me.TimerInterval = 1000
End Sub
Private Sub Form_Load()
  Me.TimerInterval = 0
  '将窗体标题自动显示为"计时器"
Form.Caption = "计时器"
End Sub
Private Sub Form_Timer()
  Static s As Integer
  s = s + 1
  If s > f Then
  '设置铃声
Beep
    s = 0
    Me.TimerInterval = 0
  End If
  '在文本框中显示计时的秒数
  txtList = s
End Sub
```

模块和 VBA 编程

8.8　VBA 程序的调试

编写程序并上机执行往往很难做到一次成功,所以在编程过程中需要不断地检查和纠正错误并上机调试,这个过程就是程序的调试。

8.8.1　常见错误类型

编写程序不可避免地会发生错误,常见的错误有以下 3 种。

1. 语法错误

语法错误是指输入了不符合程序设计语言语法要求的代码,是初学者经常犯的错误。例如 If 语句的条件后面忘记写 Then,将 Dim 写成 Din 等。

由于 Access 2003 的代码编辑窗口是逐行检查的,如果在输入时发生了此类错误,编辑器会随时指出,并将出现错误的语句用红色显示。根据出错提示,及时改正错误。

2. 运行错误

运行错误是指在程序运行中发现的错误。例如数据传递时类型不匹配,试图打开一个不存在的文件等,这时系统会在出现错误的地方停下来,并打开代码窗口,给出运行时错误的提示信息并告知错误类型。错误修改后,选择“运行”→“继续”命令,继续运行程序,也可以选择“运行”→“重新设置”命令退出中断状态。

3. 逻辑错误

程序运行时没有发生错误,但程序没有达到所期望的结果,运算结果不符合逻辑,则说明程序中存在逻辑错误。产生逻辑错误的原因很多,一般难以查找和排除,有时需要修改程序的算法来排除错误。

8.8.2　调试工具栏和调试窗口

以上所述的常见错误类型中,逻辑错误不能由计算机自动识别,需要编程人员认真阅读分析程序,自己找出错误。为了更有效地查找和修改程序中的逻辑错误,VBE 提供了调试工具栏和调试窗口。

1. “调试”工具栏

在 VBE 中选择“视图”→“工具栏”→“调试”命令可以打开“调试”工具栏,如图 8.55 所示。

调试工具栏中各按钮的主要功能如下。

图 8.55　调试工具栏

① 设计模式:打开或关闭设计模式。

② 运行:如果光标在过程中,则运行当前过程。如果窗体处于被激活状态,则运行窗体,否则将运行宏。

③ 中断:中断程序执行,并切换到中断模式。在程序的中断位置会使用黄色亮条显示代码行。

④ 重新设置:终止程序调试,返回代码编辑状态。

⑤ 切换断点:在当前行设置或清除断点。

⑥ 逐语句:使程序进入单步跟踪状态。每单击一次,程序执行一步。在遇到调用过程

语句时,会跟踪到被调用过程的内部去执行。

⑦ 逐过程:与逐语句相似,只是在遇到调用过程语句时,不会跟踪到被调用过程的内部去执行,而是在本过程中继续单步执行。

⑧ 跳出:当程序在被调用过程的内部调试运行时,单击"跳出"按钮可以提前结束在被调用过程中的调试,返回主调过程,转到调用语句的下一行。

⑨ 本地窗口:用于打开"本地窗口"。

⑩ 立即窗口:用于打开"立即窗口"。

⑪ 监视窗口:用于打开"监视窗口"。

⑫ 快速监视:在中断状态下,可以先在程序代码中选定某个变量或表达式,单击"快速监视"按钮,将打开"快速监视"对话框。对话框中显示所选变量或表达式的当前值。

⑬ 调用堆栈:显示"调用堆栈"对话框,列出当前活动的过程调用。

2. 调试窗口

在 VBE 中选择"视图"菜单下的相应命令可以显示"立即窗口""本地窗口"和"监视窗口",如图 8.56 所示。

图 8.56　不同的调试窗口

(1) 立即窗口。

使用"立即窗口"可以给变量临时赋值或输出结果。在中断状态下,可以输入或粘贴一行代码,按回车键来执行该代码。使用"立即窗口"可以检查控件、字段或属性的值,显示表达式的值,为变量、字段或属性赋予一个新值。"立即窗口"是一种中间结果暂存器窗口,在这里可以立即求出语句、方法或过程的结果。

(2) 本地窗口。

在中断状态下可显示当前过程中所有变量的类型和值。"本地窗口"中有 3 个列表,分别显示表达式、表达式的值和表达式的类型。有些变量,如用户自定义类型、数组和对象等,可包含级别信息。这些变量的名称左边有一个加号按钮,用来控制级别信息。

(3) 监视窗口。

在中断状态下可以用来监视表达式,了解变量或表达式值的变化情况。例如,可将循环的条件表达式设置为监视表达式,这样就可以观察进入和退出循环的情况。"监视窗口"有 4 个列表,"表达式"中列出监视表达式;"值"中列出在切换成中断状态时表达式的值;"类型"中列出监视表达式的类型;"上下文"则列出监视表达式的作用域。

8.8.3　调试方法

1. Debug. print 语句

在 VBA 中添加 Debug. print 语句可以对程序的运行实行跟踪。例如,程序中有变量

312

x，如果程序调试过程中要对变量 x 进行监视，就可以在程序的适当位置加上以下语句：

```
Debug.print x
```

在程序调试的过程中，在"立即窗口"中会显示 x 的当前值。在一个程序代码中可以使用多个 Debug.print 语句，也可对同一个变量使用多个 Debug.print 语句，因为 Debug.print 语句对程序没有影响，它不会改变任何对象或者变量的值。

2. 设置断点

在程序中人为设置断点，当程序运行到设置了断点的语句时，会自动暂停运行，将程序挂起，进入中断状态。可以在任何执行语句和赋值语句处设置断点，但不能在声明语句和注释行处设置断点，也不能在程序运行时设置断点，只有在程序编辑状态或程序处于挂起状态时才可设置断点。

（1）设置断点。

在代码编辑窗口中将光标移到要设置断点的行，按 F9 键或单击"调试"工具栏上的"切换断点"按钮设置断点，也可以在代码编辑窗口中单击要设置断点的这一行语句左侧的灰色边界标识条来设置断点，如图 8.57 所示。

图 8.57　设置断点

（2）取消断点。

将插入点移到设置了断点的行，单击"调试"工具栏上的"切换断点"按钮，也可以再次单击代码编辑窗口左侧的灰色边界标识条取消断点。

3. 单步跟踪

单步跟踪即每执行一条语句后都进入中断状态。通过单步执行每一条语句，可以及时、准确地跟踪变量的值，从而发现错误。

单步跟踪的方法是将光标置于要执行的过程内，单击"调试"工具栏上的"逐语句"按钮，执行当前语句(用黄色亮条显示)，同时将程序挂起。

对于在同一行中有多条语句用冒号"："隔开的情况，使用"逐语句"命令时，将逐个执行该行中的每条语句。

4. 设置监视点

如果设置了监视表达式，一旦监视表达式的值为真或改变，程序也会自动进入中断状态。设置监视表达式的方法如下。

① 选择"调试"→"添加监视"命令，弹出"添加监视"对话框。

② 在"模块"下拉列表框中选择被监视过程所在的模块。在"过程"下拉列表框中选择要监视的过程。在"表达式"文本框中输入要监视的表达式,如图 8.58 所示。

图 8.58　设置监视表达式

③ 在"监视类型"栏中选择监视类型。

④ 设置完监视表达式后屏幕上会出现"监视窗口",如图 8.59 所示。

图 8.59　"监视窗口"

思　考　题

1. Access 模块有几个基本类型?模块是如何组成的?

2. 什么是 VBA?

3. VBA 中过程分为哪几类?各有何特点?

4. 如何定义常量和变量?

5. 在 VBA 程序中,程序的流程控制结构有哪几种?

6. 过程调用的方法有哪些?

7. 调用过程时,按值传递或按地址传递会对形参、实参产生什么影响?

第 9 章　图书管理系统开发实例

在信息时代,图书馆已成为全社会的一个重要的公共信息资源。面对成千上万的图书和众多的借阅者,图书管理员要妥善地管理图书和借阅者的信息是极其重要的。如果能开发一个图书管理系统,使用计算机来管理图书和借阅者的信息,可大大减轻管理图书、期刊、借阅者等信息的工作强度,提高工作效率。本章将介绍如何使用 Access 2010 开发一个小型的图书管理系统,使用该系统可以对图书、借阅者、管理员等基本信息进行管理,也可以实现图书借阅、图书归还等基本流程的管理。

9.1　系统分析与设计

9.1.1　系统功能分析

根据图书管理员在图书借阅管理过程中遇到的实际情况,图书管理系统应具有以下功能。

① 系统应允许管理员对管理员信息、图书信息、借阅者信息及其类型信息进行添加、修改或删除操作。

② 图书借出或归还时,系统自动进行记录,同时修改相应图书的库存情况。

③ 图书归还时出现过期、损坏或遗失情况时,系统能自动计算出罚款金额,并对罚款信息进行记录。

④ 系统能为管理员提供图书或借阅者的借阅情况和罚款情况报表。

9.1.2　系统模块设计

根据系统功能分析,图书管理系统主要由系统设置、信息管理、运行管理和报表显示 4 个模块组成,而每个模块又由几个子模块来完成其相应的功能,系统所有的功能模块如图 9.1 所示。

(1) 图书类型设置模块。

图书类型设置模块可以实现对图书类型的管理,可进行图书类型信息的添加、修改和删除操作。

(2) 借阅者类型设置模块。

借阅者类型设置模块可以实现对借阅者类型的管理,可进行借阅者类型信息的添加、修改和删除操作。

(3) 罚款类型设置模块。

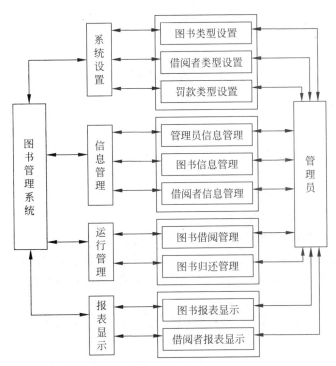

图 9.1 图书管理系统的功能模块图

罚款类型设置模块可以实现对罚款类型的管理,可进行罚款类型信息的添加、修改和删除操作。

(4) 管理员信息管理模块。

管理员信息管理模块可以实现对管理员的管理,可进行管理员信息的添加、修改和删除操作。

(5) 图书信息管理模块。

图书信息管理模块可以实现对图书的管理,可进行图书信息的添加、修改和删除操作。

(6) 借阅者信息管理模块。

借阅者信息管理模块可以实现对借阅者的管理,可进行借阅者信息的添加、修改和删除操作。

(7) 图书借阅管理模块。

图书借阅管理模块可进行借阅者信息及其借书情况的查询、图书查询、图书借阅和图书续借操作。

(8) 图书归还管理模块。

图书归还管理模块可进行图书借阅信息查询、图书归还、图书损坏罚款和图书遗失罚款操作。

(9) 图书报表显示模块。

图书报表显示模块可以对指定图书的借阅信息和罚款信息进行查询,最后生成相应的报表。

(10) 借阅者报表显示模块。

借阅者报表显示模块可以对指定借阅者的借书信息和罚款信息进行查询,最后生成相应的报表。

9.2 数据库设计

9.2.1 数据库需求分析

创建的数据库必须能够管理、生成用户需要的所有信息,且数据库中不保存不必要的信息。因此,在开始设计数据库之前,需要确定数据库的目的以及如何使用,尽量多了解一些有关数据库的设计要求,明确数据库应该为用户所做的操作和应解决的问题,明确用户通过什么样的界面来操作数据库中的数据和输出。

根据系统设计可知,在数据库中需要存放以下信息。

① 管理员信息:管理员编号、姓名、性别、出生日期、联系电话、管理员密码等。

② 图书信息:图书编号、图书名称、类型编号、作者、出版社、单册价格、现存数量、入库管理员编号等。

③ 借阅者信息:借阅者编号、姓名、性别、类型编号、出生日期、联系电话、登记人编号等。

④ 罚款信息:罚款编号、图书编号、借阅者编号、罚款日期、罚款原因、应罚金额、是否交款等。

⑤ 图书类型信息:类型编号、类型名称、可借天数、备注等。

⑥ 借阅者类型信息:类型编号、类型名称、可借天数、可借数量、续借次数、备注等。

⑦ 罚款类型信息:罚款类型编号、图书类型编号、借阅者类型编号、图书过期罚款、图书遗失罚款、图书损坏罚款等。

⑧ 图书借阅信息:借书编号、借阅者编号、图书编号、借出日期、应还日期、续借次数、是否已还、操作员编号等。

9.2.2 数据库逻辑结构设计

在图书管理系统数据库中应包含8个数据表,各表的表名及结构如表9.1~表9.8所示。

表 9.1 管理员表

字 段 名 称	数 据 类 型	字 段 大 小	主键
管理员编号	文本	10	是
姓名	文本	20	否
性别	文本	1	否
出生日期	日期/时间		否
联系电话	文本	15	否
管理员密码	文本	10	否
备注	备注		否

表 9.2　图书表

字 段 名 称	数 据 类 型	字 段 大 小	主键
图书编号	文本	10	是
图书名称	文本	30	否
类型编号	文本	10	否
作者	文本	20	否
出版社	文本	20	否
单册价格	数字	单精度型	否
现存数量	数字	长整型	否
入库管理员编号	文本	10	否

表 9.3　借阅者表

字 段 名 称	数 据 类 型	字 段 大 小	主键
借阅者编号	文本	10	是
姓名	文本	20	否
性别	文本	1	否
类型编号	文本	10	否
出生日期	日期/时间		否
联系电话	文本	15	否
登记人编号	文本	10	否
备注	备注		否

表 9.4　罚款表

字 段 名 称	数 据 类 型	字 段 大 小	主键
罚款编号	自动编号	长整型	是
图书编号	文本	10	否
借阅者编号	文本	10	否
罚款日期	日期/时间		否
罚款原因	文本	30	否
应罚金额	数字	单精度型	否
是否交款	是/否		否

表 9.5　图书类型表

字 段 名 称	数 据 类 型	字 段 大 小	主键
类型编号	文本	10	是
类型名称	文本	20	否
可借天数	数字	长整型	否
备注	备注		否

图书管理系统开发实例

表 9.6　借阅者类型表

字 段 名 称	数 据 类 型	字 段 大 小	主键
类型编号	文本	10	是
类型名称	文本	20	否
可借天数	数字	长整型	否
可借数量	数字	长整型	否
续借次数	数字	长整型	否
备注	备注		否

表 9.7　罚款类型表

字 段 名 称	数 据 类 型	字 段 大 小	主键
罚款类型编号	自动编号	长整型	是
图书类型编号	文本	10	否
借阅者类型编号	文本	10	否
图书过期罚款	数字	单精度型	否
图书遗失罚款	数字	单精度型	否
图书损坏罚款	数字	单精度型	否
备注	备注		否

表 9.8　图书借阅表

字 段 名 称	数 据 类 型	字 段 大 小	主键
借书编号	自动编号	长整型	是
借阅者编号	文本	10	否
图书编号	文本	10	否
借出日期	日期/时间		否
应还日期	日期/时间		否
续借次数	数字	长整型	否
是否已还	是/否		否
操作员编号	文本	10	否

　　根据各表的结构,在 Access 2010 中可以完成"图书管理系统"数据库及其表的创建工作,在此不再赘述。

9.2.3　创建表间关系

　　操作步骤如下。

　　(1) 在 Access 2010 窗口中,单击"数据库工具"选项卡的"关系"组中的"关系"按钮,显示"关系"窗口和"显示表"对话框,如图 9.2 所示。

　　(2) 将"显示表"对话框中列出的所有表名依次添加到"关系"窗口中,如图 9.3 所示。

　　(3) 在"关系"窗口中,将管理员表的"管理员编号"字段拖到图书表的"入库管理员编号"字段上,弹出"编辑关系"对话框,如图 9.4 所示。选中"实施参照完整性"复选框和"级联更新相关字段"复选框,单击"创建"按钮,则为"管理员"表和"图书"表建立了关系。

　　(4) 按照步骤(3)的操作方法依次为各表之间建立关联,得到的关系图如图 9.5 所示。

　　(5) 保存关系。

图 9.2 "图书管理系统"数据库的"关系"窗口和"显示表"对话框

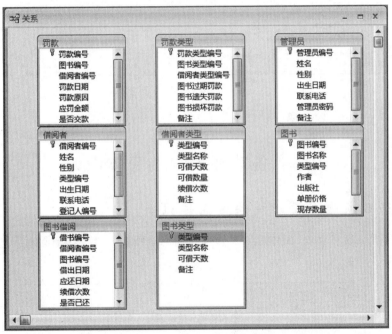

图 9.3 添加表后的"关系"窗口

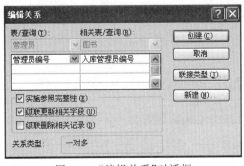

图 9.4 "编辑关系"对话框

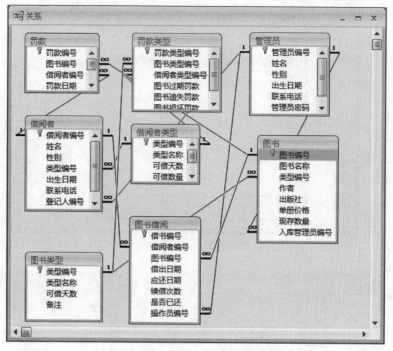

图 9.5 建立表间关系后的"关系"窗口

9.3 各功能模块的窗体设计

9.3.1 管理员信息管理模块的窗体设计

使用"管理员信息管理"窗体可以对管理员信息进行查看、修改、删除或添加新的管理员信息，其窗体视图如图 9.6 所示。

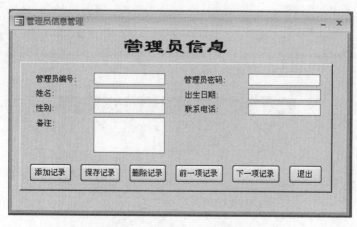

图 9.6 "管理员信息管理"窗体

"管理员信息管理"窗体的创建步骤如下。

（1）在 Access 2010 窗口中，单击"创建"选项卡的"窗体"组中的"窗体设计"选项，显示窗体的"设计视图"窗口，如图 9.7 所示。

（2）单击"设计"选项卡的"工具"组中的"添加现有字段"选项，显示"字段列表"对话框，如图 9.8 所示。

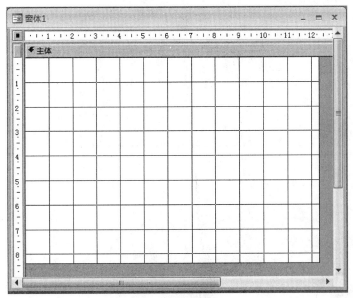

图 9.7　窗体的"设计视图"窗口

图 9.8　窗体的"字段列表"窗口

（3）在窗体的"设计视图"窗口中右击，在弹出的快捷菜单中选择"窗体页眉/页脚"命令，显示窗体页眉和窗体页脚部分。

（4）单击"控件"组中的"标签"按钮，在窗体页眉区创建一个标签，并在"属性"窗口中按照表 9.9 对其属性进行设置。

表 9.9　标签控件属性值

属　性　名　称	属　性　值	属　性　名　称	属　性　值
标题	管理员信息	字体粗细	加粗
字体名称	隶书	文本对齐	居中
字号	24		

（5）将"字段列表"窗口中"管理员"表的所有字段拖动到窗体"设计视图"的主体组中，然后对控件布局进行调整，如图 9.9 所示。

（6）单击"控件"组中的"按钮"控件，在"设计视图"的主体区要放置命令按钮的位置单击一下，屏幕上会弹出"命令按钮向导"对话框，在"类别"列表框中选择"记录操作"，在"操作"列表框中选择"添加新记录"，如图 9.10 所示。

（7）单击"下一步"按钮，选择"文本"选项，如图 9.11 所示。

（8）单击"完成"按钮后，"添加记录"命令按钮就会显示在窗体的设计视图中。按照相同方法继续在窗体的主体区添加"保存记录"按钮、"删除记录"按钮、"前一项记录"按钮、"下

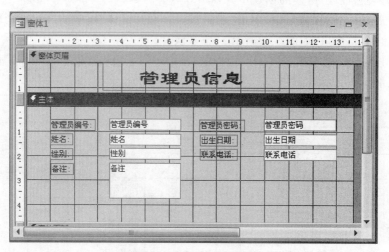

图 9.9　调整控件的布局

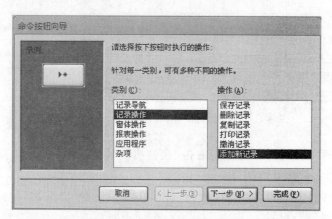

图 9.10　"命令按钮向导"对话框之一

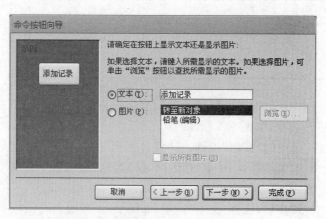

图 9.11　"命令按钮向导"对话框之二

一项记录"按钮和"退出"按钮。其中,添加"前一项记录"按钮和"下一项记录"按钮时,在"命令按钮向导"第一个对话框的"类别"列表框中应选择"记录导航",在"操作"列表框中分别选择"转至前一项记录"和"转至下一项记录"。添加"退出"按钮时,在"命令按钮向导"第一个对话框的"类别"列表框中选择"窗体操作",在"操作"列表框中选择"关闭窗体";在"命令按钮向导"的第二个对话框中选择"文本"选项,并在其后的文本框中输入"退出"。

(9)适当调整6个命令按钮的大小和位置,得到的"设计视图"如图9.12所示。

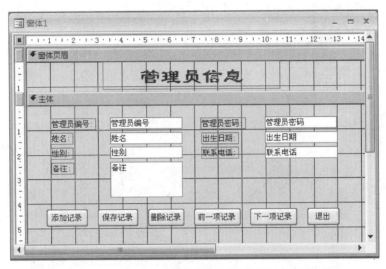

图 9.12　窗体的"设计视图"窗口

(10)单击"控件"组中的"矩形"按钮,在窗体"设计视图"的主体区画一个矩形,把主体区的所有控件都包含在内,并设置其"特殊效果"属性为"凸起"。

(11)按照表9.10对窗体的属性进行设置。

表 9.10　窗体属性值

属 性 名 称	属 性 值	属 性 名 称	属 性 值
标题	管理员信息管理	导航按钮	否
默认视图	单个窗体	分割线	否
滚动条	两者均无	最大最小化按钮	最小化按钮
记录选择器	否		

(12)单击"保存"按钮,在弹出的"另存为"对话框中设置"窗体名称"为"管理员信息管理"后,单击"确定"按钮。

9.3.2　图书信息管理模块窗体设计

使用"图书信息管理"窗体可以对图书信息进行查看、修改、删除或添加新的图书信息,如图9.13所示,其创建过程与"管理员信息管理"窗体的创建过程类似,此处不再赘述。

9.3.3　借阅者信息管理模块窗体设计

使用"借阅者信息管理"窗体可以对借阅者信息进行查看、修改、删除或添加新的借阅者

图书管理系统开发实例

信息,如图9.14所示,其创建过程与"管理员信息管理"窗体的创建过程类似,此处不再赘述。

图 9.13　"图书信息管理"窗体

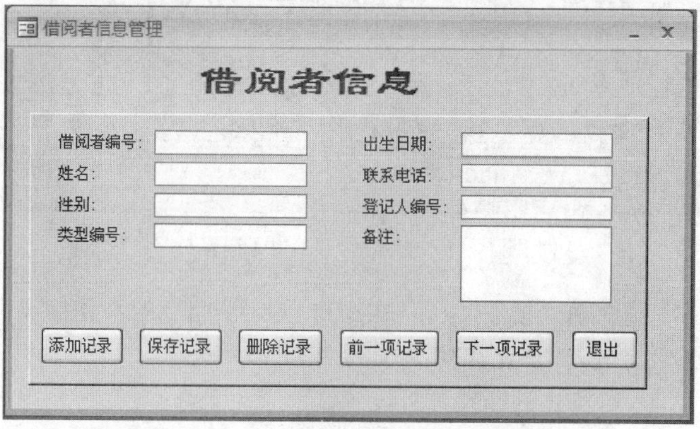

图 9.14　"借阅者信息管理"窗体

9.3.4　图书类型设置模块窗体设计

使用"图书类型设置"窗体可以对图书类型进行查看、修改、删除或添加新的图书类型,如图9.15所示,其创建过程与"管理员信息管理"窗体的创建过程类似,此处不再赘述。

图 9.15　"图书类型设置"窗体

9.3.5 借阅者类型设置模块窗体设计

使用"借阅者类型设置"窗体可以对借阅者的类型进行查看、修改、删除或添加新的类型,如图9.16所示,其创建过程与"管理员信息管理"窗体的创建过程类似,此处不再赘述。

图 9.16 "借阅者类型设置"窗体

9.3.6 罚款类型设置模块窗体设计

使用"罚款类型设置"窗体可以对罚款的类型进行查看、修改、删除或添加新的类型,如图9.17所示,其创建过程与"管理员信息管理"窗体的创建过程类似,此处不再赘述。

图 9.17 "罚款类型设置"窗体

9.3.7 图书借阅管理模块窗体设计

使用"图书借阅管理"窗体可以完成借阅者信息及其借书情况的查询、图书查询、图书借阅操作和图书续借操作,其窗体视图如图9.18所示。

"图书借阅管理"窗体的创建步骤如下。

(1)在Access 2010窗口中,单击"创建"选项卡的"窗体"组中的"窗体设计"按钮,显示窗体的"设计视图"窗口。

(2)在窗体的"设计视图"窗口中右击,在弹出的快捷菜单中选择"窗体页眉/页脚"命令,显示窗体页眉和窗体页脚部分后,单击"控件"组中的"标签"按钮,在窗体页眉区创建一个标签,并在属性窗口中按照表9.11对其属性进行设置。

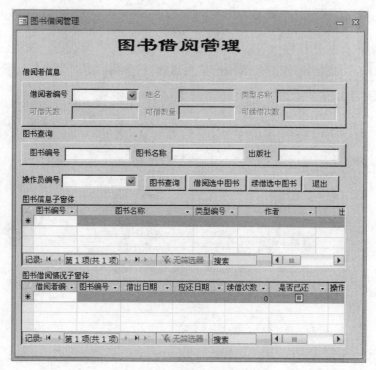

图 9.18　"图书借阅管理"窗体

表 9.11　标签控件属性值

属 性 名 称	属 性 值	属 性 名 称	属 性 值
标题	图书借阅管理	字体粗细	加粗
字体名称	隶书	文本对齐	居中
字号	24		

　　(3) 使用"控件"组中的控件按钮,在窗体"设计视图"的主体区创建如图 9.18 所示的组合框、标签、文本框、矩形和命令按钮控件,调整其大小和布局,并按照表 9.12 所示对窗体和各控件属性进行设置。

表 9.12　"图书借阅管理"窗体及各控件属性值

对象名称	属性名称	属 性 值
窗体	标题	图书借阅管理
	默认视图	单个窗体
	滚动条	两者均无
	记录选择器	否
	导航按钮	否
	分割线	否
	最大最小化按钮	最小化按钮

对象名称	属性名称	属 性 值
标签	标题	分别为：借阅者信息、借阅者编号、姓名、类型名称、可借天数、可借数量、可续借次数、图书查询、图书编号、图书名称、出版社、操作员编号
组合框	名称	分别为：借阅者编号、操作员编号
	行来源	分别为：SELECT 借阅者编号 FROM 借阅者；SELECT 管理员编号 FROM 管理员
文本框	名称	分别为：姓名、类型名称、可借天数、可借数量、可续借次数、图书编号、图书名称、出版社
	可用	"姓名""类型名称""可借天数""可借数量""可续借次数"5 个文本框的"可用"属性值为"否"
矩形	特殊效果	凸起
命令按钮	名称	分别为：图书查询、借阅选中图书、续借选中图书、退出
	标题	分别为：图书查询、借阅选中图书、续借选中图书、退出

(4) 以"图书借阅管理"为名保存窗体。

(5) 创建"图书借阅情况"查询对象。

在 Access 2010 窗口中，单击"创建"选项卡的"查询"组中的"查询设计"按钮，在弹出的"显示表"对话框中选择"图书借阅"表后，单击"添加"按钮，然后在查询的"设计视图"窗口中按照图 9.19 进行设置，最后以"图书借阅情况"为名保存该查询。

图 9.19 "图书借阅情况"查询的设计视图窗口

(6) 创建"图书信息"查询。

在 Access 2010 窗口中，单击"创建"选项卡的"查询"组中的"查询设计"按钮，在弹出的"显示表"对话框中选择"图书"表后，单击"添加"按钮，屏幕显示查询的"设计视图"窗口，选择"结果"组中"视图"下拉列表中的"SQL 视图"命令，切换到查询的"SQL 视图"窗口后，输入以下 SQL 命令（该 SQL 命令可实现基于"图书编号""图书名称"和"出版社"3 个条件进行的交叉模糊查询）。

SELECT * FROM 图书

WHERE （图书编号 = forms!图书借阅管理!图书编号 and Instr(图书名称,forms!图书借阅管理!图书名称)> 0 and 出版社 = forms!图书借阅管理!出版社) or (forms!图书借阅管理!图书编号 is null and forms!图书借阅管理!图书名称 is null and forms!图书借阅管理!出版社 is null) or (图书编号 = forms!图书借阅管理!图书编号 and forms!图书借阅管理!图书名称 is null and forms!图书借阅管理!出版社 is null) or (图书编号 = forms!图书借阅管理!图书编号 and Instr(图书名称,forms!图书借阅管理!图书名称)> 0 and forms!图书借阅管理!出版社 is null) or (forms!图书借阅管理!图书编号 is null and Instr(图书名称,forms!图书借阅管理!图书名称)> 0 and forms!图书借阅管理!出版社 is null) or (forms!图书借阅管理!图书编号 is null and Instr(图书名称,forms!图书借阅管理!图书名称)> 0 and 出版社 = forms!图书借阅管理!出版社) or (forms!图书借阅管理!图书编号 is null and forms!图书借阅管理!图书名称 is null and 出版社 = forms!图书借阅管理!出版社)

SQL 命令输入完毕后以"图书信息"为名保存该查询。

（7）在"图书借阅管理"窗体中创建"图书信息子窗体"。

操作步骤如下。

① 打开"图书借阅管理"窗体的"设计视图"窗口，使"设计"选项卡的"控件"组中的"使用控件向导"按钮处于选中状态，单击"子窗体"按钮，在窗体主体区中要创建子窗体的位置拖动，屏幕上会弹出"子窗体向导"对话框，如图 9.20 所示，选择"使用现有的表和查询"单选按钮，单击"下一步"按钮。

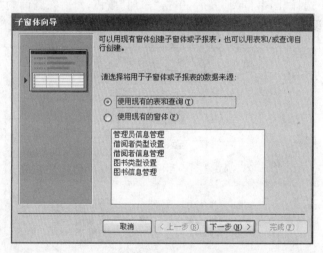

图 9.20 "子窗体向导"对话框之一

② 在显示的"子窗体向导"对话框中的"表/查询"列表框中选择"查询：图书信息"，并将"可用字段"列表框中的所有字段添加到"选定字段"列表框中，如图 9.21 所示，单击"下一步"按钮。

③ 在显示的"子窗体向导"对话框中输入子窗体的名称"图书信息子窗体"，如图 9.22 所示，单击"完成"按钮。

（8）以"图书借阅情况"查询为数据源，使用"子窗体向导"在"图书借阅管理"窗体中创建"图书借阅情况子窗体"，该子窗体包含"图书借阅情况"查询中除去"借阅编号"以外的其他所有字段，创建方法与"图书信息子窗体"的创建方法相似。创建子窗体后的"图书借阅管理"窗体的"设计视图"窗口如图 9.23 所示。

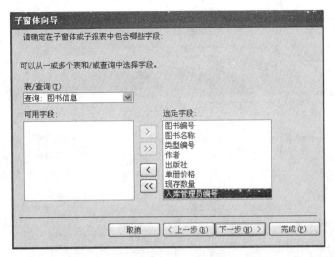

图 9.21 "子窗体向导"对话框之二

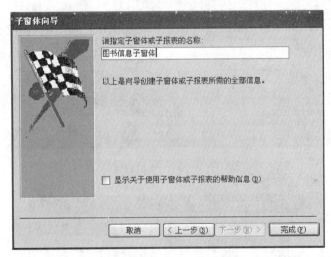

图 9.22 "子窗体向导"对话框之三

（9）在 Access 2010 窗口中，单击"数据库工具"选项卡的"宏"组中的 Visual Basic 按钮，打开"Microsoft Visual Basic—图书管理系统"窗口，选择"工具"→"引用"命令，打开"引用"对话框，按照图 9.24 所示进行设置。

（10）在"图书管理系统—Form_图书借阅管理"代码编辑窗口中为"借阅者编号"组合框的"AfterUpdate"事件（即"更新后"事件）编写程序代码，该程序代码的作用为：当操作员输入"借阅者编号"后，系统自动在"姓名""类型名称""可借天数""可借数量"和"可续借次数"文本框中填入相应信息，并在图书借阅情况子窗体中显示该借阅者的图书借阅信息。

"借阅者编号"组合框的"AfterUpdate"事件代码如下：

```
Private Sub借阅者编号_AfterUpdate()
Dimstr As String
'查询出"借阅者编号"对应的"姓名""类型名称""可借天数""可借数量""可续借次数"信息
Me![姓名] = DLookup("姓名","借阅者","借阅者编号 = '" & Me![借阅者编号] & "'")
```

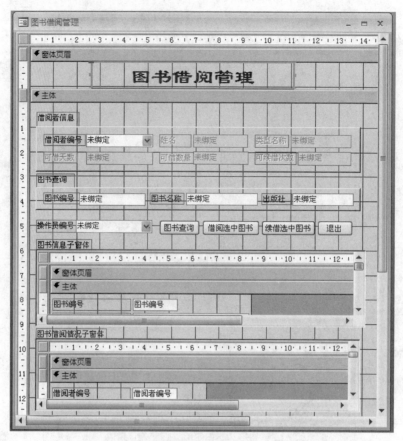

图 9.23 "图书借阅管理"窗体的"设计视图"窗口

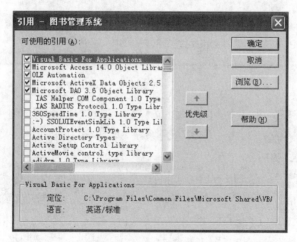

图 9.24 "引用"对话框

```
str = DLookup("类型编号", "借阅者", "借阅者编号 = '" & Me![借阅者编号] & "'")
Me![类型名称] = DLookup("类型名称", "借阅者类型", "类型编号 = '" & str & "'")
Me![可借天数] = DLookup("可借天数", "借阅者类型", "类型编号 = '" & str & "'")
Me![可借数量] = DLookup("可借数量", "借阅者类型", "类型编号 = '" & str & "'")
Me![可续借次数] = DLookup("续借次数", "借阅者类型", "类型编号 = '" & str & "'")
```

```
'刷新"图书借阅情况子窗体"
Me![图书借阅情况子窗体].Requery
End Sub
```

（11）在"图书管理系统—Form_图书借阅管理"代码编辑窗口中为"图书查询"命令按钮的"click"事件（即"单击"事件）编写程序代码。该命令按钮的功能为：当操作员输入"图书编号""图书名称""出版社"后（可以输入其中一个，或任意两个，或者三个都输入），更新"图书信息子窗体"以显示相应的图书信息。

程序代码如下所示：

```
Private Sub 图书查询_Click()
'刷新"图书信息子窗体"
Me![图书信息子窗体].Requery
End Sub
```

（12）在"图书管理系统—Form_图书借阅管理"代码编辑窗口中为"借阅选中图书"命令按钮的"Click"事件编写程序代码。该命令按钮的功能为：当操作员输入"借阅者编号"和"操作员编号"后，系统首先判断当前选择图书的现存数量是否足够，如果足够则判断读者所借书图的数量是否达到规定的可借数量，如果未达到则系统将再次判断所选图书读者是否已经借阅了，最后进行图书借阅信息的保存，并更新"图书"表中的"现存数量""图书信息子窗体""图书借阅情况子窗体"。

程序代码如下所示：

```
Private Sub 借阅选中图书_Click()
Dim jieyuefou As Boolean           '定义一个保存选中图书是否已经借阅的变量
Dim iAs Integer, j As Integer
Dim sql As String
Dim rst1 As ADODB.Recordset, rst2 As ADODB.Recordset
Set rst1 = New ADODB.Recordset
sql = "select * from 图书借阅"
rst1.Open sql, CurrentProject.Connection, adOpenKeyset, adLockOptimistic
jieyuefou = False
'判断"图书借阅管理"窗体中"借阅者编号"和"操作员编号"文本框是否为空
IfIsNull(Me![借阅者编号]) Then
    MsgBox "请输入借阅者编号"
    DoCmd.GoToControl "借阅者编号"
    Exit Sub
ElseIfIsNull(Me![操作员编号]) Then
    MsgBox "请输入操作员编号"
    DoCmd.GoToControl "操作员编号"
    Exit Sub
End If
'判断当前所选图书的"现存数量"是否足够
If Me![图书信息子窗体]![现存数量] < 1 Then
    MsgBox "所选图书的现存数量不足!"
    Exit Sub
End If
If rst1.RecordCount < 1 Then
    jieyuefou = False
```

```
        Else
            '判断当前借阅者所借图书数量是否达到允许借阅的图书数量
            rst1.MoveFirst
            j = 0
            For i = 1To rst1.RecordCount
                If rst1!借阅者编号 = Me![借阅者编号] And rst1!是否已还 = False Then
                    j = j + 1
                End If
                rst1.MoveNext
            Next i
            If j >= Me![可借数量] Then
                MsgBox "该读者所借图书数量已经达到规定的可借数量,因此不能再借书!"
                Exit Sub
            Else
            '根据"借阅者编号"和"图书编号"信息判断选中图书是否已经借阅
            rst1.MoveFirst
            For i = 1To rst1.RecordCount
                If Me![借阅者编号] = rst1!借阅者编号 And _
                Me![图书信息子窗体]![图书编号] = rst1!图书编号 and _
                rst1!是否已还 = False Then
                    jieyuefou = True
                    Exit For
                Else
                    rst1.MoveNext
                End If
                Next i
        End If
End If
'根据 jieyuefou 的值判断该读者是否已经借阅所选图书
If jieyuefou = False Then
    rst1.AddNew
    rst1!图书编号 = Me![图书信息子窗体]![图书编号]
    rst1!借阅者编号 = Me![借阅者编号]
    rst1!借出日期 = Date
    rst1!应还日期 = Date + Me![可借天数]
    rst1!操作员编号 = Me![操作员编号]
    rst1.Update
    '更新"图书"表中的"现存数量"
    sql = "select * from 图书"
    Set rst2 = New ADODB.Recordset
    rst2.Open sql, CurrentProject.Connection, adOpenKeyset, adLockOptimistic
    rst2.MoveFirst
    For i = 1To rst2.RecordCount
        If rst2!图书编号 = Me![图书信息子窗体]![图书编号] Then
            rst2!现存数量 = rst2!现存数量 - 1
            rst2.Update
            Exit For
        Else
            rst2.MoveNext
        End If
        Next i
```

```
Else
  MsgBox "该读者已经借出了一本,每人只能借一本!"
  Exit Sub
End If
'刷新"图书借阅情况子窗体"和"图书信息子窗体"
Me![图书借阅情况子窗体].Requery
Me![图书信息子窗体].Requery
Set rst1 = Nothing
Set rst2 = Nothing
End Sub
```

(13) 在"图书管理系统—Form_图书借阅管理"代码编辑窗口中为"续借选中图书"命令按钮的"Click"事件编写程序代码。该命令按钮的功能为:当操作员输入"借阅者编号"和"操作员编号"后,系统首先判断当前图书的续借次数是否已经达到规定的可续借次数,如果未达到则更新"图书借阅"表中的"续借次数""应还日期""操作员编号"信息和"图书借阅情况子窗体"。

程序代码如下所示:

```
Private Sub 续借选中图书_Click()
Dim iAs Integer
Dim sql As String
Dim rst As ADODB.Recordset
Set rst = New ADODB.Recordset
sql = "select * from 图书借阅"
rst.Open sql, CurrentProject.Connection, adOpenKeyset, adLockOptimistic
IfIsNull(Me![借阅者编号]) Then
    MsgBox "请输入借阅者编号"
    DoCmd.GoToControl "借阅者编号"
    Exit Sub
ElseIfIsNull(Me![操作员编号]) Then
    MsgBox "请输入操作员编号"
    DoCmd.GoToControl "操作员编号"
    Exit Sub
End If
If Me![图书借阅情况子窗体]![续借次数] >= Me![可续借次数] Then
    MsgBox "该读者此书的续借次数已经达到规定的可续借次数,因此不能续借!"
    Exit Sub
Else
    '更新"图书借阅"表中的"续借次数""应还日期""操作员编号"信息
    rst.MoveFirst
    For i = 1To rst.RecordCount
      If rst!图书编号 = Me![图书借阅情况子窗体]![图书编号] And _
      rst!借阅者编号 = Me![借阅者编号] Then
        rst!续借次数 = rst!续借次数 + 1
        rst!应还日期 = rst!应还日期 + Me![可借天数]
        rst!操作员编号 = Me![操作员编号]
        rst.Update
        Exit For
      Else
        rst.MoveNext
```

```
            End If
            Next i
    End If
    '刷新"图书借阅情况子窗体"
    Me![图书借阅情况子窗体].Requery
    Set rst = Nothing
    End Sub
```

（14）保存"图书借阅管理"窗体。

9.3.8 图书归还管理模块窗体设计

使用"图书归还管理"窗体可以完成图书借阅信息查询、图书归还、图书损坏罚款和图书遗失罚款操作,其窗体视图如图 9.25 所示。

图 9.25 "图书归还管理"窗体

"图书归还管理"窗体的创建步骤如下。

（1）在 Access 2010 窗口中,单击"创建"选项卡的"窗体"组中的"窗体设计"按钮,显示窗体的"设计视图"窗口。

（2）在窗体的"设计视图"窗口中右击,在弹出的快捷菜单中选择"窗体页眉/页脚"命令,显示窗体页眉和窗体页脚部分后,单击"控件"组中的"标签"按钮,在窗体页眉区创建一个标签,并在属性窗口中按照表 9.13 对其属性进行设置。

表 9.13 标签控件属性值

属 性 名 称	属 性 值	属 性 名 称	属 性 值
标题	图书归还管理	字体粗细	加粗
字体名称	隶书	文本对齐	居中
字号	24		

（3）使用"控件"组中的控件按钮，在窗体"设计视图"的主体区中创建如图 9.25 所示的组合框、标签、文本框、矩形和命令按钮控件，调整其大小和布局，并按照表 9.14 对窗体和各控件属性进行设置。

表 9.14　窗体及各控件属性值

对象名称	属性名称	属性值
窗体	标题	图书归还管理
	默认视图	单个窗体
	滚动条	两者均无
	记录选择器	否
	导航按钮	否
	分割线	否
	最大最小化按钮	最小化按钮
标签	标题	分别为：图书编号、归还否、图书类型、借阅者编号、姓名、借阅者类型
组合框	名称	借阅者编号
	行来源	SELECT 借阅者编号 FROM 借阅者
选项按钮	名称	归还否
	默认值	0
文本框	名称	分别为：图书编号、图书类型、姓名、借阅者类型
	可用	"图书类型""姓名""借阅者类型"3 个文本框的"可用"属性值为"否"
矩形	特殊效果	凸起
命令按钮	名称	分别为：借阅查询、归还选中图书、图书损坏罚款、图书遗失罚款、退出
	标题	分别为：借阅查询、归还选中图书、图书损坏罚款、图书遗失罚款、退出

（4）以"图书归还管理"为名保存窗体。

（5）创建"图书借阅信息"查询。

在 Access 2010 窗口中，单击"创建"选项卡的"查询"组中的"查询设计"按钮，在弹出的"显示表"对话框中选择"图书借阅"表后，单击"添加"按钮，屏幕显示查询的"设计视图"窗口，选择"结果"组中"视图"下拉列表中的"SQL 视图"命令，切换到查询的"SQL 视图"窗口后，输入如下 SQL 命令（该 SQL 命令可实现基于"图书编号""借阅者编号"和"归还否"3 个条件进行的交叉模糊查询）。

```
SELECT *   FROM 图书借阅
WHERE (图书编号 = forms!图书归还管理!图书编号 and 是否已还 = forms!图书归还管理!归还否 and
借阅者编号 = forms!图书归还管理!借阅者编号) or (forms!图书归还管理!图书编号 is null and 是
否已还 = forms!图书归还管理!归还否 and forms!图书归还管理!借阅者编号 is null) or (图书编号
= forms!图书归还管理!图书编号 and 是否已还 = forms!图书归还管理!归还否 and forms!图书归还
管理!借阅者编号 is null) or (forms!图书归还管理!图书编号 is null and 是否已还 = forms!图书
归还管理!归还否 and 借阅者编号 = forms!图书归还管理!借阅者编号)
```

SQL 命令输入完毕后以"图书借阅信息"为名保存该查询。

（6）以"图书借阅信息"查询为数据源，使用"子窗体向导"在"图书归还管理"窗体中创建"图书借阅信息子窗体"，该子窗体包含"图书借阅信息"查询中除去"借阅编号"以外的其他所有字段，创建方法与"图书信息子窗体"的创建方法相似。

（7）在 Access 2010 窗口中，单击"数据库工具"选项卡的"宏"组中的"Visual Basic"按钮,在"图书管理系统—Form_图书归还管理"代码编辑窗口中为"借阅查询"命令按钮的"click"事件编写程序代码。该命令按钮的功能为:当操作员输入"图书编号""是否已还"或"借阅者编号"后,系统自动在"姓名""图书类型""借阅者类型"文本框中填入相应信息,并更新"图书借阅信息子窗体"。

"借阅查询"命令按钮的"click"事件代码如下:

```
Private Sub 借阅查询_Click()
Dimstr As String
'查询出"图书编号"对应的"图书类型"和"借阅者编号"对应的"姓名""借阅者类型"信息
If  IsNull(Me![图书编号])  Then
   Me![图书类型] = ""
Else
   str = DLookup("类型编号", "图书", "图书编号 = '" & Me![图书编号] & "'")
   Me![图书类型] = DLookup("类型名称", "图书类型", "类型编号 = '" & str & "'")
End If
If  IsNull(Me![借阅者编号])  Then
   Me![姓名] = ""
   Me![借阅者类型] = ""
Else
   Me![姓名] = DLookup("姓名", "借阅者", "借阅者编号 = '" & Me![借阅者编号] & "'")
   str = DLookup("类型编号", "借阅者", "借阅者编号 = '" & Me![借阅者编号] & "'")
   Me![借阅者类型] = DLookup("类型名称", "借阅者类型", "类型编号 = '" & str & "'")
End If
'刷新"图书借阅信息子窗体"
Me![图书借阅信息子窗体].Requery
End Sub
```

(8) 在"图书管理系统—Form_图书归还管理"代码编辑窗口中为"归还选中图书"命令按钮的"click"事件编写程序代码。该命令按钮的功能为:当操作员在"图书借阅信息子窗体"中选中要归还的图书后,系统首先从"罚款类型"表中查出"图书过期罚款"的值,然后在"图书借阅"表中根据"借阅者编号"和"图书编号"查出"应还日期",并根据"应还日期"来判断图书是否过期,如果已经过期,系统将自动计算罚款金额,并提示用户支付罚款,同时保存罚款信息到"罚款"表,然后更新"图书借阅"表中的"是否已还"值和"图书"表中的"现存数量"值,最后更新"图书借阅信息子窗体"。

"归还选中图书"命令按钮的"click"事件代码如下:

```
Private Sub 归还选中图书_Click()
Dim fakuan As Single, fkze As Single, jkze As Single
Dim iAs Integer, j As Integer
Dim sql As String, str1 As String, str2 As String
Dim rst1 As ADODB.Recordset, rst2 As ADODB.Recordset
Dim rst3 As ADODB.Recordset
Set rst1 = New ADODB.Recordset
Set rst2 = New ADODB.Recordset
Set rst3 = New ADODB.Recordset
sql = "select * from 图书借阅"
rst1.Open sql, CurrentProject.Connection, adOpenKeyset, adLockOptimistic
sql = "select * from 罚款"
```

```
rst2.Open sql, CurrentProject.Connection, adOpenKeyset, adLockOptimistic
sql = "select * from 图书"
rst3.Open sql, CurrentProject.Connection, adOpenKeyset, adLockOptimistic
str1 = DLookup("类型编号", "图书", "图书编号 = '" & _
Me![图书借阅信息子窗体]![图书编号] & "'")
str2 = DLookup("类型编号", "借阅者", "借阅者编号 = '" & _
Me![图书借阅信息子窗体]![借阅者编号] & "'")
'从"罚款类型"表中查出"图书过期罚款"的值
fakuan = DLookup("图书过期罚款", "罚款类型", "图书类型编号 = '" _
& str1 & "'and 借阅者类型编号 = '" & str2 & "'")
rst1.MoveFirst
For i = 1To rst1.RecordCount
    If Me![图书借阅信息子窗体]![借阅者编号] = rst1!借阅者编号 And _
    Me![图书借阅信息子窗体]![图书编号] = rst1!图书编号 Then
        '判断该书是否过期归还
        If rst1!应还日期 < Date Then
            '计算罚款金额
            fkze = fakuan * (Date - rst1!应还日期)
            jkze = InputBox("该图书已经超期,需支付的罚款金额为: " _
& fkze & "元,请在下面输入罚款金额!")
            If jkze < fkze Then
                MsgBox "该读者支付的罚款金额不足!"
                Exit Sub
            Else
                MsgBox "罚款金额支付完成!"
            End If
            '将罚款信息保存到"罚款"表中
            rst2.AddNew
            rst2!图书编号 = Me![图书借阅信息子窗体]![图书编号]
            rst2!借阅者编号 = Me![图书借阅信息子窗体]![借阅者编号]
            rst2!罚款日期 = Date
            rst2!罚款原因 = "过期"
            rst2!应罚金额 = fkze
            rst2!是否交款 = True
            rst2.Update
        End If
        '更新"图书借阅"表中的"是否已还"值
        rst1!是否已还 = True
        rst1.Update
        '更新"图书"表的"现存数量"值
        rst3.MoveFirst
        For j = 1 To rst3.RecordCount
                If rst3!图书编号 = Me![图书借阅信息子窗体]![图书编号] Then
                    rst3!现存数量 = rst3!现存数量 + 1
                    rst3.Update
                    Exit For
                Else
                    rst3.MoveNext
                End If
                Next j
        Exit For
```

图书管理系统开发实例

```
        Else
            rst1.MoveNext
        End If
    Next i
    '刷新"图书借阅信息子窗体"
    Me![图书借阅信息子窗体].Requery
    Set rst1 = Nothing
    Set rst2 = Nothing
    Set rst3 = Nothing
End Sub
```

(9) 在"图书管理系统—Form_图书归还管理"代码编辑窗口中为"图书损坏罚款"命令按钮的"Click"事件编写程序代码,该命令按钮的功能与"归还选中图书"命令按钮功能相似,程序代码如下所示:

```
Private Sub 图书损坏罚款_Click()
Dim jg As Single, fakuan As Single, fkze As Single, jkze As Single
Dim iAs Integer, j As Integer
Dim sql As String, str1 As String, str2 As String
Dim rst1 As ADODB.Recordset, rst2 As ADODB.Recordset
Dim rst3 As ADODB.Recordset
Set rst1 = New ADODB.Recordset
Set rst2 = New ADODB.Recordset
Set rst3 = New ADODB.Recordset
sql = "select * from 图书借阅"
rst1.Open sql, CurrentProject.Connection, adOpenKeyset, adLockOptimistic
sql = "select * from 罚款"
rst2.Open sql, CurrentProject.Connection, adOpenKeyset, adLockOptimistic
sql = "select * from 图书"
rst3.Open sql, CurrentProject.Connection, adOpenKeyset, adLockOptimistic
str1 = DLookup("类型编号", "图书", "图书编号 = '" & _
Me![图书借阅信息子窗体]![图书编号] & "'")
str2 = DLookup("类型编号", "借阅者", "借阅者编号 = '" & _
Me![图书借阅信息子窗体]![借阅者编号] & "'")
'从"罚款类型"表中查出"图书损坏罚款"的值
fakuan = DLookup("图书损坏罚款", "罚款类型", "图书类型编号 = '" _
& str1 & "'and 借阅者类型编号 = '" & str2 & "'")
'从"图书"表中查出"单册价格"的值
jg = DLookup("单册价格", "图书", "图书编号 = '" & _
Me![图书借阅信息子窗体]![图书编号] & "'")
rst1.MoveFirst
For i = 1To rst1.RecordCount
    If Me![图书借阅信息子窗体]![借阅者编号] = rst1!借阅者编号 And _
    Me![图书借阅信息子窗体]![图书编号] = rst1!图书编号 Then
        '计算罚款金额
        fkze = fakuan * jg
        jkze = InputBox("该图书已经损坏,需支付的罚款金额为: " & _
fkze & "元,请在下面输入罚款金额!")
        If jkze < fkze Then
            MsgBox "该读者支付的罚款金额不足!"
            Exit Sub
```

```
            Else
                MsgBox "罚款金额支付完成!"
            End If
            '将罚款信息保存到"罚款"表中
            rst2.AddNew
            rst2!图书编号 = Me![图书借阅信息子窗体]![图书编号]
            rst2!借阅者编号 = Me![图书借阅信息子窗体]![借阅者编号]
            rst2!罚款日期 = Date
            rst2!罚款原因 = "损坏"
            rst2!应罚金额 = fkze
            rst2!是否交款 = True
            rst2.Update
            '更新"图书借阅"表中的"是否已还"值
            rst1!是否已还 = True
            rst1.Update
            '更新"图书"表的"现存数量"值
            rst3.MoveFirst
            For j = 1To rst3.RecordCount
                If rst3!图书编号 = Me![图书借阅信息子窗体]![图书编号] Then
                    rst3!现存数量 = rst3!现存数量 + 1
                    rst3.Update
                    Exit For
                Else
                    rst3.MoveNext
                End If
                Next j
        Exit For
    Else
            rst1.MoveNext
    End If
Next i
'刷新"图书借阅信息子窗体"
Me![图书借阅信息子窗体].Requery
Set rst1 = Nothing
Set rst2 = Nothing
Set rst3 = Nothing
End Sub
```

（10）在"图书管理系统—Form_图书归还管理"代码编辑窗口中为"图书遗失罚款"命令按钮的"Click"事件编写程序代码,该命令按钮的功能与"归还选中图书"命令按钮功能相似,程序代码如下所示:

```
Private Sub 图书遗失罚款_Click()
Dim jg As Single, fakuan As Single, fkze As Single, jkze As Single
Dim iAs Integer, j As Integer
Dim sql As String, str1 As String, str2 As String
Dim rst1 As ADODB.Recordset, rst2 As ADODB.Recordset
Set rst1 = New ADODB.Recordset
Set rst2 = New ADODB.Recordset
sql = "select * from 图书借阅"
```

```
rst1.Open sql, CurrentProject.Connection, adOpenKeyset, adLockOptimistic
sql = "select * from 罚款"
rst2.Open sql, CurrentProject.Connection, adOpenKeyset, adLockOptimistic
str1 = DLookup("类型编号", "图书", "图书编号 = '" & Me![图书借阅信息子窗体]![图书编号] & "'")
str2 = DLookup("类型编号", "借阅者", "借阅者编号 = '" & Me![图书借阅信息子窗体]![借阅者编号] & "'")
'从"罚款类型"表中查出"图书遗失罚款"的值
fakuan = DLookup("图书遗失罚款", "罚款类型", "图书类型编号 = '" _
& str1 & "'and 借阅者类型编号 = '" & str2 & "'")
'从"图书"表中查出"单册价格"的值
jg = DLookup("单册价格", "图书", "图书编号 = '" & Me![图书借阅信息子窗体]![图书编号] & "'")
rst1.MoveFirst
For i = 1To rst1.RecordCount
  If Me![图书借阅信息子窗体]![借阅者编号] = rst1!借阅者编号 And _
  Me![图书借阅信息子窗体]![图书编号] = rst1!图书编号 Then
    '计算罚款金额
    fkze = fakuan * jg
    jkze = InputBox("该图书已经遗失,需支付的罚款金额为: " & fkze & "元,请在下面输入罚款
金额!")
    If jkze < fkze Then
        MsgBox "该读者支付的罚款金额不足!"
        Exit Sub
    Else
        MsgBox "罚款金额支付完成!"
    End If
    '将罚款信息保存到"罚款"表中
    rst2.AddNew
    rst2!图书编号 = Me![图书借阅信息子窗体]![图书编号]
    rst2!借阅者编号 = Me![图书借阅信息子窗体]![借阅者编号]
    rst2!罚款日期 = Date
    rst2!罚款原因 = "遗失"
    rst2!应罚金额 = fkze
    rst2!是否交款 = True
    rst2.Update
    '更新"图书借阅"表中的"是否已还"值
    rst1!是否已还 = True
    rst1.Update
    Exit For
  Else
    rst1.MoveNext
  End If
Next i
'刷新"图书借阅信息子窗体"
Me![图书借阅信息子窗体].Requery
Set rst1 = Nothing
```

```
Set rst2 = Nothing
End Sub
```

（11）保存窗体。

9.3.9 图书报表显示模块窗体设计

使用"图书报表显示"窗体可以根据管理员输入的图书编号对该图书的借阅信息和罚款信息进行查询,最后生成相应的报表。窗体视图如图 9.26 所示。

图 9.26 "图书报表显示"窗体

在创建"图书报表显示"窗体之前,首先需要创建 2 个查询(即"借阅信息"查询和"罚款信息"查询)和 2 个报表(即"图书借阅信息报表"和"图书罚款信息报表")。

1. 创建查询

"借阅信息"查询用于查询指定图书的借阅情况,该查询以"图书"表、"借阅者"表和"图书借阅"表为数据源,查询字段为:图书编号、图书名称、借阅者编号、姓名、借出日期、续借次数,对"图书编号"字段设置查询条件为"Forms![图书报表显示]![图书编号]"。其创建方法与"图书借阅情况"查询的创建方法相似,创建后的查询"设计视图"窗口如图 9.27 所示。

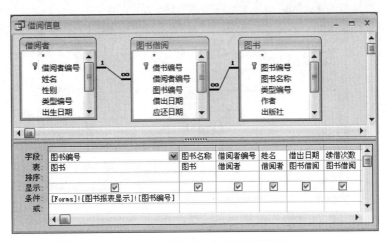

图 9.27 "借阅信息"查询"设计视图"窗口

"罚款信息"查询用于查询指定图书的罚款情况,该查询以"图书"表、"借阅者"表和"罚款"表为数据源,查询字段为:图书编号、图书名称、借阅者编号、姓名、罚款日期、罚款原因、应罚金额,对"图书编号"字段设置查询条件为"Forms![图书报表显示]![图书编号]"。其创建方法与"图书借阅情况"查询的创建方法相似,创建后的查询"设计视图"窗口如图 9.28 所示。

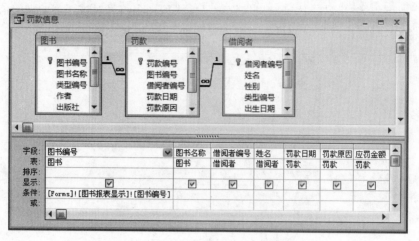

图 9.28 "罚款信息"查询"设计视图"窗口

2. 创建报表

"图书借阅信息报表"可以对"借阅信息"查询中的图书借出次数进行汇总,创建步骤如下。

(1) 在 Access 2010 窗口中,单击"创建"选项卡的"报表"组中的"报表向导"按钮,在弹出的"报表向导"对话框中选取字段,在其中的"表/查询"下拉列表中选择"查询:借阅信息",单击">>"按钮选择该查询中的所有字段,如图 9.29 所示。

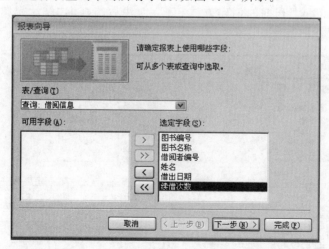

图 9.29 "报表向导"对话框中选取字段

(2) 单击"下一步"按钮,在弹出的"报表向导"对话框中设置查看数据方式,选择"通过图书"查看数据,如图 9.30 所示,单击"下一步"按钮。

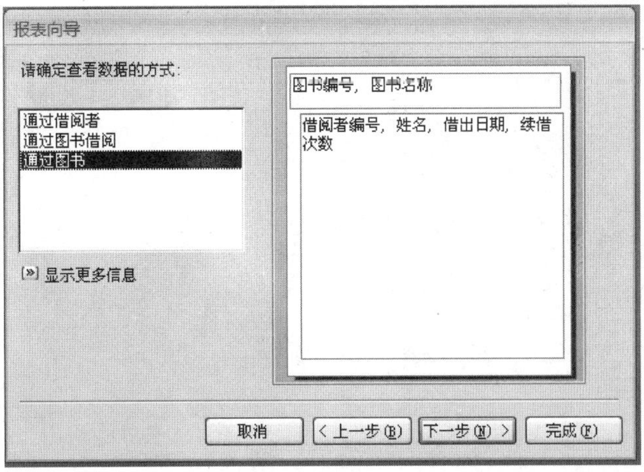

图 9.30　"报表向导"对话框中设置查看数据方式

（3）在弹出的"报表向导"对话框中添加分组级别，设置按"借阅者编号"分组，如图 9.31 所示，单击"下一步"按钮。

图 9.31　"报表向导"对话框中添加分组级别

（4）在弹出的"报表向导"对话框中设置排序，设置按"借出日期"升序排序，如图 9.32 所示，单击"汇总选项"按钮。

（5）在弹出的"汇总选项"对话框中，选择"续借次数"字段后面的"汇总"复选框，如图 9.33 所示，单击"确定"按钮，返回到"报表向导"对话框。

（6）单击"下一步"按钮，在弹出的"报表向导"对话框中设置布局方式，单击"递阶"单选按钮和"纵向"单选按钮，选择"调整字段大小使所有字段都能显示在一页中"复选框，如图 9.34 所示，单击"下一步"按钮。

（7）在弹出的"报表向导"对话框中，选择"广场"样式，如图 9.35 所示，单击"下一步"按钮。

（8）在弹出的"报表向导"对话框中，为报表指定标题："图书借阅信息报表"，并选中"修改报表设计"单选按钮，如图 9.36 所示。

343

图书管理系统开发实例

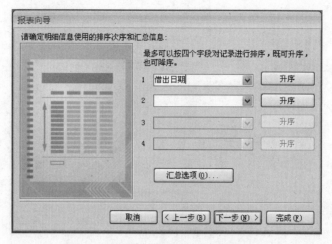

图 9.32　"报表向导"对话框中设置排序

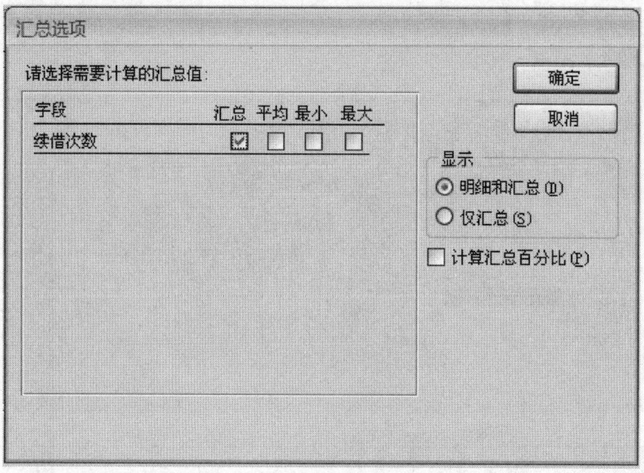

图 9.33　"汇总选项"对话框

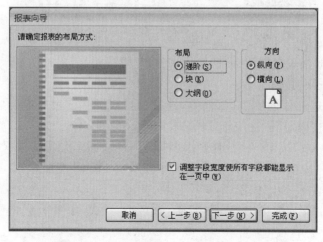

图 9.34　"报表向导"对话框设置布局方式

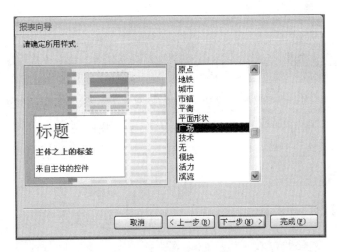

图 9.35 "报表向导"对话框选择样式

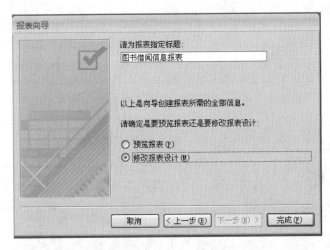

图 9.36 "报表向导"对话框中指定标题

（9）单击"完成"按钮，在弹出的报表"设计视图"窗口中对各个显示框的大小和位置进行调整，如图 9.37 所示。

"图书罚款信息报表"可以对"罚款信息"查询中的图书的罚款金额进行汇总，其创建方法与"图书借阅信息报表"的创建方法相似，创建后的报表"设计视图"窗口如图 9.38 所示。

3. 创建"图书报表显示"窗体

操作步骤如下。

（1）在 Access 2010 窗口中，单击"创建"选项卡的"窗体"组中的"窗体设计"按钮，显示窗体的"设计视图"窗口。

（2）在窗体"设计视图"窗口中，使用"控件"组中的"组合框"按钮在窗体中添加一个组合框，并对其属性进行设置，表 9.15 列出了该窗体及控件的属性设置。

图书管理系统开发实例

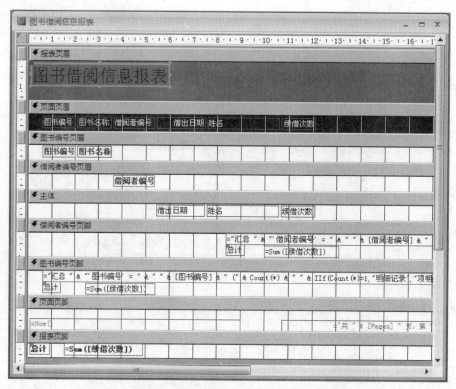

图 9.37　调整后的"图书借阅信息报表"设计视图窗口

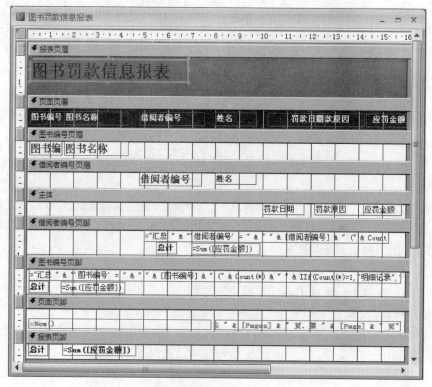

图 9.38　"图书罚款信息报表"设计视图窗口

表 9.15 "图书报表显示"窗体及控件属性值

对 象 名 称	属 性 名 称	属 性 值
窗体	标题	图书报表显示
	滚动条	两者均无
	记录选择器	否
	导航按钮	否
	分割线	否
	最大最小化按钮	最小化按钮
标签	标题	图书编号:
组合框	名称	图书编号
	行来源	SELECT 图书编号 FROM 图书;

（3）在"控件"组中的"使用控件向导"按钮被选中的状态下，使用"选项组"按钮在窗体上添加一个选项组，此时会弹出"选项组向导"对话框，在该对话框中设置两个选项的标签名称分别为："借阅信息报表"和"罚款信息报表"，如图 9.39 所示，单击"下一步"按钮。

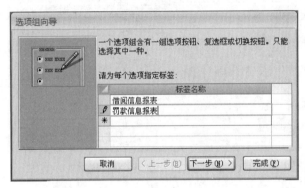

图 9.39 "选项组向导"对话框之一

（4）在弹出的"选项组向导"对话框中设置"借阅信息报表"为默认选项，如图 9.40 所示，单击"下一步"按钮。

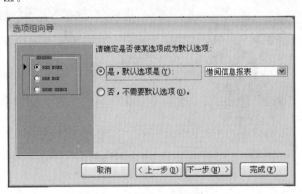

图 9.40 "选项组向导"对话框之二

（5）在弹出的"选项组向导"对话框中设置两个选项的值分别为：1 和 2，如图 9.41 所示，单击"下一步"按钮。

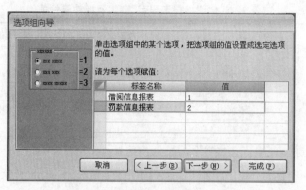

图 9.41 "选项组向导"对话框之三

(6) 在弹出的"选项组向导"对话框中选择"选项按钮"类型和"蚀刻"样式,如图 9.42 所示,单击"下一步"按钮。

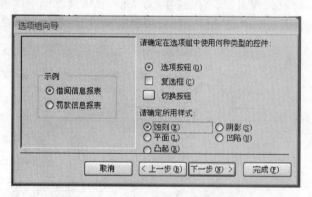

图 9.42 "选项组向导"对话框之四

(7) 在弹出的"选项组向导"对话框中设置选项组标题为"请选择其中一种报表:",如图 9.43 所示,单击"完成"按钮。

图 9.43 "选项组向导"对话框之五

(8) 单击"工具"组中的"属性表"按钮,在弹出的"属性表"窗口中,设置选项组的"名称"属性值为"选择报表","边框样式"属性值为"透明",并调整两个选项按钮的布局。

(9) 使用"控件"组中的"按钮"控件在窗体上添加一个命令按钮,并设置其"名称"属性值为"显示","标题"属性值为"显示","单击"属性值为"[事件过程]"。

(10) 在 Access 2010 窗口中,单击"数据库工具"选项卡的"宏"组中的 Visual Basic 选项,在"图书管理系统—Form_图书报表显示"代码编辑窗口中为"显示"命令按钮的 Click 事件编写程序代码,具体代码如下:

```
Private Sub 显示_Click()
    If IsNull(Me![图书编号]) Then
        MsgBox "请输入图书编号!"
        DoCmd.GoToControl "图书编号"
    ElseIf Me![选择报表] = 1 Then
        DoCmd.OpenReport "图书借阅信息报表", acViewPreview
    ElseIf Me![选择报表] = 2 Then
        DoCmd.OpenReport "图书罚款信息报表", acViewPreview
    End If
End Sub
```

(11) 以"图书报表显示"为名保存窗体。

9.3.10 借阅者报表显示模块窗体设计

利用"借阅者报表显示"窗体可以根据管理员输入的借阅者编号对其借书信息和罚款信息进行查询,最后生成相应的报表。窗体视图如图 9.44 所示。

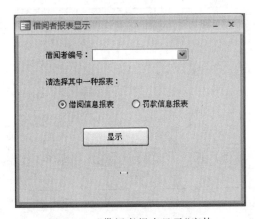

图 9.44 "借阅者报表显示"窗体

在创建"借阅者报表显示"窗体之前,首先需要创建两个查询(即"借阅者借书信息"查询和"借阅者罚款信息"查询)和两个报表(即"借阅者借书信息报表"和"借阅者罚款信息报表")。

1. 创建查询

"借阅者借书信息"查询用于查询指定读者的借书情况,该查询以"图书"表、"借阅者"表和"图书借阅"表为数据源,查询字段为:借阅者编号、姓名、图书编号、图书名称、借出日期、是否已还,对"借阅者编号"字段设置查询条件为"Forms![借阅者报表显示]![借阅者编号]"。其创建方法与"图书借阅情况"查询的创建方法相似,创建后的查询"设计视图"窗口如图 9.45 所示。

"借阅者罚款信息"查询用于查询指定读者的罚款情况,该查询以"图书"表、"借阅者"表和"罚款"表为数据源,查询字段为:借阅者编号、姓名、图书编号、图书名称、罚款日期、罚款原因、应罚金额,对"借阅者编号"字段设置查询条件为"Forms!〔借阅者报表显示〕!〔借阅者编号〕"。其创建方法与"图书借阅情况"查询的创建方法相似,创建后的查询"设计视图"窗口如图 9.46 所示。

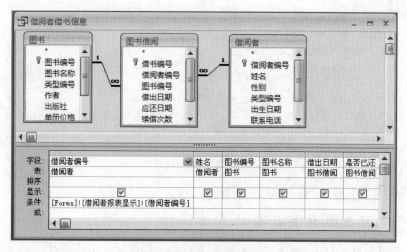

图 9.45 "借阅者借书信息"查询设计视图窗口

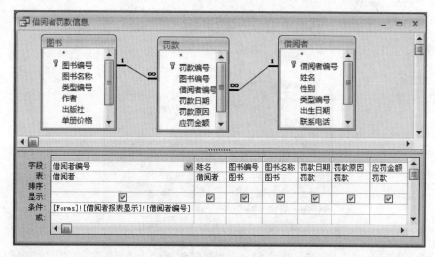

图 9.46 "借阅者罚款信息"查询设计视图窗口

2. 创建报表

"借阅者借书信息报表"可以对"借阅者借书信息"查询中的借书总数进行汇总(汇总方法为:在报表"设计视图"的报表页脚区添加一个文本框,并在其中输入表达式"=Count(＊)");"借阅者罚款信息报表"可以对"借阅者罚款信息"查询中的罚款金额进行汇总,其创建方法与"图书借阅信息报表"的创建方法相似,创建后的报表"设计视图"窗口如图 9.47 和图 9.48 所示。

3. 创建"借阅者报表显示"窗体

"借阅者报表显示"窗体的创建方法与"图书报表显示"窗体的创建方法相似,其中窗体及其控件的属性设置如表 9.16 所示。

图 9.47 "借阅者借书信息报表"设计视图窗口

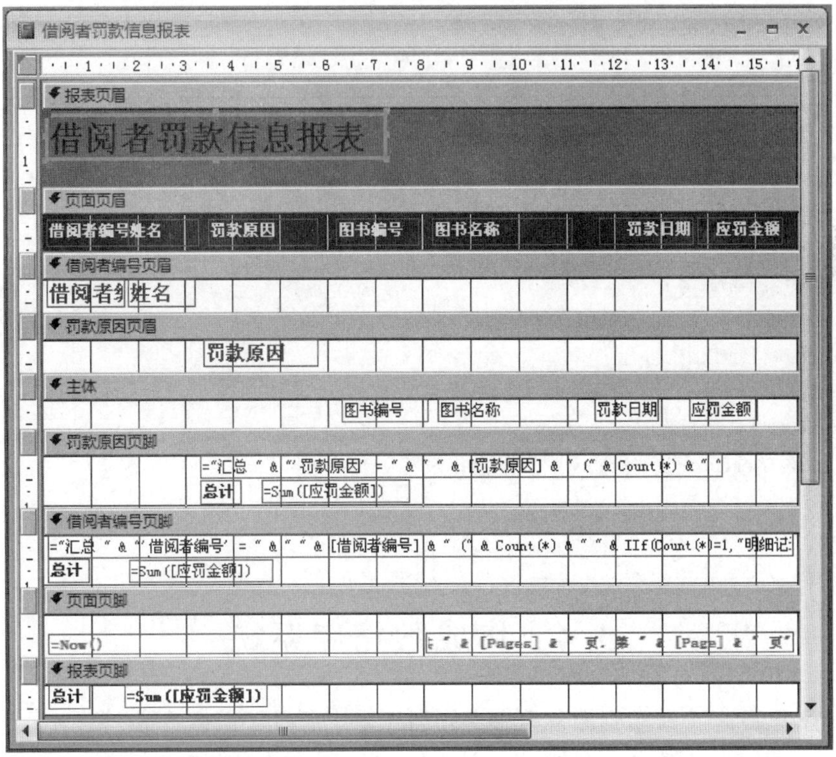

图 9.48 "借阅者罚款信息报表"设计视图窗口

图书管理系统开发实例

表 9.16　"借阅者报表显示"窗体及控件属性值

对象名称	属 性 名 称	属 性 值
窗体	标题	借阅者报表显示
	滚动条	两者均无
	记录选择器	否
	导航按钮	否
	分割线	否
	最大最小化按钮	最小化按钮
标签	标题	分别为："借阅者编号:""请选择其中一种报表:""借阅信息报表""罚款信息报表"
组合框	名称	借阅者编号
	行来源	SELECT 借阅者编号 FROM 借阅者;
选项组	名称	选择报表
	边框样式	透明
选项按钮	选项值	"借阅信息报表"标签对应的选项按钮的选项值为 1；"罚款信息报表"标签对应的选项按钮的选项值为 2
命令按钮	名称	显示
	标题	显示

"显示"命令按钮的 Click 事件的程序代码如下：

```
Private Sub 显示_Click()
  If IsNull(Me![借阅者编号])  Then
    MsgBox  "请输入借阅者编号!"
    DoCmd.GoToControl  "借阅者编号"
  ElseIf Me![选择报表] = 1 Then
    DoCmd.OpenReport  "借阅者借书信息报表", acViewPreview
  ElseIf Me![选择报表] = 2 Then
    DoCmd.OpenReport  "借阅者罚款信息报表", acViewPreview
  End If
End Sub
```

9.4　集成数据库系统

　　"图书管理系统"中所用到的各模块窗体创建完成后，用"窗体集成"和"选项卡集成"相结合的方法将已经建立的各个窗体对象集成在一起，形成一个完整的系统。

9.4.1　主界面窗体设计

　　在"主界面"窗体中有 4 个标签和 11 个命令按钮，其窗体视图如图 9.49 所示。

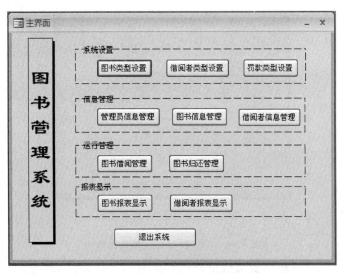

图 9.49 "主界面"窗体

窗体中的 11 个命令按钮都是通过"命令按钮向导"创建的。其中,"图书类型设置"命令按钮、"借阅者类型设置"命令按钮、"罚款类型设置"命令按钮、"管理员信息管理"命令按钮、"图书信息管理"命令按钮、"借阅者信息管理"命令按钮、"图书借阅管理"命令按钮、"图书归还管理"命令按钮、"图书报表显示"命令按钮和"借阅者报表显示"命令按钮执行的都是"打开窗体"操作,单击时系统能自动打开名称与命令按钮标题文本对应的窗体;"退出系统"命令按钮执行的是"退出应用程序"操作。

"主界面"窗体及其控件的属性设置如表 9.17 所示。

表 9.17 "主界面"窗体及控件属性值

对象名称	属 性 名 称	属 性 值
窗体	标题	主界面
	滚动条	两者均无
	记录选择器	否
	导航按钮	否
	分割线	否
	最大最小化按钮	最小化按钮
标签	标题	分别为图书管理系统、系统设置、信息管理、运行管理、报表显示
	特殊效果	"图书管理系统"标签的"特殊效果"属性值为"阴影"
矩形	边框样式	虚线
命令按钮	标题	分别为:图书类型设置、借阅者类型设置、罚款类型设置、管理员信息管理、图书信息管理、借阅者信息管理、图书借阅管理、图书归还管理、图书报表显示、借阅者报表显示、退出系统

9.4.2 登录窗体设计

在"登录"窗体中有两个标签、两个文本框和两个命令按钮,其窗体视图如图 9.50 所示。"登录"窗体及其控件的属性设置如表 9.18 所示。

图 9.50　"登录"窗体视图

表 9.18　"登录"窗体及控件属性值

对 象 名 称	属 性 名 称	属 性 值
窗体	标题	登录
	滚动条	两者均无
	记录选择器	否
	导航按钮	否
	分割线	否
	最大最小化按钮	最小化按钮
标签	标题	分别为：管理员编号、密码
文本框	名称	分别为："管理员编号""密码"
	输入掩码	"密码"文本框的"输入掩码"属性值为"PASSWORD"
命令按钮	名称	分别为：确定、退出
	标题	分别为：确定、退出

　　窗体中的"退出"命令按钮是通过"命令按钮向导"创建的,执行的是"退出应用程序"操作;"确定"命令按钮的功能是通过编写程序代码实现的,其 Click 事件的代码如下所示。

```
Private Sub 确定_Click()
Dim iAs Integer
Dim sql As String
Dim rst As ADODB.Recordset
Set rst = New ADODB.Recordset
If IsNull(Me![管理员编号]) Then
    MsgBox "请输入管理员编号!"
    DoCmd.GoToControl "管理员编号"
    Exit Sub
ElseIf IsNull(Me![密码]) Then
    MsgBox "请输入密码!"
    DoCmd.GoToControl "密码"
    Exit Sub
End If
sql = "select * from 管理员 where 管理员编号 = '" & Me![管理员编号] _
```

```
        & "'and 管理员密码 = '" & Me![密码] & "'"
    rst.Open sql, CurrentProject.Connection, adOpenKeyset, adLockOptimistic
    If rst.RecordCount > 0 Then
        DoCmd.Close
        DoCmd.OpenForm "主界面"
    Else
        MsgBox "您输入的管理员编号和密码有误,请重新输入!"
        Me![管理员编号] = ""
        Me![密码] = ""
        DoCmd.GoToControl "管理员编号"
    End If
    Set rst = Nothing
End Sub
```

9.4.3　系统菜单设计

操作步骤如下。

(1) 创建"系统设置"宏,其设计窗口如图 9.51 所示。

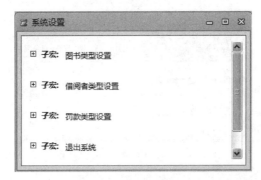

图 9.51　"系统设置"宏的设计窗口

宏操作的参数按照表 9.19 所示进行设置。

表 9.19　宏操作参数的设置

宏　名	操　作	操作参数	参　数　值
图书类型设置	OpenForm	窗体名称	图书类型设置
		视图	窗体
借阅者类型设置	OpenForm	窗体名称	借阅者类型设置
		视图	窗体
罚款类型设置	OpenForm	窗体名称	罚款类型设置
		视图	窗体
退出系统	Quit	选项	全部保存

(2) 创建"信息管理"宏,其设计窗口如图 9.52 所示。

宏操作的参数按照表 9.20 所示进行设置。

图书管理系统开发实例

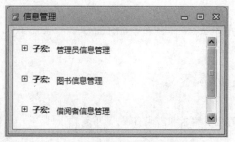

图 9.52 "信息管理"宏的设计窗口

表 9.20 宏操作参数的设置

宏　　名	操　　作	操作参数	参　数　值
管理员信息管理	OpenForm	窗体名称	管理员信息管理
		视图	窗体
图书信息管理	OpenForm	窗体名称	图书信息管理
		视图	窗体
借阅者信息管理	OpenForm	窗体名称	借阅者信息管理
		视图	窗体

（3）创建"运行管理"宏，其设计窗口如图 9.53 所示。

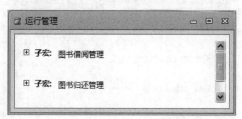

图 9.53 "运行管理"宏的设计窗口

宏操作的参数按照表 9.21 所示进行设置。

表 9.21 宏操作参数的设置

宏　　名	操　　作	操作参数	参　数　值
图书借阅管理	OpenForm	窗体名称	图书借阅管理
		视图	窗体
图书归还管理	OpenForm	窗体名称	图书归还管理
		视图	窗体

（4）创建"报表显示"宏，其设计窗口如图 9.54 所示。

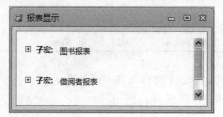

图 9.54 "报表显示"宏的设计窗口

宏操作的参数按照表 9.22 所示进行设置。

表 9.22 宏操作参数的设置

宏　　名	操　　作	操 作 参 数	参 数 值
图书报表	OpenForm	窗体名称	图书报表显示
		视图	窗体
借阅者报表	OpenForm	窗体名称	借阅者报表显示
		视图	窗体

（5）选择 Access 2010 数据库窗口中的"文件"→"选项"命令，在弹出的"Access 选项"窗口中的"自定义功能区"中新建一个选项卡，命名为"系统菜单"。在"系统菜单"中新建 4 个组，分别命名为"系统设置""信息管理""运行管理""报表显示"。

（6）在"Access 选项"窗口中将"从下列位置选择命令"组合框的值设置为"宏"，然后将显示的宏命令分别添加到"系统菜单"选项卡的 4 个组中，如图 9.55 所示。

图 9.55 "Access 选项"窗口中"自定义功能区"设计

9.5 系统的启动

对系统的启动进行设置，可以使用户在打开"图书管理系统"数据库时自动运行该系统。设置系统启动的操作步骤如下。

（1）选择 Access 2010 窗口中的"文件"→"选项"命令。

（2）在弹出的"Access 选项"窗口中设置"当前数据库"的"应用程序标题"为"图书管理系统"，"显示窗体"为"登录"，单击"确定"按钮。

设置了系统的启动后，在 Access 2010 中打开"图书管理系统"数据库时，Access 会自动打开"登录"窗体，而不会打开数据库窗口，如图 9.56 所示。如果在打开数据库时需要打开数据库窗口而不是自动运行的启动窗体，则只需在打开数据库的同时按住 Shift 键即可。

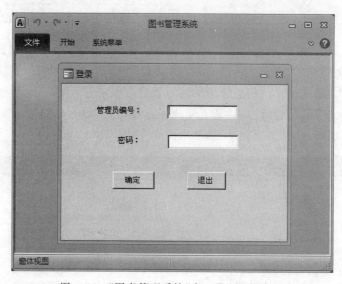

图 9.56 "图书管理系统"窗口及"登录"窗口

公共基础知识考试大纲（2018版）

基本要求

1. 掌握算法的基本概念。
2. 掌握基本数据结构及其操作。
3. 掌握基本排序和查找算法。
4. 掌握逐步求精的结构化程序设计方法。
5. 掌握软件工程的基本方法，具有初步应用相关技术进行软件开发的能力。
6. 掌握数据库的基本知识，了解关系数据库的设计。

考试内容

一、基本数据结构与算法

1. 算法的基本概念；算法复杂度的概念和意义（时间复杂度与空间复杂度）。
2. 数据结构的定义；数据的逻辑结构与存储结构；数据结构的图形表示；线性结构与非线性结构的概念。
3. 线性表的定义；线性表的顺序存储结构及其插入与删除运算。
4. 栈和队列的定义；栈和队列的顺序存储结构及其基本运算。
5. 线性单链表、双向链表与循环链表的结构及其基本运算。
6. 树的基本概念；二叉树的定义及其存储结构；二叉树的前序、中序和后序遍历。
7. 顺序查找与二分法查找算法；基本排序算法（交换类排序，选择类排序，插入类排序）。

二、程序设计基础

1. 程序设计方法与风格。
2. 结构化程序设计。
3. 面向对象的程序设计方法，对象，方法，属性及继承与多态性。

三、软件工程基础

1. 软件工程基本概念，软件生命周期概念，软件工具与软件开发环境。
2. 结构化分析方法，数据流图，数据字典，软件需求规格说明书。
3. 结构化设计方法，总体设计与详细设计。
4. 软件测试的方法，白盒测试与黑盒测试，测试用例设计，软件测试的实施，单元测试、集成测试和系统测试。

5. 程序的调试,静态调试与动态调试。

四、数据库设计基础

1. 数据库的基本概念:数据库,数据库管理系统,数据库系统。

2. 数据模型,实体联系模型及 E-R 图,从 E-R 图导出关系数据模型。

3. 关系代数运算,包括集合运算及选择、投影、连接运算,数据库规范化理论。

4. 数据库设计方法和步骤:需求分析、概念设计、逻辑设计和物理设计的相关策略。

考试方式

1. 公共基础知识不单独考试,与其他二级科目组合在一起,作为二级科目考核内容的一部分。

2. 考试方式为上机考试,10 道单项选择题,占 10 分。

Access 数据库程序设计考试大纲(2016 年版)

基本要求

1. 掌握数据库系统的基础知识。

2. 掌握关系数据库的基本原理。

3. 掌握数据库程序设计方法。

4. 能够使用 Access 建立一个小型数据库应用系统。

考试内容

一、数据库基础知识

1. 基本概念

数据库,数据模型,数据库管理系统等。

2. 关系数据库基本概念

关系模型,关系,元组,属性,字段,域,值,关键字等。

3. 关系运算基本概念

选择运算,投影运算,连接运算。

4. SQL 命令

查询命令,操作命令。

5. Access 系统基本概念

二、数据库和表的基本操作

1. 创建数据库

2. 建立表

(1) 建立表结构

(2) 字段设置,数据类型及相关属性。

(3) 建立表间关系

3．表的基本操作

（1）向表中输入数据。

（2）修改表结构，调整表外观。

（3）编辑表中数据。

（4）表中记录排序。

（5）筛选记录。

（6）汇总数据。

三、查询

1．查询基本概念

（1）查询分类。

（2）查询条件。

2．选择查询

3．交叉表查询

4．生成表查询

5．删除查询

6．更新查询

7．追加查询

8．结构化查询语言 SQL

四、窗体

1．窗体基本概念

窗体的类型与视图。

2．创建窗体

窗体中常见控件，窗体和控件的常见属性。

五、报表

1．报表基本概念

2．创建报表

报表中常见控件，报表和控件的常见属性。

3．在报表中计算和汇总。

六、宏

1．宏基本概念

2．事件的基本概念

3．常见宏操作命令

七、VBA 编程基础

1．模块的基本概念

2．创建模块

（1）创建 VBA 模块：在模块中加入过程，在模块中执行宏。

（2）编写事件过程：键盘事件，鼠标事件，窗口事件，操作事件和其他事件。

3．VBA 编程基础

（1）VBA 编程基本概念。

361

(2) VBA 流程控制：顺序结构,选择结构,循环结构。

(3) VBA 函数/过程调用。

(4) VBA 数据文件读写。

(5) VBA 错误处理和程序调试(设置断点,单步跟踪,设置监视窗口)。

八、VBA 数据库编程

1. VBA 数据库编程基本概念

ACE 引擎和数据库编程接口技术,数据访问对象(DAO),ActiveX 数据对象(ADO)。

2. VBA 数据库编程技术

考试方式

上机考试,考试时长 120 分钟,满分 100 分。

1. 题型及分值

单项选择题 40 分(含公共基础知识部分 10 分)。

操作题 60 分(包括基本操作题、简单应用题及综合应用题)。

2. 考试环境

操作系统：中文 Windows 7。

开发环境：Microsoft Office Access 2010。

参 考 文 献

[1] 陈桂林.Access 数据库程序设计[M].2 版.北京：高等教育出版社,2012.

[2] 教育部考试中心.全国计算机等级考试二级教程——Access 程序设计(2018 年版)[M].北京：高等教育出版社,2016.

[3] 李湛.Access 2010 数据库应用教程[M].北京：清华大学出版社,2013.

[4] 黄磊.Access 2010 应用基础教程[M].北京：北京交通大学出版社,2013.

[5] 朱翠娥.Access 数据库应用教程[M].北京：机械工业出版社,2014.

[6] 崔洪芳.数据库应用技术[M].3 版.北京：清华大学出版社,2014.

[7] 崔洪芳.数据库应用技术实验教程[M].3 版.北京：清华大学出版社,2014.

[8] 李雁翎.数据库技术及应用——Access[M].3 版.北京：高等教育出版社,2016.

[9] 张宏彬.数据库基础与案例应用——Access 2010[M].北京：高等教育出版社,2016.

[10] 刘玉红.Access 2013 数据库应用案例课堂[M].北京：清华大学出版社,2016.

[11] 孙远纲.Access 2013 活用范例大辞典[M].北京：中国铁道出版社,2013.

[12] 余建坤.Access 数据库技术及应用[M].北京：科学出版社,2015.

[13] 沈楠.Access 2010 数据库应用程序设计[M].北京：机械工业出版社,2018.

[14] 孔令志.数据库与数据处理：Access2010 实现[M].北京：机械工业出版社,2018.

[15] 陈佳玉.数据库应用开发——Access 实用教程[M].北京：机械工业出版社,2017.

图书资源支持

感谢您一直以来对清华版图书的支持和爱护。为了配合本书的使用，本书提供配套的资源，有需求的读者请扫描下方的"书圈"微信公众号二维码，在图书专区下载，也可以拨打电话或发送电子邮件咨询。

如果您在使用本书的过程中遇到了什么问题，或者有相关图书出版计划，也请您发邮件告诉我们，以便我们更好地为您服务。

我们的联系方式：

地　　址：北京市海淀区双清路学研大厦 A 座 701

邮　　编：100084

电　　话：010-83470236　010-83470237

资源下载：http://www.tup.com.cn

客服邮箱：2301891038@qq.com

QQ：2301891038（请写明您的单位和姓名）

资源下载、样书申请

书圈

扫一扫，获取最新目录

课程直播

用微信扫一扫右边的二维码，即可关注清华大学出版社公众号"书圈"。